AUF EINEN BLICK
WISSENSCHAFT

Titel der Originalausgabe: *Instant Science*

Postbus 72, 5330 AB Kerkdriel, Niederlande

Ursprünglich herausgegeben 2019 von Welbeck, einem Imprint von Welbeck Non-Fiction Limited, Teil der Welbeck Publishing Group.

Verantwortlicher Redakteur: Chris Stone
Design: Katie Baxendale und Dynamo Limited

Übersetzung aus dem Englischen:
Nina Kavelar, Köln
Redaktion und Satz der deutschen Ausgabe:
Print Company Verlagsges.m.b.H., Wien

Printed in Slovenia

ISBN: 978-94-6359-432-5

Der Richtigkeit und Vollständigkeit der Informationen in diesem Buch wurde größte Sorgfalt gewidmet. Sollte unabsichtlicherweise dennoch ein Urheber nicht angegeben sein, werden wir dies nach Kenntnisnahme in der nächsten Ausgabe berichtigen.

All illustrations von Noun Project außer S. 31 Oleg Alexandrov via Wikimedia Commons, S. 31 Tttrung via Wikimedia Commons, S. 33 Alevtina Vyacheslav/Shutterstock, S. 72 bhjary/Shutterstock, S. 81 Trekandshoot/Shutterstock, S. 82 Mars Brashok/Shutterstock, S. 87 Julie Deshaies/Shutterstock, S. 90 Magnetix/Evannovostro/Shutterstock, S. 103 ShadeDesign/Shutterstock, S. 109 Sakurra/Shutterstock, S. 110 Aldona Griskeviciene, S. 117 Designa/Shutterstock, S. 121 Aldona Griskeviciene/Shutterstock, S. 125 Brenik/Shutterstock, S. 136 Vecton/Shutterstock, S. 157 Nanmulti/Shutterstock, S. 166 Soleil Nordic/Shutterstock

AUF EINEN BLICK
WISSENSCHAFT

DIE WICHTIGSTEN THEMEN AUF EINER SEITE ERKLÄRT

JENNIFER CROUCH

Librero

INHALT

8 Einleitung

MATHEMATIK

10 Zahlen
11 Zahlensysteme
12 Symmetrie
13 Euklids Elemente
14 Parkettierung
15 Platonische Körper
16 Al-Khwarizmi
17 Die Fibonacci-Folge
18 Unendlichkeit
19 Pi
20 Primzahlen
21 Analysis
22 Logik
23 Logarithmen
24 Wahrscheinlichkeit und Statistik
25 Chaostheorie
26 Imaginäre Zahlen
27 Nichteuklidische Geometrie
28 Fermats letzter Satz
29 Eulersche Zahl
30 Mandelbrot-Menge
31 Topologie

PHYSIK

32 Bahnresonanz
33 Al-Battani
34 Einfache harmonische Bewegung
35 Optik
36 Schall und Akustik
37 Teleskope
38 Arbeit, Kraft und Energie
39 Keplersche Gesetze
40 Noether-Theorem
41 Newtonsche Gesetze
42 Gravitationskonstante
43 Faraday und der Elektromagnetismus
44 Thermodynamik
45 Absoluter Nullpunkt
46 Maxwell-Gleichungen
47 Maxwell-Boltzmann-Verteilung
48 Entdeckung des Elektrons
49 Youngscher Doppelspaltversuch

50 Das Photon
51 Rutherfordsches Atommodell
52 Marie Curie und die Radioaktivität
53 Photoelektrischer Effekt
54 Allgemeine und spezielle Relativität
55 Schrödingers Wellengleichung
56 Heisenbergsche Unschärferelation
57 Enrico Fermi und der Beta-Zerfall
58 Elektronen und Quantenzahlen
59 Dirac und die Antimaterie
60 Feynman-Diagramme
61 Das Manhattan-Projekt
62 Das Standardmodell
63 Das Wu-Experiment
64 Neutrino-Oszillation
65 Das Higgs-Boson
66 Quantenelektrodynamik (QED)
67 Quantenchromodynamik (QCD)
68 Kernreaktoren
69 Teilchenbeschleuniger
70 Sterne, Sonne und Radioaktivität
71 Sonnensysteme
72 Weltraumteleskope
73 Galaxien
74 Spektrometrie
75 Exoplaneten
76 Meteore, Asteroiden und Kometen
77 Pulsare und Jocelyn Bell Burnell
78 Vermessung des Universums
79 Schwarze Löcher
80 Zeitdilatation
81 Kosmische Hintergrundstrahlung
82 Quantenschaum
83 Der Urknall
84 CP-Verletzung
85 Dunkle Energie und dunkle Materie
86 Mysterien (Multiversum, Supersymmetrie und Stringtheorie)

CHEMIE

87 Das Periodensystem
88 Kohlenstoffdatierung
89 Intramolekulare Kräfte
90 Intermolekulare Kräfte
91 Chemische Reaktionen
92 Organische Chemie
93 Anorganische Chemie
94 Der pH-Wert
95 Wasser und Wasserstoffbrücken
96 Aggregatzustände
97 Chiralität
98 Makromoleküle
99 Polymere
100 Hydrophilie und Hydrophobie
101 Proteinkristallografie

BIOLOGIE UND MEDIZIN

102 Die DNA und Foto 51
103 Das zentrale Dogma der Biologie
104 Zellen
105 Das Mikroskop
106 Mikrobiologie
107 Pasteurisierung
108 Impfungen
109 Bakterien
110 Viren
111 Extremophile
112 Biomaterialien
113 Pilze
114 Die Entdeckung des Penicillins
115 Photosynthese
116 Vielzeller
117 Symbiosen
118 Mikrobiome
119 Die Evolution
120 Gene und Mutationen
121 Zoologie
122 Fortpflanzung und Klone
123 Stammzellen
124 Organsysteme des Menschen
125 Menschliche Anatomie
126 Das Immunsystem
127 Der Blutkreislauf
128 Parasiten
129 Neurowissenschaften
130 Chirurgie

GEOLOGIE UND ÖKOLOGIE

131 Life-History-Theorie
132 Prinzipien der Ökologie
133 Trophische Kaskaden
134 Die Weltmeere
135 Aussterben von Arten
136 Artenvielfalt und Population
137 Plattentektonik
138 Die Erdatmosphäre
139 Biogeochemische Kreisläufe
140 Wasserkreislauf
141 Kohlenstoffkreislauf
142 Der Kreislauf der Gesteine
143 Das Magnetfeld der Erde
144 Bioakkumulation
145 Klimawandel

TECHNIK

146 Die Bibliothek von Alexandria
147 Der Erdumfang
148 Zeitmessung
149 Al-Dschazari
150 Der Buchdruck
151 Das Bauwesen
152 Wärmekraftmaschinen
153 Batterien
154 Der Computer
155 Elektronik
156 Alan Turing
157 Fotografie
158 Radar und Sonar
159 Nachrichtentechnik
160 GPS
161 Die Raumfahrt
162 Programmierung
163 Buckminster Fuller
164 Magnetresonanztomografie
165 Das Internet
166 Gentechnik
167 3-D-Druck
168 Touchscreens
169 Algorithmen und KI

170 Vorreiter der Wissenschaft
171 Tabellen und Formeln
174 Glossar
175 Weiterführende Literatur

EINLEITUNG

Die Naturwissenschaften beschreiben natürliche Phänomene wie den Elektromagnetismus und die Gravitation in mathematischen Formeln. Aber Wissenschaft ist nicht die Natur selbst – oder wie der Physiker Niels Bohr es ausdrückte: Die Physik ist nicht die Natur, sondern unsere Beschreibung der Natur.

Die Wissenschaft (wie das gesamte Wissen) entsteht kollektiv durch menschliche Zusammenarbeit in wissenschaftlichen Experimenten, die entwickelt, durchgeführt und angewandt werden; außerdem durch Datenanalyse, die Verbesserung von Methoden und das Deuten von Messungen. Die Wissenschaft kann das Verhalten von Materie vorhersagen und erklären und ist das Fundament für die Entwicklung von Technologien, die zu konstruktiven oder destruktiven Zwecken eingesetzt werden können. Ihre Finanzierung unterliegt politischen und wirtschaftlichen Interessen. Wissenschaft ist nicht objektiv, sie wird von der Gesellschaft, von Vorurteilen, Geldgebern und Politik beeinflusst.

Das Wissen in diesem Buch ist auf dem Stand des Jahres 2020. In fünf, zehn, fünfzig oder hundert Jahren wird es vielleicht veraltet und durch neue Erkenntnisse ersetzt sein. Dieses Buch bietet einen Überblick über 160 verschiedene Themen aus den Bereichen Mathematik, Physik, Chemie, Biologie, Medizin, Ökologie und Technik. Jedes wissenschaftliche Konzept wird kurz beschrieben und erklärt. Aus Platzgründen befinden sich das Glossar der Fachbegriffe sowie die Tabellen der Maßeinheiten und Formeln zum Nachschlagen am Ende des Buchs.

Die wissenschaftlichen Erkenntnisse und Praktiken entwickelten sich mit dem Fortschritt der Technik und den Forschungsmethoden weiter, aber auch durch neue Formen der Kommunikation und Zusammenarbeit. Bei der wissenschaftlichen Methode werden Hypothesen aufgestellt und dann zu Theorien ausgearbeitet. In der Wissenschaft hat die „Theorie" eine andere Bedeutung als im Alltagsgebrauch: Sie wird durch Beweise belegt – zum Beispiel die Theorien der elektromagnetischen Induktion, der Relativität und der Evolution.

Durch wiederholbare Beobachtungen aus Experimenten und Messungen werden Theorien bewiesen. Verschiedene Gruppen von Wissenschaftlern versuchen dann, die Ergebnisse dieser Versuche zu falsifizieren (widerlegen), um Fehler auszuschließen. Je mehr Wissen wir erlangen und je fortgeschrittener die Technik wird, desto genauer werden unsere Theorien geprüft. Jene Theorien, die am umfangreichsten geprüft und dennoch nicht widerlegt werden, gelten schließlich als bewiesen.

Wissenschaftliche Erkenntnisse sind das Ergebnis von Zusammenarbeit und abhängig von den technischen, geistigen und emotionalen Bemühungen größerer Gruppen, die gemeinsam an internationalen Forschungsprojekten arbeiten. Die Wissenschaft ist eine Kultur innerhalb der Kulturen. Sie basiert auf dem Teamwork von Menschen, die in einem spezifischen Umfeld (im Labor) spezielle Geräte verwenden. Für die Entwicklung und Herstellung dieser Geräte werden Ressourcen benötigt – was problematisch sein kann, wie wir noch erfahren werden. Außerdem müssen die Labore verwaltet und erhalten werden.

Das wissenschaftliche Forschen ist kein leichtes Unterfangen, sondern steckt voller technischer Tücken. Es ist geprägt von erfolglosen Experimenten, sterbenden Zellkulturen, explodierenden Magnetkühlsystemen und anderen Fehlschlägen. Es ist komplex, tüftelig und verwirrend. Aber auch die Fehler und Misserfolge sind ein Teil der wissenschaftlichen Geschichte (auch wenn sie in diesem Buch nicht dokumentiert werden). Die Wissenschaft besteht nicht nur aus einfachen, ruhmreichen, bahnbrechenden Innovationen und Entdeckungen, sondern sie ist das Resultat großer Bemühungen.

Darüber hinaus müssen auch die negativen Erfahrungen aller Wissenschaftler, die in diesem Umfeld aufgrund ihrer Hautfarbe, Sexualität oder sozialen Herkunft diskriminiert wurden, weiterhin angesprochen werden. Die Website „Particles for Justice“ der Organisation CERN sagt es folgendermaßen:

„Die Menschenwürde jeder Person ist unabhängig von Merkmalen wie Hautfarbe, ethnische Zugehörigkeit, Geschlechtsidentität, Religion, Behinderungen oder Sexualität und steht außer Frage.“ (Quelle: particlesforjustice.org)

Wissenschaft hat Macht und wirkt sich auf uns alle aus – vom Internet über die militärische Forschung bis hin zu erneuerbaren Energien, Architektur, Technik und medizinischem Fortschritt. Sie betrifft uns alle und wir haben das Recht, von ihren wunderbaren Erkenntnissen über unser Universum zu erfahren, damit wir darüber nachdenken können und hinterfragen, wem die Wissenschaft nutzt, wem sie schadet und welche Zwecke mit ihr verfolgt werden.

ZAHLEN

Menschen lernen, zu zählen, um Mengen zu verstehen und Messungen durchführen zu können.

ZAHLEN IN DER GESCHICHTE

Mit den Veränderungen der Lebensweise durch Reisen, Landwirtschaft, Ressourcenverwaltung, Handel und kulturellen Austausch entstanden neue **Zahlensysteme**.

DER ISHANGO-KNOCHEN

Der **Ishango-Knochen** ist ein 20.000 Jahre altes Artefakt aus Afrika. Er ist das älteste Beispiel eines **Kerbholzes** und stellt Zahlen in Form von Linien dar.

SUMERER

Sumerische Artefakte aus der Zeit vor 4000 v. Chr. sind **die ersten Belege für Rechnungen**. Die Sumerer hatten ein **Sexagesimalsystem (basierend auf dem Wert 60)**.

ALTES ÄGYPTEN

Die alten Ägypter verwendeten ein **hieroglyphisches Zahlensystem**, um geometrische Konzepte auszudrücken und den Bau der Pyramiden zu planen.

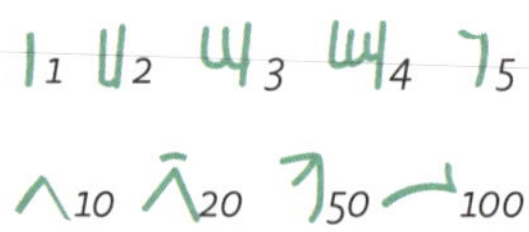

MAYA

Das Zahlensystem der alten **Maya** war ein **Zwanzigersystem (basierend auf dem Wert 20)**.

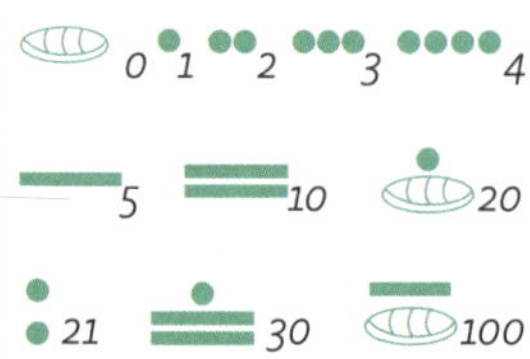

RÖMISCHE ZAHLEN

Die **römischen Zahlen** stammen vom Volk der Etrusker aus der heutigen Toskana.

I	II	III	IV	V
1	2	3	4	5
VI	VII	VIII	IX	X
6	7	8	9	10

L	C	D	M
50	100	500	1000

MODERNE ZAHLEN

Unser heutiges Zahlensystem haben wir **arabischen und indischen Mathematikern** zu verdanken. Zwei indische Mathematiker haben es weiterverbreitet: **Brahmagupta** im 6. Jahrhundert v. Chr. und **Aryabhata** im 5. Jahrhundert v. Chr.

CHINESISCHE ZAHLEN

In **China** werden neben den indo-arabischen Ziffern noch zwei andere Zahlschriften verwendet: eine vereinfachte Schrift für den Alltagsgebrauch (**Kurzzeichen**) und eine **komplexere Version** für das Finanzwesen, das vor Fälschungen schützen soll.

Sogar Tiere haben ein Gefühl für **Mengen** – zum Beispiel **kleine Fische in großen Schwärmen, der Formationsflug von Staren** und **viele andere Arten von kollektivem Verhalten**. Bienen zählen sogar die Landmarken zwischen ihrem Stock und ihren Nahrungsquellen.

ZAHLENSYSTEME

Für verschiedene Zwecke werden unterschiedliche Zahlensysteme verwendet.

DEZIMALSYSTEM

Das **Dezimalsystem** ist das verbreitetste Zahlensystem. Seine Basis ist die **Zahl 10** – es wird also in Zehnerschritten gezählt. **Das Dezimalsystem verwendet Stellenwerte, Dezimaltrennzeichen und die Ziffer „0", um Leerräume darzustellen**.

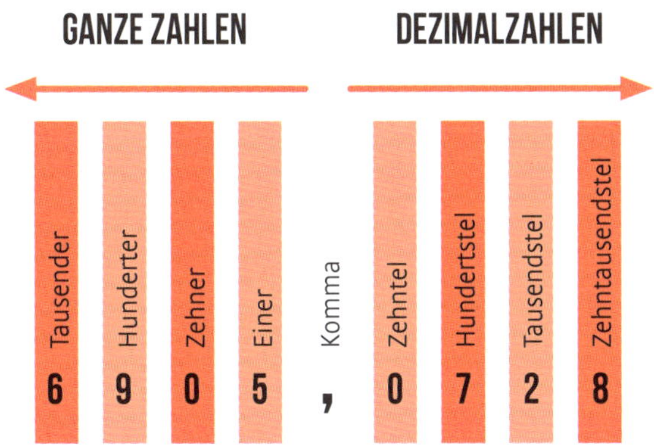

BINÄRSYSTEM

Das **Binärsystem** basiert auf der **Zahl 2** und stellt **alle Dezimalzahlen nur mit den Ziffern 0 und 1 dar**.

ZÄHLEN MIT BINÄRZAHLEN

1. Um Binärzahlen zu bilden, wird eine „1" an den Anfang gestellt und die Ziffern mit „0" „aufgefüllt".
2. Die „0" von rechts nach links durch Einsen ersetzen.
3. Besteht die Binärzahl nur noch aus Einsen, wird an die nächste Zahl wieder eine „0" angehängt.

- **0** = Null
- **1** = Eins
- **10** = Zwei
- **11** = Drei
- **100** = Vier
- **101** = Fünf
- **110** = Sechs
- **111** = Sieben
- **1000** = Acht (hier wird eine Null angehängt)
- **1001** = Neun
- **1010** = Zehn

8-BIT: INTERESSANTE BINÄRZAHLEN

8 = 1000; 2 x 2 x 2 (drei Nullen)
16 = 10000; 2 x 2 x 2 x 2 (vier Nullen)
32 = 100000; 2 x 2 x 2 x 2 x 2 (fünf Nullen)
Ganzzahlige 8-Bit-Werte werden in Programmiersprachen verwendet. Vergleichen wir eine 8-Bit- mit einer 64-Bit-Grafik, sehen wir, dass man mit dem 8-Bit-System die Auflösung verbessern kann.

HEXADEZIMAL

Das **Hexadezimalsystem** mit der **Basis 16** (zweimal 8-Bits) stellt Binärzahlen vereinfacht dar.

SEXAGESIMAL

Dieses System mit der **Basis 60** wurde erstmals im 3. Jahrtausend v. Chr. von den **Sumerern** und später im alten **Babylon** verwendet. **Heute misst man damit Sekunden, Stunden, Winkel und geografische Koordinaten.**

ZWÖLFERSYSTEM

Das **Zwölfersystem** (z. B. für Zoll, Fuß, Stunden/Tag) hat die Basis 12. Die 24-Stunden-Zählung besteht aus zweimal 12 Stunden und braucht keinen Zusatz für z. B. „morgens".

SYMMETRIE

Mathematische Symmetrien existieren als räumliche Verhältnisse oder geometrische Transformationen, Rotationen oder Skalierungen und sogar als zeitliche Symmetrien.

REGELN DER SYMMETRIE

Wenn ein Objekt entlang einer Ebene in zwei oder mehr identische Elemente geteilt werden oder skaliert, rotiert oder gespiegelt werden kann und dabei immer gleich aussieht, weist dieses Objekt eine **geometrische Symmetrie** auf.

SYMMETRISCHE TRANSFORMATIONEN

Achsensymmetrie ist **Spiegel- oder Bilateralsymmetrie**. Ein Objekt wird entlang einer Achse gespiegelt und beide Seiten sehen identisch aus.

Rotationssymmetrie entsteht, wenn eine Figur um einen Spiegelpunkt gedreht wird und sich deren Form dabei nicht verändert.

Bei der **Radialsymmetrie** sind Teile um eine zentrale Achse angeordnet, etwa bei Seesternen, Quallen und Anemonen. Auch ein **Mandala** ist ein Beispiel für Radialsymmetrie.

Translationssymmetrie bedeutet, dass eine Figur über eine Ebene verschoben wird, ohne dass sich dabei ihre Grundform verändert.

Helikale Symmetrie ist eine Kombination aus Translations- und Rotationssymmetrie im **dreidimensionalen Raum**. Die Teile sind entlang einer **Schraubenlinie** angeordnet

Skalensymmetrie entsteht, wenn eine Form maßstäblich **vergrößert** oder **verkleinert** wird. Ein Beispiel für Skalensymmetrie sind **Fraktale**. Die Grafik oben zeigt die Konstruktion einer skalensymmetrischen **„Kochschen Schneeflocke“** aus einem gleichseitigen Dreieck.

Gleitspiegelungs- und **Drehspiegelungssymmetrie**.

SCHNEEFLOCKEN

Schneeflocken sind in der Natur nicht perfekt symmetrisch, aber im Labor gezüchtete Eiskristalle **bilden eine sechsfache Radialsymmetrie**. Sie haben eine hexagonale Struktur, die sich aus einem winzigen hexagonalen Kristall, dem **Nukleationspunkt**, entwickelt.

WÜRFEL

Formen können auch eine dreidimensionale Symmetrie aufweisen. **Ein Würfel** hat zum Beispiel **neun Symmetrieebenen**.

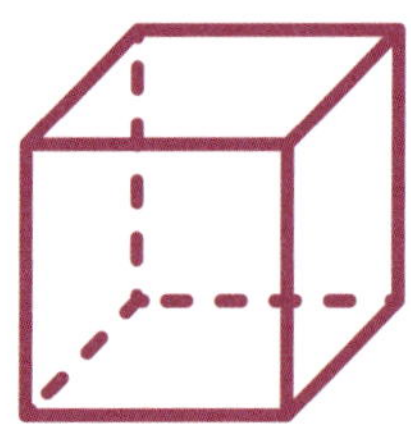

EUKLIDS ELEMENTE

Euklids Elemente ist eine Sammlung von Axiomen (logischen Grundsätzen), die die Geometrie des Zweidimensionalen beschreibt. Die euklidische Geometrie gilt nicht für gekrümmte Flächen.

EUKLIDS POSTULATE:

1. **Zwischen zwei beliebigen Punkten** kann eine gerade Linie gezogen werden.

2. Jede gerade Linie **kann beliebig weit gerade verlängert werden**.

3. Um jede gerade Linie **kann man einen Kreis zeichnen, bei dem die Linie den Radius und einer ihrer Endpunkte den Mittelpunkt des Kreises bildet**.

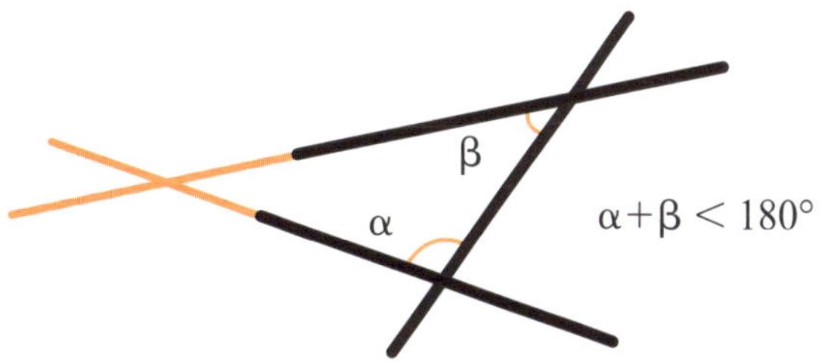

4. **Alle rechten Winkel sind deckungsgleich (kongruent).**

5. Wenn eine gerade Linie zwei andere gerade Linien kreuzt, **sind die entstehenden Innenwinkel auf derselben Seite kleiner als zwei rechte Winkel. Verlängert man die beiden Linien, kreuzen sie sich irgendwann auf derselben Seite der Linie, auf der sich auch die beiden Innenwinkel befinden**.

Euklids fünftes Postulat kann nicht als mathematischer Satz bewiesen werden, auch wenn es bereits viele versucht haben. Die hier erwähnten Postulate sind nur die ersten fünf von vielen euklidischen Postulaten.

PARKETTIERUNG

Parkettierung ist die lückenlose und überlappungsfreie Anordnung von Formen in einem sich wiederholenden Muster.

REGULÄRE PARKETTIERUNGEN

Ein Muster aus identischen Formen, etwa aus **Sechsecken**, gleichseitigen **Tetraedern** oder **Dreiecken**, die ohne Lücken und Überlappungen angeordnet sind.

SEMIREGULÄRE PARKETTIERUNGEN

Ein Muster aus unterschiedlichen Polygonen, etwa aus **Sechsecken** und **Dreiecken**, aber auch aus **Fünfecken**, **Siebenecken** und **Achtecken**, die ohne Lücken oder Überlappungen angeordnet sind.

INNENWINKEL

Dass nicht alle Formen eine reguläre Parkettierung bilden, liegt an der Summe der Innenwinkel. Ein **Kreis** hat auf einer zweidimensionalen Fläche **360°**. Damit keine Lücken oder Überlappungen entstehen, müssen auch die Innenwinkel der angeordneten Polygone 360° betragen.

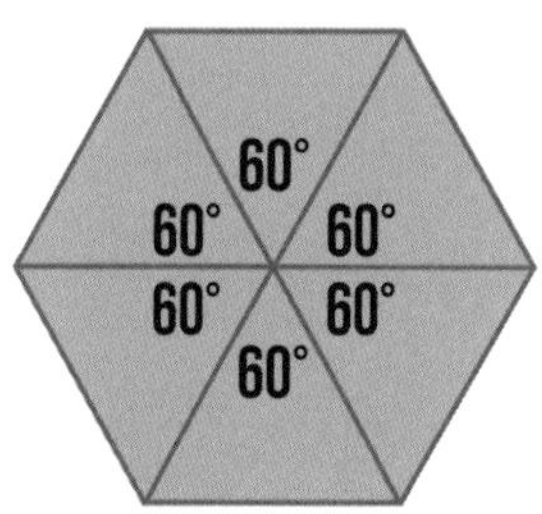

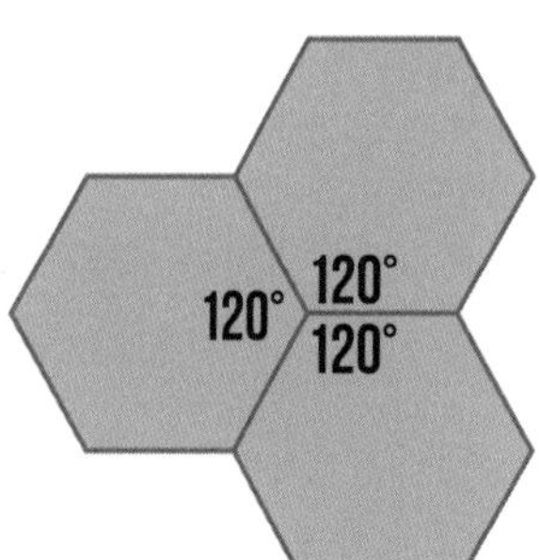

FÜNFECKE

Fünfecke können keine reguläre Parkettierung bilden, da die Summe ihrer Innenwinkel nicht 360°, sondern nur 108° ergibt.

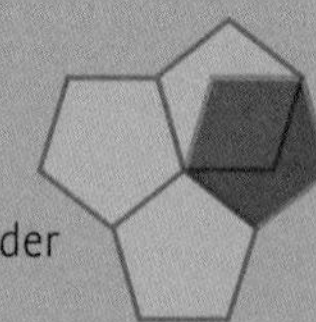

DIE ANORDNUNG UM EINEN PUNKT:

- ergibt entweder eine Lücke: 3 × 108 = 324 (kleiner als 360°) oder
- erzeugt eine Überlappung: 4 × 108 = 432 (größer als 360°).

Allerdings kann man mit den Lücken interessante semireguläre Parkettierungen bilden.

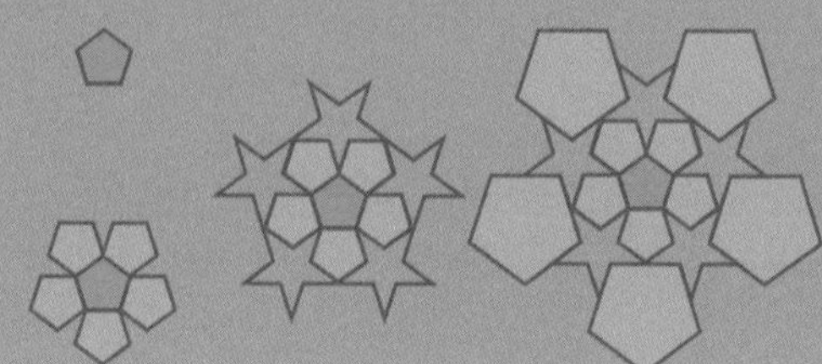

UNREGELMÄSSIGE PARKETTIERUNGEN

Dafür werden **unregelmäßige Formen** verwendet. Hier ist alles möglich – man muss den Raum nur mit beliebigen Polygonen füllen.

PENROSE-PARKETTIERUNGEN

Penrose-Kacheln sind Formenpaare aus **„Drachen"** und **„Pfeilen"**, die **aperiodische** (sich nicht wiederholende) Muster bilden. Die Kacheln müssen so angeordnet werden, dass aus Drachen und Pfeil nie eine **Raute** entsteht.

DIE ALHAMBRA

Die Burg **Alhambra im spanischen Granada** wurde im Jahr 889 von den Mauren erbaut. Ihre Architektur enthält viele Beispiele für zweidimensionale Parkettierung.

PLATONISCHE KÖRPER

Platonische Körper sind dreidimensionale Objekte. Ihre Flächen bestehen aus regulären Polygonen, die an den Ecken der Körper aufeinandertreffen.

REGULÄRE POLYGONE

Vielecke, die gleichseitig und gleichwinklig sind, z. B. **gleichseitige Dreiecke**, **Quadrate** oder **regelmäßige Fünfecke**.

DIE PLATONISCHEN KÖRPER

Wenn jede Fläche eines dreidimensionalen Objekts gleich groß und ein reguläres Polygon ist, handelt es sich um einen **platonischen Körper**. Es gibt nur fünf verschiedene platonische Körper.

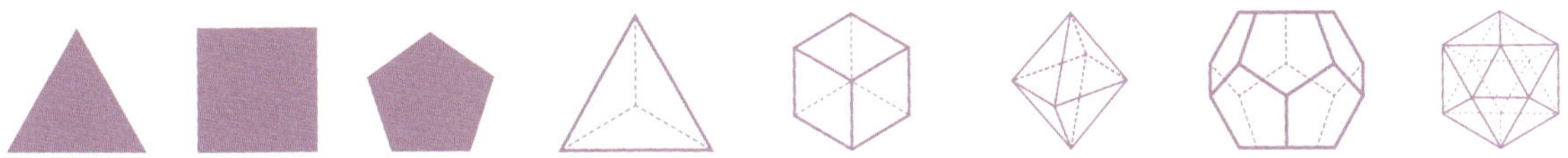

PLATONS WELT DER FORMEN

Der antike Philosoph **Platon** hielt die platonischen Körper für magisch und glaubte an eine **„Welt der Formen"**, die unsere Welt überlagert und in der die platonischen Körper wirklich existieren. In der **platonischen Mystik** glaubte man, dass die Körper die **fünf Elemente Erde, Feuer, Äther, Wasser und Luft** darstellten.

ARCHIMEDISCHE KÖRPER

Sie bestehen aus **zwei oder mehreren unterschiedlichen Arten von regulären Polygonen, die um jede Ecke angeordnet sind**. Es gibt 13 archimedische Körper.

ABSTRAKTIONEN UND WIRKLICHKEIT

In der Mathematik und der Philosophie wird schon seit langem diskutiert, **ob Abstraktionen wirklich existieren oder nur gedankliche Konstrukte sind**. Hängt unser Verständnis von der Welt von den Abstraktionen ab, mit denen wir sie beschreiben? **Werden mathematische Konzepte erfunden oder entdeckt?**

ANDERE DREIDIMENSIONALE KÖRPER

Durch die Kombination anderer Arten von Polygonen können noch viele weitere Formen erfunden oder entdeckt werden.

DODEKAEDERSTERN

Der **Dodekaederstern** besteht aus **gleichschenkligen Dreiecken**.

PENTAKISDODEKAEDER

Die Flächen dieses Dodekaeders bestehen aus **fünfseitigen Pyramiden**.

Dodekaederstern

Pentakisdodekaeder

AL-KHWARIZMI

Der persische Mathematiker Al-Khwarizmi wurde in Usbekistan geboren und lebte von 780 bis 850 n. Chr. Er unterrichtete im „Haus der Weisheit" in Bagdad und gilt als Erfinder der Algebra.

Zwischen 813 und 833 vollendete Al-Khwarizmi sein mathematisches Werk ***Das kurzgefasste Buch über die Rechenverfahren durch Ergänzen und Ausgleichen*** – **eine Sammlung des mathematischen Wissens der Babylonier, Inder und Araber** und eine der ersten Darstellungen von **linearen und quadratischen Gleichungen**.

- *Al-dschabr* bedeutet „wiederherstellen" oder „vervollständigen" und beinhaltet **das Entfernen negativer Zahlen, Wurzeln und Potenzen**, um eine Gleichung zu vereinfachen.
- *Al-muqabala* oder das **„Ausgleichen"** wird auch heute noch zum Lösen von Gleichungen verwendet.

DIE ERSTE QUADRATISCHE ERGÄNZUNG

Die **quadratische Ergänzung** ist eine Methode zum **Umformen von Polynomen mit quadratischen Variablen** in Gleichungen, die einfacher zu lösen sind. Zum Beispiel wird $ax^2 + bx + c$ in die Form $a(x - h)^2 + k$ gebracht (in der h und k bekannt sind).

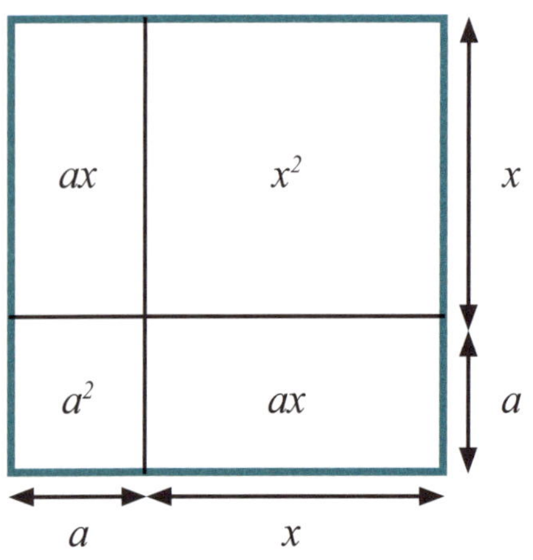

METHODE ZUM FAKTORISIEREN VON QUADRATISCHEN GLEICHUNGEN

1. Die Gleichung umstellen und gleich Null setzen.
2. Faktorisieren, also zum Beispiel $2x^2 + x - 3$ in die Form $(2x + 3)(x - 1)$ bringen.
3. Jeden Faktor gleich Null setzen.
4. Jede der Gleichungen lösen.
5. Die Lösung durch **Substitution** prüfen.

DIE QUADRATISCHE FORMEL

$$x = \frac{-b \pm \sqrt{b^2 - 4ac}}{2a}$$

QUADRATISCHE ERGÄNZUNG – BEISPIEL:

$$x^2 - 10x + 25 = -16 + 25$$
$$(x - 5)^2 = 9$$
$$x - 5 = \pm\sqrt{9}$$
$$x - 5 = \pm 3$$
$$x = 5 \pm 3$$
$$x = 8 \text{ oder } x = 2$$

DIE FIBONACCI-FOLGE

Die Fibonacci-Folge ist eine unendliche Zahlenfolge, die mit 0 und 1 beginnt. Um die nächste Zahl zu erhalten, werden die zwei vorhergehenden Zahlen miteinander addiert. Bekannt wurde diese Zahlenfolge durch den italienischen Mathematiker Leonardo Fibonacci (geboren um 1170), aber bereits die alten Ägypter und Babylonier hatten sich damit beschäftigt.

Die Folge wird durch eine **lineare Differenzgleichung** definiert: $F_n = F_{n-1} + F_{n-2}$

Ist der erste Term $F_0 = 0$

und $n = 1$

folgt die Reihe:

0, 1, 1, 2, 3, 5, 8, 13, 21...

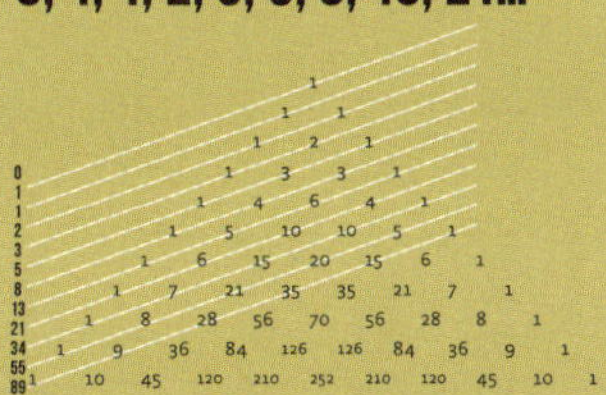

DER GOLDENE SCHNITT

Der Goldene Schnitt ist das **Teilungsverhältnis** $\boldsymbol{a + b : a}$

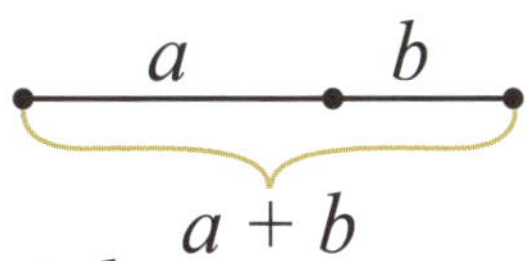

$a + b$ **ist zu** a **wie** a **zu** b

Der Goldene Schnitt ergibt eine **irrationale Zahl**, die durch folgende Formel ermittelt wird:

$a \div b = (a + b) \div a =$
$1{,}6180339887498948420\ldots$

FIBONACCI UND DER GOLDENE SCHNITT

Wird jede Fibonacci-Zahl durch ihre vorhergehende Zahl geteilt, nähert sich der Quotient dem Goldenen Schnitt an. Oder wie man in der Mathematik sagt: **Er konvergiert gegen den Goldenen Schnitt**.

$1 \div 1 = 1$
$2 \div 1 = 2$
$3 \div 2 = 1{,}5$

... und so weiter bis zu

$144 \div 89 = 1{,}6179$

DIE GOLDENE SPIRALE

Diese Spirale besteht aus Linien, deren Länge im Verhältnis des Goldenen Schnitts zunimmt; **zieht man einen Bogen über diese Linien, entsteht eine Spiralform**.

MENSCHEN MÖGEN MUSTER

Menschen werden von Mustern angezogen, darum üben diese Zahlen eine nahezu magische Faszination auf sie aus – was zu vielen falschen Annahmen über den Goldenen Schnitt führte. **Viele Behauptungen über die Allgegenwart der Fibonacci-Folge und des Goldenen Schnitts im Universum wurden bereits widerlegt.**

PFLANZENWACHSTUM

Das Wachstum vieler Pflanzen und Tiere folgt dem Goldenen Schnitt, aber **auf genauso viele Pflanzen und Tiere trifft dieses Verhältnis der geometrischen Proportionen nicht zu**. Die Samen und Blätter von Ananas, Sonnenblumen und Pinienzapfen sind gemäß dem Goldenen Schnitt angeordnet.

UNENDLICHKEIT

Ein Zahlenwert, der endlos weitergeführt werden kann, gilt in der Mathematik und Physik als unendlich.

Das Zeichen für Unendlichkeit: ∞

ARTEN DER UNENDLICHKEIT UND DIE MENGENLEHRE

Unendlichkeit ist mehr als nur eine riesige Zahl. Es gibt verschiedene Arten von Unendlichkeit. **Die Mengenlehre ist ein Gebiet der Mathematik, das sich mit Kategorien beschäftigt.** Sie versucht, Parameter für verschiedene Zahlenmengen zu bestimmen und ihre Eigenschaften zu erklären. **Die Unendlichkeit kann, wie andere Konzepte der Mathematik, in Mengen ausgedrückt werden.**

UNENDLICHE MENGEN:

- ∞ positive Zahlen
- ∞ negative Zahlen
- ∞ Brüche
- ∞ irrationale Zahlen
- ∞ Quadratzahlen

UNENDLICH VIELE DEZIMALSTELLEN

Auch Infinitesimale sind eine Art der Unendlichkeit und zwischen allen Zahlen befinden sich endlos viele Dezimalstellen – wie auch beim Ergebnis vieler Brüche, zum Beispiel von 1/3.

$$1/3 = 0{,}33333\ldots$$

Eine Zahl mit endlichen oder periodischen Dezimalstellen, die als Bruch dargestellt werden kann, ist eine rationale Zahl. **Irrationale Zahlen können nicht als Quotient zweier ganzer Zahlen dargestellt werden.** (Siehe auch Seite 26.)

DIVISION DURCH NULL

Teilen wir eine beliebige Zahl durch 0, ist das Ergebnis nicht unendlich, sondern nicht definiert. Es kann also nicht auf der Zahlengeraden dargestellt werden.

ASYMPTOTISCHE ANALYSE

Die folgenden Funktionen sind asymptotisch. **Eine asymptotische Kurve nähert sich einem Wert unendlich nahe an.**

Die Funktionen y = tan(x) und y = 1/x gelten als asymptotisch unstetig

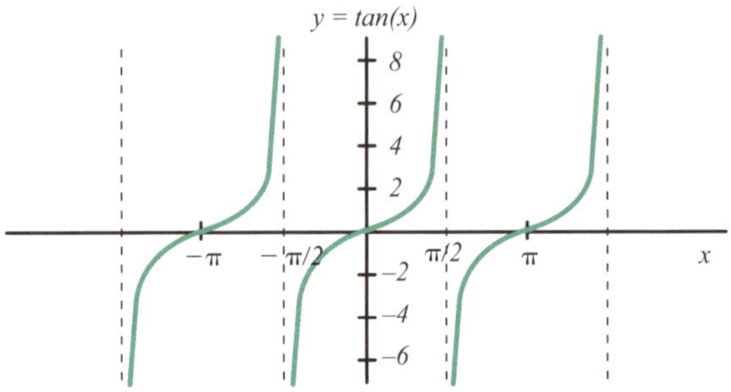

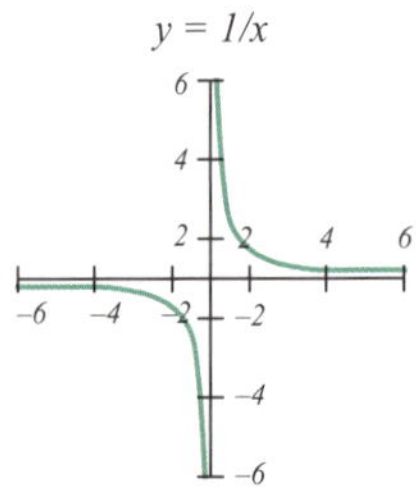

UNSTETIGE UND STETIGE FUNKTIONEN

Eine unstetige Funktion ist keine durchgehende Kurve, sondern sieht wie zwei separate Kurven aus. Beim Zeichnen einer unstetigen Kurve wird der Stift mindestens einmal vom Papier gehoben. Eine stetige Funktion ergibt eine durchgehende Kurve ohne Unterbrechungen.

PI

Die Kreiszahl π (auch Archimedes-Konstante genannt) ist eine mathematische Konstante, die als das Verhältnis des Umfangs eines Kreises zu seinem Durchmesser definiert ist.

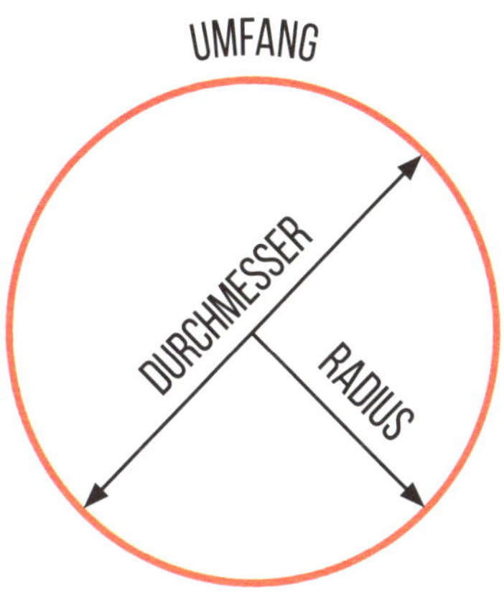

$$\frac{\text{UMFANG}}{\text{DURCHMESSER}} = \pi$$

π ist eine irrationale Zahl mit unendlich vielen Dezimalstellen.

3,14159265359...

TRANSZENDENTE ZAHLEN

π ist **eine transzendente und keine algebraische Zahl**.

ALGEBRAISCHE ZAHLEN

Alle algebraischen Zahlen, etwa ganze Zahlen und Brüche, können als **die Quadratwurzel einer polynomischen Gleichung, die nicht Null ist, und deren Koeffizienten ganze Zahlen oder Brüche sind** dargestellt werden.

Eine quadratische Gleichung ist ein Beispiel für eine Polynomgleichung und hat die folgende Form:

$$x^2 + bx + c = 0$$

Ganze algebraische Zahlen **können durch polynomische (z. B. quadratische) Gleichungen ausgedrückt werden**. Dann sind b und c ganze Zahlen oder Brüche.

Das Besondere an π ist, dass die Zahl nicht auf diese Weise ausgedrückt werden kann. Darum ist die Quadratur des Kreises unmöglich.

Kreisfläche = πr^2. Ein Kreis mit dem Radius 1 hat die Fläche π. Die Seitenlänge eines Quadrats, dessen Fläche π ist, muss die Wurzel von π betragen. **Aber eine transzendente Zahl wie π kann nicht in einer Polynomgleichung ausgedrückt werden. Darum kann man aus einem Kreis kein Quadrat mit gleicher Fläche machen.**

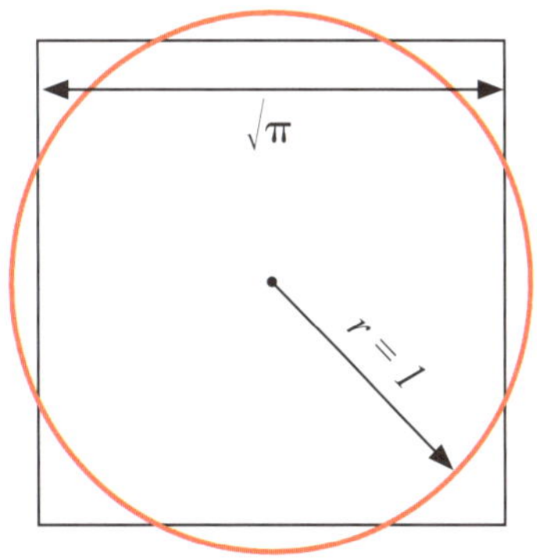

POLYGONALE ANNÄHERUNG

Durch Polygone mit einer zunehmenden Anzahl von Seiten kann π annähernd dargestellt werden. **Mit dieser Methode kann die genaue Zahl π nicht ermittelt werden, sondern nur ein asymptotischer Näherungswert.**

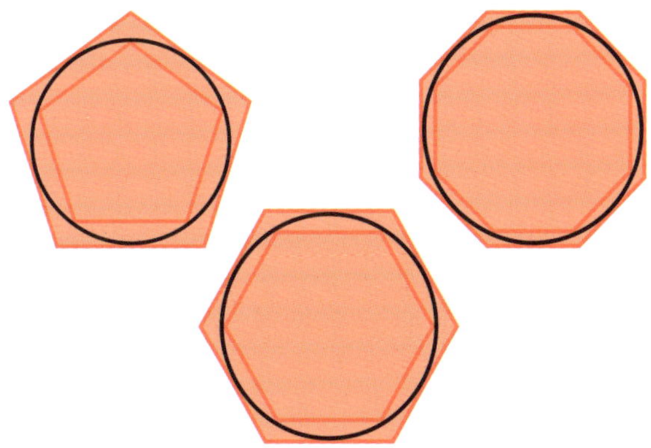

MATHEMATIK

PRIMZAHLEN

Eine Primzahl ist eine Zahl, die nur durch 1 und durch sich selbst teilbar ist. Es gibt unendlich viele Primzahlen, aber je weiter wir uns von Null entfernen, desto seltener kommen sie vor.

Die ersten **Primzahlen** sind: 2, 3, 5, 7, 11, 13, 17, 19, 23, 29, 31, 37, 41, 43, 47, 53, 59, 61, 67, 71, 73, 79, 83, 89, 97, 101...

In einem Raster angeordnet bilden sie Muster.

1	**2**	**3**	4	**5**	6	**7**	8	9	10
11	12	**13**	14	15	16	**17**	18	**19**	20
21	22	**23**	24	25	26	27	28	**29**	30
31	32	33	34	35	36	**37**	38	39	40
41	42	**43**	44	45	46	**47**	48	49	50
51	52	**53**	54	55	56	57	58	**59**	60
61	62	63	64	65	66	**67**	68	69	70
71	72	**73**	74	75	76	77	78	**79**	80
81	82	**83**	84	85	86	87	88	**89**	90
91	92	93	94	94	96	**97**	98	99	100

SATZ VON EUKLID

Er besagt, dass es **eine unendliche Anzahl von Primzahlen gibt**.

DER PRIMZAHLSATZ (PZS)

Der PZS sagt uns, **wie viele Primzahlen sich zwischen einer Zahl, n, und 0 befinden**, und beschreibt **die asymptotische Verteilung der Primzahlen**.

$$\lim_{x \to \infty} \frac{\pi(x)}{x / \ln(x)} = 1$$

PRIMZAHLFORMEL

Diese Formel schätzt **die Verteilung der Primzahlen auf dem Zahlenstrahl**.

$$P_n \sim n \ln(n)$$

- P_n = die n-te Primzahl
- n = Zahl
- $\ln$ = natürlicher Logarithmus (siehe auch Logarithmen, Seite 23)

BERTRANDSCHES POSTULAT

Es beschreibt **die Lücken zwischen aufeinanderfolgenden Primzahlen**. Für jede beliebige Zahl (n) gibt es eine Primzahl p, die zwischen n und $2n$ liegt.

Wenn $n \geq 1$, gibt es mindestens eine Primzahl p mit der Eigenschaft:

$$n < p \leq 2n$$

PRIMFAKTORZERLEGUNG UND KRYPTOGRAFIE

Primzahlen werden auch **zur Sicherheit und Verschlüsselung des Internets verwendet**. Man kann zwar große Primzahlen leicht miteinander multiplizieren, aber es ist schwierig, aus einer großen Zahl die beiden Primzahlfaktoren zu ermitteln.

- Aus dem Produkt zweier großer Primzahlen wird ein **„öffentlicher Schlüssel"** erzeugt, um eine Nachricht zu verschlüsseln.
- Mit einem **„geheimen Schlüssel"** aus diesen beiden Primzahlen wird die Nachricht entschlüsselt.
- Der öffentliche Schlüssel kann öffentlich zugänglich sein, aber nur wer den geheimen Schlüssel hat, kann den Code knacken.

ANALYSIS

Die Analysis ist ein Gebiet der Mathematik, das sich mit Änderungen beschäftigt. Es besteht aus der Differenzialrechnung (für kleine Änderungen) und Integralrechnung (für allgemeine Änderungen).

ÄNDERUNGSRATEN

Veränderungen wie **Bevölkerungswachstum** oder **Temperaturwechsel** können auf einem Graphen als eine **Funktion der Zeit** dargestellt werden. **Die Änderungsraten erkennen wir an dem Verlauf der Kurve an einem bestimmten Punkt auf der x-Achse.** Diese Änderungen werden durch den griechischen Buchstaben „Delta" ausgedrückt: ∂, Δ.

GRENZWERTE

Sie **helfen uns, einzuschätzen, wie eine Funktion an bestimmten Punkten aussehen könnte**.

INTERVALLE

Ein Intervall ist ein Bereich zwischen zwei Punkten auf der x-Achse eines Graphen. Durch endlos viele winzige Intervalle **kann man die Änderung der Funktion genauer einschätzen**.

DIFFERENZIALNOTATION

$y = f(x)$ *oder* y = *Funktion von* x

Die Ableitung von y (in Bezug auf x) ist die Änderungsrate von y in Bezug auf x.

Wird ausgedrückt durch: dy/dx

Beides kombiniert ergibt:

$$\frac{d}{dx} f(x)$$

INTEGRALNOTATION

Damit **kann man eine Differenziation umkehren**. Sie stellt den Bereich unter einer Kurve dar.

$$\int f(x)\, dx$$

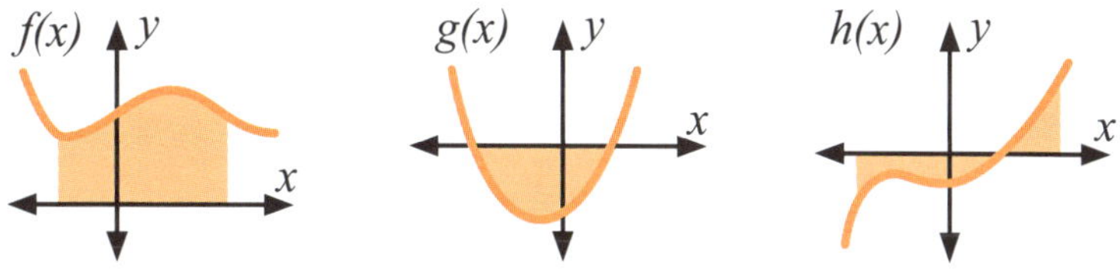

BEISPIEL: POSITION, GESCHWINDIGKEIT UND BESCHLEUNIGUNG

Dieses Beispiel zu Position, Geschwindigkeit und Beschleunigung zeigt uns **die geometrischen Zusammenhänge zwischen Differenzial- und Integralfunktionen**.

- Die Kurve $v(t)$ zeigt **Beschleunigung und Bremsung**, also **Änderungen der Geschwindigkeit**.
- Die Beschleunigung ist die Ableitung der Geschwindigkeit: Die Steigung der Geschwindigkeits-Zeit-Kurve zeigt die Beschleunigung zu einem gegebenen Zeitpunkt. $a(1)$, $a(2)$ und $a(3)$ sind Beschleunigungszeitpunkte.
- Die Geschwindigkeit ist die Ableitung der Position: Der Bereich zwischen t_1 und t_2 unter der Kurve ist das Integral und zeigt **die Änderung der Position**.

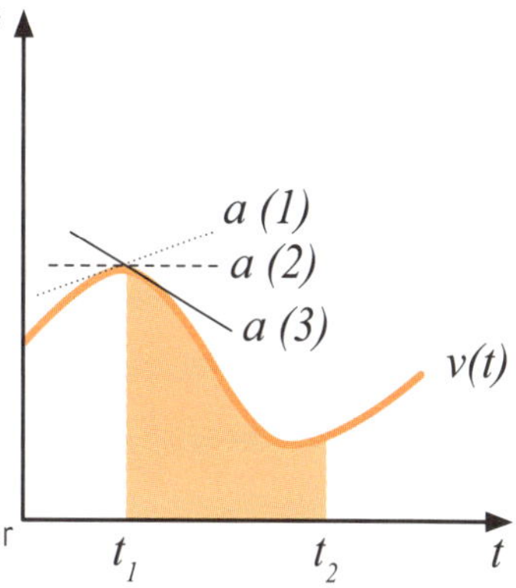

ABLEITUNGEN UND TRIGONOMETRIE

Die Ableitungen von $sin(x)$ und $cos(x)$ stehen in folgendem Bezug zueinander:

Die Ableitung von $sin(x)$ ist $cos(x)$

Die Ableitung von $cos(x)$ ist $-sin(x)$

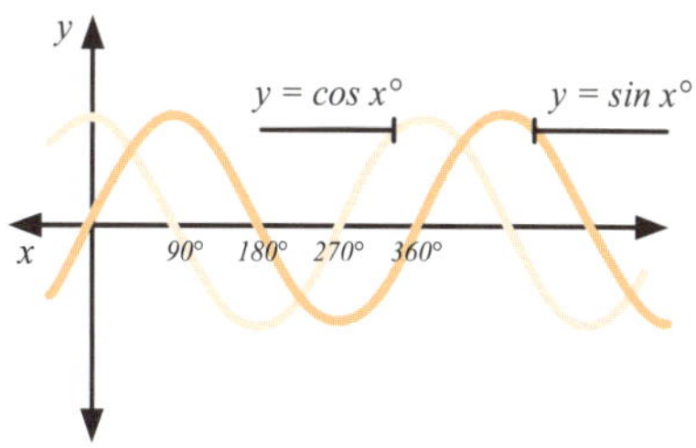

LOGIK

Die Logik ist eine Methode der Schlussfolgerung, um Ideen zu erklären, Überzeugungen auszudrücken und Argumente zu konstruieren.

- Prämisse: Eine Aussage, **die zu einer Schlussfolgerung führen muss**.
- Aussage: Es gibt **universelle** (allgemeine), **partikuläre** (teilweise), **affirmative** (bejahende) und **negative** (verneinende) Aussagen.
- Schlussfolgerung: **Ausdruck einer Überzeugung**.

- Gültigkeit: Wenn eine Prämisse zu einer Schlussfolgerung führt, gilt sie als gültig. **Die Gültigkeit wird durch die „Form“, nicht durch den Inhalt definiert, und ist nicht gleich Wahrheit.**

ARTEN DER LOGIK

Deduktion: eine syllogistische Methode. Ein **Syllogismus** ist eine Form des Arguments, die besagt, dass eine Prämisse, die „wahr“ ist, zu einer „wahren“ Schlussfolgerung führt.

- Prämisse 1: Daisy ist eine Kuh.
- Prämisse 2: Alle Kühe sind Huftiere.
- Schlussfolgerung: Daisy ist ein Huftier.

Induktion: arbeitet mit **Wahrscheinlichkeiten und *wahrscheinlichen* Schlussfolgerungen**.

Abduktion: **ist abhängig von den verfügbaren Informationen.** Nicht alle Informationen stehen jederzeit zur Verfügung.

Analogieschluss: Induktive **Logik, die aus bestehenden Ähnlichkeiten Schlüsse auf noch unbekannte Übereinstimmungen zieht**.

Reductio ad absurdum: Eine Aussage wird widerlegt, **indem ihre Absurdität bewiesen wird**.

Paradoxon: Wenn **wahre Prämissen und Schlussfolgerungen Widersprüche ergeben**.

DAS BARBIER-PARADOXON

Ein **Barbier** rasiert **all jene und nur jene**, die sich nicht selbst rasieren. Wenn er nur Leute rasiert, die sich **nicht** selbst rasieren, rasiert der Barbier sich selbst?

- Der Barbier kann sich nicht selbst rasieren, da er nur Leute rasiert, die sich nicht selbst rasieren.
- Aber wenn sich der Barbier nicht selbst rasiert, sollte er es tun, da er schließlich all jene rasiert, die sich nicht selbst rasieren.

A = Leute, die ihre Haare selbst schneiden
B = Leute, die ihre Haare nicht selbst schneiden

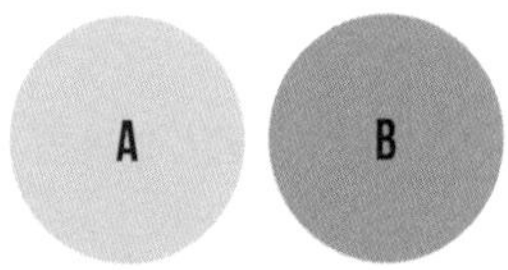

In welchen Kreis gehört der Barbier?

MATHEMATISCHE LOGIK

Die mathematische Logik besteht aus vier Teilbereichen:

1. Mengenlehre
2. Modelltheorie
3. Rekursionstheorie
4. Beweistherorie und konstruktive Mathematik

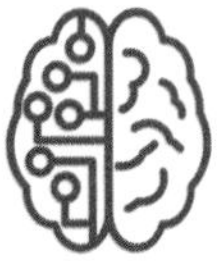

LOGARITHMEN

„Exponentielle" Funktionen oder Kurven können als exponentielle Funktionen, die sich nach einer festgelegten Formel verändern, dargestellt werden. Oft werden sie mit dem Wort „hoch" beschrieben, das den Exponenten bezeichnet. Im Beispiel „x hoch 2" ist 2 der Exponent.

Ein Logarithmus ist der Exponent, mit dem eine Basis potenziert werden muss, um eine bestimmte Zahl zu erhalten. Logarithmen berechnen **Exponentialfunktionen**, die **Umkehrfunktionen** sind (siehe Analysis, Seite 21). Mit Logarithmen kann man große Zahlen ausdrücken.

- Frage: 2 hoch welche Zahl ergibt 16?
- Antwort: Die Gleichung „log zu Basis 2 von 16 =" … oder: log 2 (16) = 4.
- 2 hoch 4 ist gleich 16.

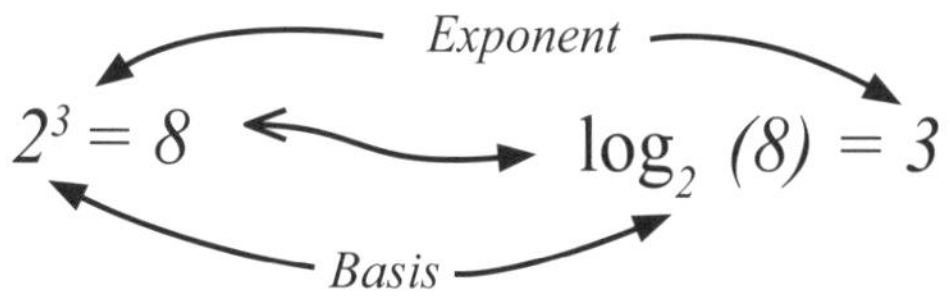

ES GIBT ZWEI ARTEN VON LOGARITHMEN:

- **Zehnerlogarithmen** haben die Basis 10 und werden durch $\log x$ ausgedrückt.
- **Natürliche Logarithmen** werden durch $\ln x$ ausgedrückt und haben die irrationale Zahl e (≈ 2.718) als Basis.

(Siehe auch Eulersche Zahl, Seite 29, für weitere Informationen zur Konstante *e*.)

(Natürl. Log.) $\ln N = x \longleftrightarrow N = e^x$

Logarithmen erleichtern Multiplikation und Division:

- $a = b \times c$
- $\log(a) = \log(b) + \log(c)$

EXPONENTIELLES WACHSTUM

Exponentielle Zunahme oder Abnahme sind Funktionen, die **im Verlauf der Zeit immer stärker ansteigen oder abnehmen**.

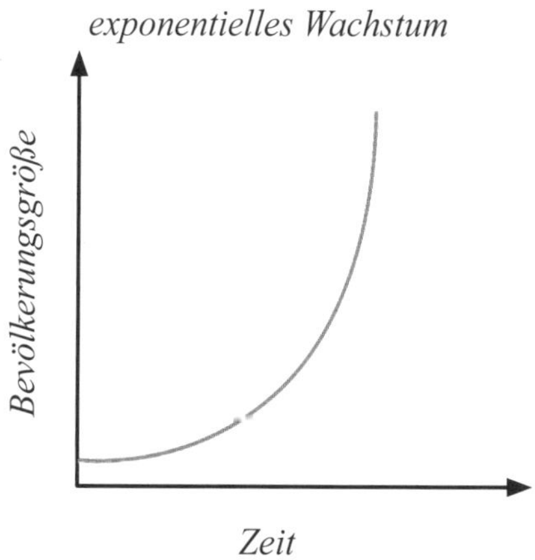

Rechenregeln für Exponential- und Logarithmusfunktionen:

Exponentialfunktion	Logarithmusfunktion
$x^a \cdot x^b = x^{a+b}$	$\log(ab) = \log(a) + \log(b)$
$\frac{x^a}{x^b} = x^{a-b}$	$\log\left(\frac{a}{b}\right) = \log(a) - \log(b)$
$(x^a)^b = x^{ab}$	$\log(a^b) = b \cdot \log(a)$
$x^{-a} = \frac{1}{x^a}$	$\log_x \left(\frac{1}{x^a}\right) = -a$
$x^0 = 1$	$\log_x 1 = 0$

GESCHICHTE DES LOGARITHMUS: JOHN NAPIER UND SEINE LOGARITHMENTAFEL

Der schottische Mathematiker **John Napier** arbeitete 20 Jahre lang an einer **Logarithmentafel**, die er 1614 veröffentlichte.

WAHRSCHEINLICHKEIT UND STATISTIK

Wahrscheinlichkeiten sagen aus, mit welcher Gewissheit etwas eintreten wird. Dafür wird eine Skala von 0 bis 1 verwendet: 0 = Unmöglichkeit und 1 = Gewissheit. Die Statistik beschäftigt sich mit der Analyse von Daten, unter anderem mit der Sammlung, Aufbereitung und Interpretation von Daten.

LAGEPARAMETER

- **Mittel**: Der **Durchschnittswert aller Zahlen in einem Datensatz**. Um ihn zu ermitteln, werden alle Zahlen addiert und durch ihre Anzahl geteilt.
- **Median**: Der Median ist der **„mittlere“ Wert** einer sortierten Liste von Zahlen in einem Datensatz.
- **Modus**: Die **Zahl, die am häufigsten vorkommt**.

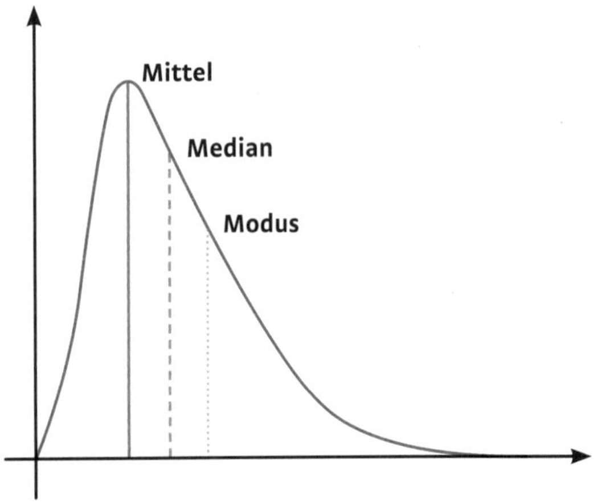

STREUUNGSPARAMETER

- **Spannweite**: Die **Differenz zwischen dem größten und dem kleinsten Messwert**.
- **Quartil**: Es wird folgendermaßen bestimmt:

1. Die Zahlen eines Datensatzes werden sortiert.
2. Die Zahlenliste wird in vier gleiche Teile aufgeteilt.

- **Interquartilsabstand**: die **Differenz zwischen dem ersten und dritten Quartil**.
- **Perzentil**: der **Prozentsatz, der unter einem bestimmten Wert liegt**.
- **Mittlere Abweichung**: die **durchschnittliche Abweichung vom Mittelwert**.
- **Standardabweichung**: **ein Maß für die Streuung von Zahlen in einem Datensatz**. Wird mit dem Buchstaben σ (Sigma) bezeichnet.

Zum Errechnen des quadratischen Mittels **nimmt man die Werte zum Quadrat, addiert sie und teilt sie durch ihre Anzahl**.

DATENAUSWERTUNG UND KORRELATION

Ähnliche Datensätze können auf einem Graphen dargestellt und verglichen werden. **Die Übereinstimmung unterschiedlicher Datensätze nennt man Korrelation.** Sie wird auf einer Skala von 1 bis −1 gemessen, wobei 1 eine perfekte positive Korrelation, 0 keine Korrelation und −1 eine negative Korrelation darstellt.

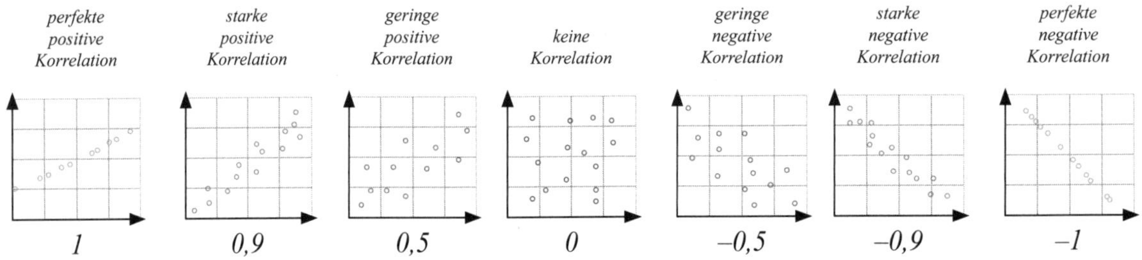

CHAOSTHEORIE

In der Mathematik bezeichnet „Chaos" ein komplexes System, in dem sich die kleinste Veränderung der Ausgangsbedingungen wesentlich auf das Ergebnis auswirkt.

Chaos: **Ein scheinbar zufällig ablaufender Vorgang in einem deterministischen System.** Ein chaotisches System ist dynamisch und hat einen fraktalen Attraktor.

Attraktor: Der **Gleichgewichtszustand**, auf den sich ein **dynamisches System mit der Zeit zubewegt**.

Seltsamer Attraktor: Ein Attraktor gilt als **seltsam, wenn er eine fraktale Struktur aufweist**.

Die Struktur von fraktalen geometrischen Objekten ist auf allen Ebenen komplex und vielfältig gebrochen:

*Unten: Grafische Darstellung eines seltsamen Attraktors: der **Lorenz-Attraktor***

Ausgangsbedingungen: **Kleine Abweichungen** im Anfangszustand eines Systems können zu **drastischen Veränderungen** im Endzustand führen.

Deterministisch: Ein System, über dessen Anfangszustand und Veränderungen genug bekannt ist, um künftige Zustände **vorhersagen** zu können.

Gekoppelte Pendel: **Pendel sind deterministisch** (siehe Harmonische Schwingungen, Seite 34). Koppelt man zwei Pendel zu einem **Doppelpendel** (ein Pendel am Ende eines Pendels), entstehen **chaotische Schwingungen**, deren Ausmaß von der Fallhöhe der Pendel abhängt.

SCHMETTERLINGSEFFEKT

Dieses Prinzip beruht auf der Idee, dass **der Flügelschlag eines Schmetterlings in Peru das Wetter in Glasgow beeinflussen kann**. Das ist allerdings ein übertriebenes Beispiel, da auch noch andere Faktoren eine Rolle spielen, zum Beispiel die Winde über dem Atlantischen Ozean.

Wettervorhersagen
Der Ausgangszustand eines Wettersystems ist messbar. Darum **lässt sich das Wetter vorhersagen, aber nicht ganz genau**, da es zu viele **veränderliche Variablen** gibt.

Pseudozufallszahl
Eine Zahl, die scheinbar zufällig und oft computergeneriert ermittelt wird. Solche Zahlen werden **deterministisch berechnet und sind keine echten Zufallszahlen**. Eine echte Zufallszahl **muss eine immer gleiche und völlig unvorhersehbare Wahrscheinlichkeit, generiert zu werden, aufweisen**.

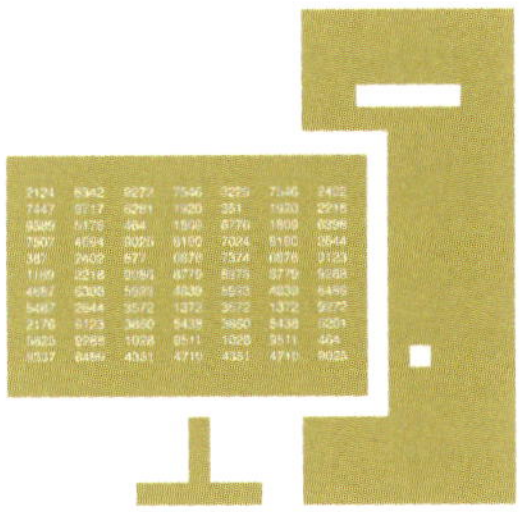

IMAGINÄRE ZAHLEN

Imaginäre Zahlen sind komplexe Zahlen, deren Quadrat eine negative Zahl ergibt. Sie werden durch die Gleichung $x^2 = -1$ ausgedrückt und als reelle Zahl geschrieben, die mit „i" multipliziert wird.

„*i*" wird bestimmt durch: $i \times i = -1$, dabei ist *i* die Quadratwurzel einer negativen Zahl. $\sqrt{-1}$

Der **Satz des Pythagoras**, $a^2 + b^2 = c^2$, hilft uns, imaginäre Zahlen als **Koordinaten** darzustellen. Komplexe Zahlen werden nicht auf einer **Zahlengeraden**, sondern auf der **reellen** oder **komplexen Ebene** dargestellt. Mithilfe von Koordinaten können imaginäre Zahlen lokalisiert werden.

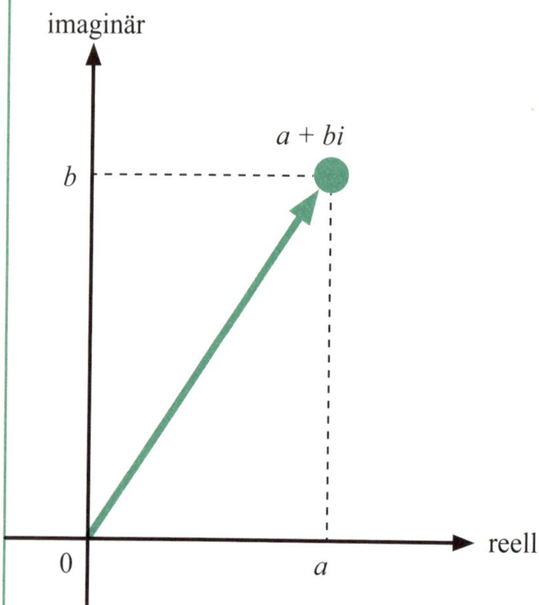

Interessanterweise ergeben sich aus der Multiplikation von *i* **vier potenzielle Werte**:

- $i \times i = -1$
- $-1 \times i = -i$
- $-i \times i = 1$
- $1 \times i = i$

Der Exponent von *i* kann auf der Grundlage der folgenden Annahmen errechnet werden:

$i = \sqrt{-1} \quad i^2 = -1 \quad i^3 = -\sqrt{-1} \quad i^4 = 1 \quad i^5 = \sqrt{-1}$

Diese Ergebnisse weisen ein zyklisches Muster auf und darum haben die **Anwendungsbereiche** der imaginären Zahlen oft mit **Zyklen oder Schwingungen** zu tun, zum Beispiel **Signalverarbeitung**, **Kommunikation, kabellose Übertragung**, **bildgebende Verfahren**, **Klanganalyse**, **Elektronik**, **Radar** und **natürliche Kreisläufe**.

Die Anwendung imaginärer Zahlen in diesen Bereichen liefert uns wichtige Erkenntnisse. Ohne imaginäre Zahlen gäbe es keine **Digital-Analog-Technik** und kein **Internet**.

Das Wort „imaginär" wurde erstmals im 17. Jahrhundert (abwertend) verwendet und bezeichnete **Mathematik, die von niemandem verstanden wurde**.

NICHTEUKLIDISCHE GEOMETRIE

In der euklidischen Geometrie gilt, dass Parallelen nie aufeinander treffen. Die Mathematik kennt aber noch weitere Geometrien, in denen es andere Regeln für Parallelen gibt.

Die euklidische Geometrie wird in einem zweidimensionalen Koordinatensystem ohne Krümmungen dargestellt. Die nichteuklidische Geometrie **existiert auf jeder gekrümmten Fläche**, etwa auf einer Kugelfläche (elliptische Geometrie) oder einer Sattelfläche (hyperbolische Geometrie).

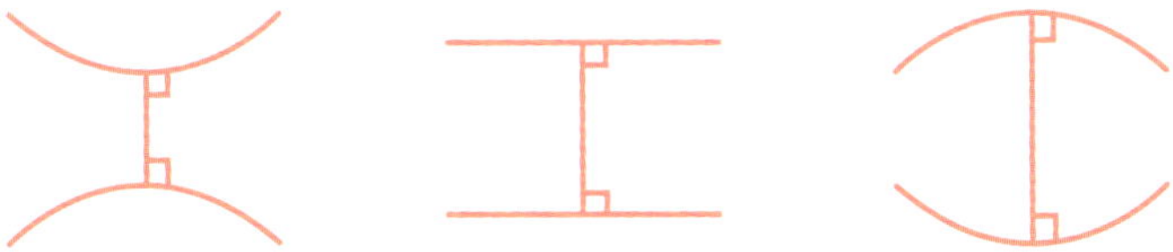

hyperbolisch | euklidisch | elliptisch

EUKLIDISCHE EBENE | **KUGELFLÄCHE** | **SATTELFLÄCHE**

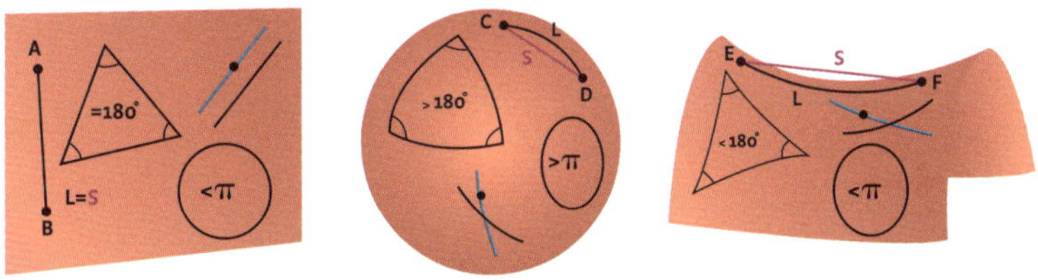

keine Krümmung, euklidisch | positive Krümmung, elliptisch | negative Krümmung, hyperbolisch

Nehmen wir die Innenwinkel eines Dreiecks als Beispiel: **In der euklidischen Geometrie muss ihre Summe 180° ergeben. In der (elliptischen oder hyperbolischen) euklidischen Geometrie ergeben sie nicht 180°.**

- **Elliptisch** = eine positive Krümmung, bei der **die Summe der Innenwinkel eines Dreiecks größer als 180° ist**.
- **Hyperbolisch** = eine negative Krümmung, bei der **die Summe der Innenwinkel eines Dreiecks kleiner als 180° ist**.

Mithilfe der nichteuklidischen Geometrien können wir gekrümmte Flächen in **elektromagnetischen und Gravitationsfeldern** beschreiben.

ELLIPTISCHE PROJEKTION

Die Bahn eines Flugzeugs, das von Peking nach Toronto fliegt, ist aus der Sicht des Piloten eine gerade Linie. In Wirklichkeit **ist es jedoch eine gekrümmte Linie**.

HYPERBOLISCHE GEOMETRIEN

Die hyperbolische Geometrie nutzt unterschiedliche Modelle und ist für **Einsteins Relativitätstheorie** wichtig.

Poincaré-Scheibenmodell: Projektion der hyperbolischen 2-D-Geometrie zeigt gekrümmte Linien.

Beltrami-Klein-Modell: Projektion des gekrümmten Raums auf einer 2-D-Scheibe ergibt gerade Linien.

FERMATS LETZTER SATZ

Pierre de Fermat (1607–1665) war ein französischer Jurist mit einer Begeisterung für Mathematik – besonders für eine Gleichung, die dem Satz von Pythagoras ähnelte. Er wollte herausfinden, ob die Gleichung auch mit anderen Exponenten als 2, etwa mit 3, 4, 5, 6 usw., noch stimmen würde.

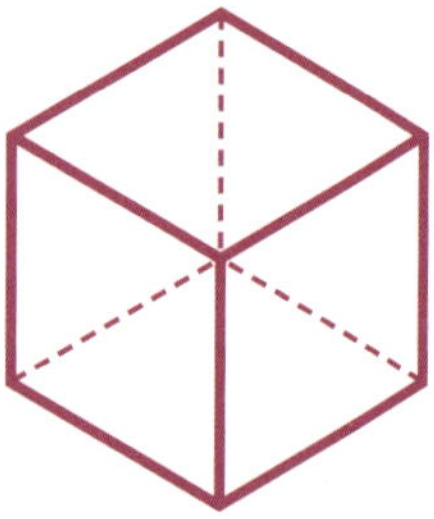

Fermats Satz besagt: „**Es gibt keine drei positiven ganzen Zahlen x, y und z, für die Folgendes gilt**:

$$x^n + y^n = z^n$$

wenn die ganze Zahl n > 2…“

PYTHAGOREISCHES TRIPEL

Wenn n = 2, gibt es eine **unendliche Anzahl von Lösungen**. Diese Lösungen nennt man **pythagoreische Tripel**. Für sie gilt:
$x^2 + y^2 = z^2$

Zum Beispiel:

$$3^2 + 4^2 = 5^2$$
$$9 + 16 = 25$$

$$161^2 + 240^2 = 289^2$$

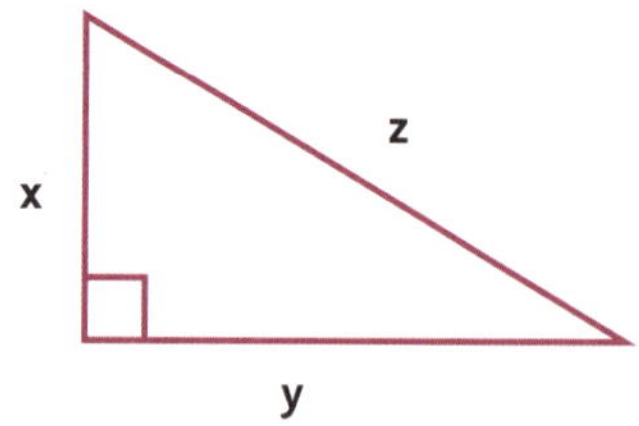

Fermat zufolge gab es **keine Lösung, wenn der Exponent von x, y und z größer als 2 war**. Zum Beispiel kann

$$x^5 + y^5 = z^5$$

nicht gelöst werden.

Fermat glaubte, dass er seine Vermutung beweisen konnte. Verärgert notierte er in einem Buch, das er gerade las, dass er eine Lösung hatte, aber „**nicht genug Platz am Seitenrand dieses Buchs, um sie aufzuschreiben**“. Dann starb er.

Im Laufe der Jahrhunderte versuchten viele Mathematiker, einen Beweis für Fermats Satz zu erbringen.

MATHEMATISCHES TEAMWORK

Die Mathematik profitiert von **Teamwork**: Wenn Mathematiker eine Arbeit veröffentlichen, wird sie von anderen Mathematikern geprüft. Fermat meinte vielleicht, eine Lösung für sein Problem gefunden zu haben, aber viele Mathematiker sind überzeugt, dass er nur *glaubte*, den Beweis zu haben, da er allein arbeitete und **niemand seine Ergebnisse nachrechnete**.

Viele Mathematiker dachten, sie hätten den Satz bewiesen, bis jemand anderes ihre Lösung überprüfte und widerlegte. Im Jahr 1994 gelang es schließlich **Andrew Wiles**, Fermats Satz teilweise zu beweisen, sodass andere Mathematiker **die endgültige Lösung** ausarbeiten konnten.

Andrew Wiles bewies mithilfe der **Iwasawa-Theorie** den **Modularitätssatz** und zeigte damit, dass Fermats Satz teilweise bewiesen werden konnte. **Der Modularitätssatz, der von Yutaka Taniyama und Goro Shimura aufgestellt wurde**, beschäftigt sich mit **elliptischen Kurven und verbindet Zahlentheorie mit Topologie**. Kenkichi Iwasawas Theorie gehört zur Zahlentheorie.

EULERSCHE ZAHL

Die eulersche Zahl „e" ist eine irrationale Zahl zwischen 2 und 3. Sie ist eine der wichtigsten Konstanten in der Mathematik.

$$e = 2{,}71828182845904523536028747135 27\ldots$$

Leonhard Euler (1707–1783) war ein Schweizer Mathematiker, der seine wissenschaftliche Tätigkeit auch nach seiner Erblindung fortführte.

In der **angewandten Mathematik** und **Physik** bezeichnet die Konstante e Wachstumsvorgänge wie **Bevölkerungswachstum** und **Temperaturanstieg**.

Jakob Bernoulli (1655–1705) war der erste, der sich im Rahmen seiner Arbeit zu **Kursänderungen** und **Zinseszinsen** damit beschäftigte.

Wenn man einen Taler ein Jahr lang bei einem Zinssatz von 100 % bei der Bank anlegt, hat man am Ende des Jahres zwei Taler. Aber wie sieht es aus, wenn die Bank stattdessen eine halbjährliche Verzinsung von 50 %, eine vierteljährliche von 25 % oder eine monatliche von 12 % anbietet?

Zinssatz	**Zahlungen pro Jahr**	**Jahressumme**
100 %	1	2
50 %	2	2,25
25 %	4	2,44140625
12 %	12	2,61

Man könnte diese Liste mit immer kürzer werdenden Zeiträumen endlos fortführen, bis wir uns dem Wert von e asymptotisch annähern. **Die Konstante e ist mit Unendlichkeiten verbunden.**

Eine Möglichkeit, um e zu berechnen:

$$e = 1 + \frac{1}{1} + \frac{1}{1.2} + \frac{1}{1.2.3} + \frac{1}{1.2.3.4} + \ldots \text{ ad infinitum.}$$

e UND WACHSTUM

Grafisch ergibt $y = e^x$ eine Kurve.

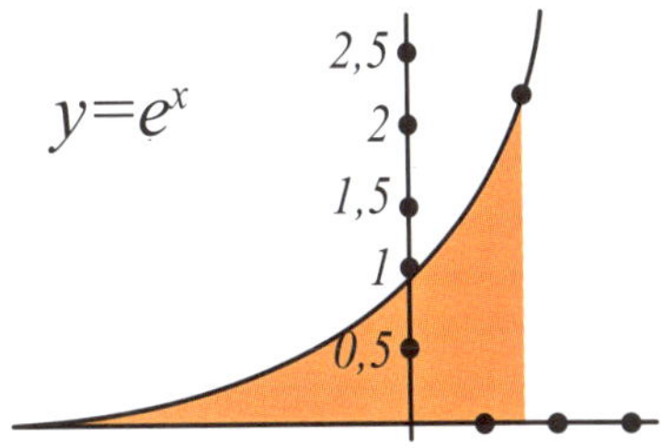

$y = e^x$ ist die einzige Funktion, bei der **die Punkte auf der Steigung, die Kurve der Steigung und der Bereich unter der Kurve identisch sind** (e^x). Diese Eigenschaft erleichtert die Anwendung der **Analysis** (Gleichungen für Änderungsraten).

EULERSCHE IDENTITÄT

π (Pi) ist eine irrationale Zahl, die sich aus dem Verhältnis des Umfangs eines Kreises zu seinem Durchmesser ergibt. **Euler formulierte eine Gleichung, die π und e verbindet.**

$$e^{i\pi} + 1 = 0$$

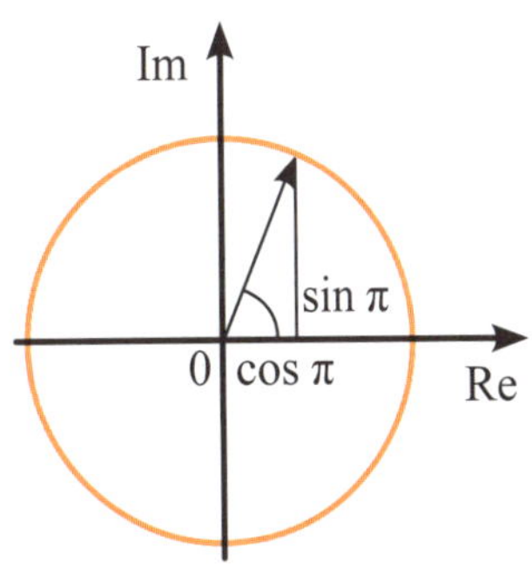

MATHEMATIK

MANDELBROT-MENGE

Die Mandelbrot-Menge ist für ihre faszinierende Schönheit bekannt. Sie besteht aus komplexen Zahlen, die in bestimmten Funktionen den Grenzwert 2 nicht überschreiten.

Zur Veranschaulichung verwenden wir die **gaußsche Zahlenebene**:

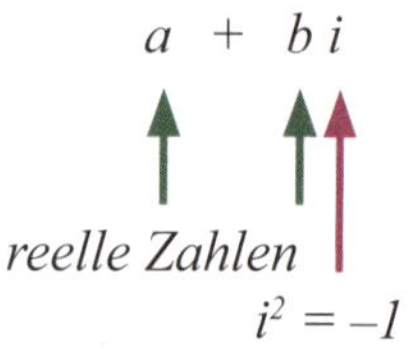

Komplexe Zahlen werden wie Koordinaten auf der gaußschen Ebene dargestellt. Die Größe der komplexen Zahl ergibt sich aus $|\, a + bi \,|$, wie es in folgendem Diagramm dargestellt wird:

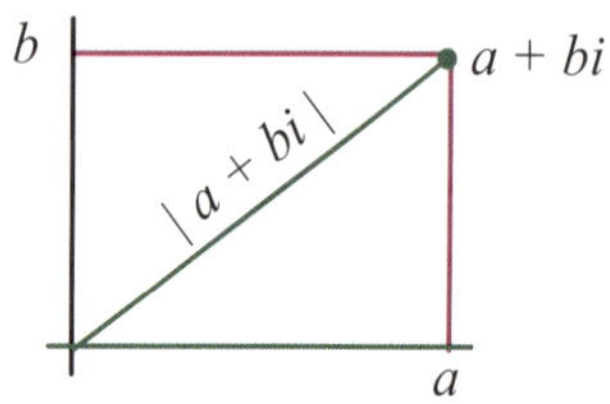

FUNKTION VON z

Gegeben ist die komplexe Zahl „c". Für die Funktion „z" gilt die folgende Gleichung. Wenn $c = 1$ und wenn wir das Ergebnis wieder in *f(z)* einsetzen, erhalten wir folgende Ergebnisse:

$$f_1(0) = 0^2 + 1 = 1 \rightarrow$$

$$f_1(1) = 1^2 + 1 = 2 \rightarrow$$

$$f_1(2) = 2^2 + 1 = 5 \rightarrow$$

$$f_1(5) = 5^2 + 1 = 26 \rightarrow \ldots$$

Diese Ergebnisse bezeichnet man als **„Iteration"**. Jedes Ergebnis wird in die jeweils nächste Funktion eingesetzt. Daraus ergibt sich das iterative Verhalten von 0 in der Funktion *z*.

Die Mandelbrot-Menge ist die Größe $|\, a + bi \,|$ **der Ergebnisse aus der Funktion *f(z)*** und **ihrem Abstand vom Nullpunkt** auf der gaußschen Zahlenebene. **Die Iterationen sind in diesem Fall unendlich groß.**

Wenn $c = -1$, befinden sich die Ergebnisse innerhalb des Grenzwerts 2:

$$f-1\,(z) = z^2 + -1$$

$$f-1\,(0) = 0^2 + -1 = -1 \rightarrow$$

$$f-1\,(1) = -1^2 + -1 = 0 \rightarrow$$

$$f-1\,(0) = 0^2 + -1 = -1 \rightarrow \ldots$$

KOMPLEXE ZAHLENMENGEN

Sind die Ergebnisse von *f(z)* kleiner als 2, gehören sie zur Mandelbrot-Menge und bilden faszinierende Formen. Bleiben die Werte innerhalb des Grenzwerts 2, **konvergieren die Iterationen der Funktion gegen unendlich**.

Vergrößert man die grafische Darstellung einer Mandelbrot-Menge, **sieht man die endlosen Details und Strukturen** dieser **fraktalen** Figur.

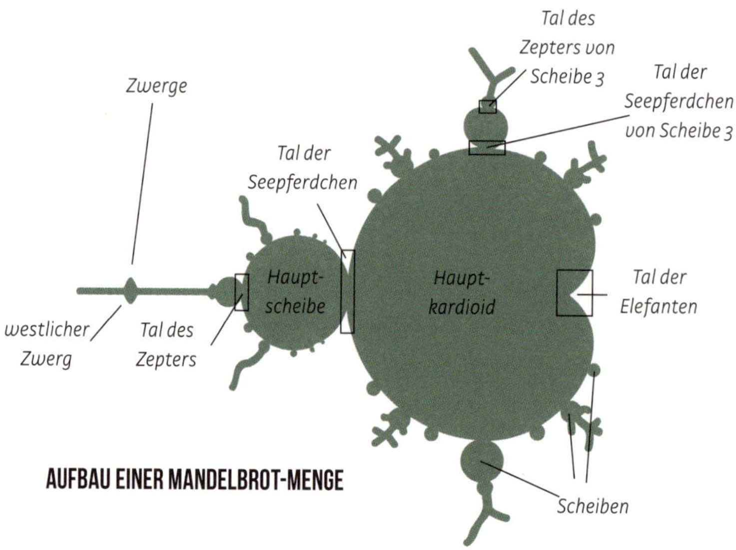

AUFBAU EINER MANDELBROT-MENGE

TOPOLOGIE

Die Topologie beschäftigt sich mit verschiedenen mathematischen Flächen und Räumen, unter anderem mit der kontinuierlichen Verformung von Objekten, ohne sie zu zerteilen und wieder zusammenzufügen.

Topologische Objekte werden **nach der Anzahl ihrer Löcher klassifiziert**. In der Topologie sind eine Tasse und ein Donut also identisch: Man kann einen Donut in die Form einer Tasse bringen, ohne ihn zu zerteilen.

ARTEN VON TOPOLOGISCHEN OBJEKTEN

- **Torus**: Ein Objekt in der Form eines Donuts. Es hat **ein Loch**.
- **Doppeltorus**: Er sieht aus wie zwei miteinander verschmolzene Donuts und hat topologisch gesehen **zwei Löcher**.
- **Tripeltorus**: Diese Form ähnelt einer Brezel und hat **drei Löcher**.

Torus

Doppeltorus

Tripeltorus

MÖBIUSBAND

Die **zwei Kanten eines Möbiusbands gehen ineinander über**. Jede Seite führt in die andere, sodass **eine zusammenhängende Fläche** entsteht. Mathematisch gesehen ist es ein **zweidimensionales Objekt im dreidimensionalen Raum**.

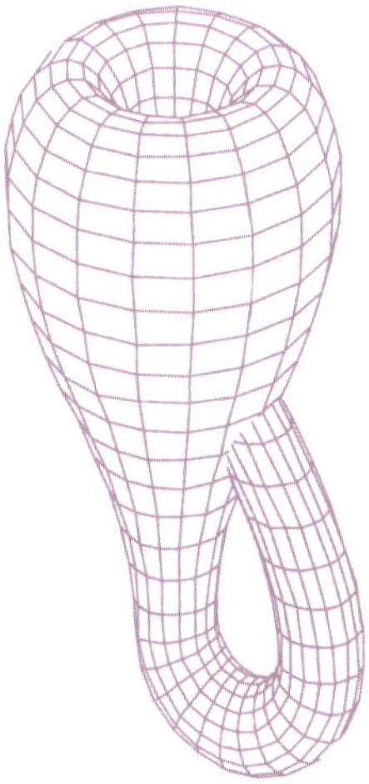

KLEINSCHE FLASCHE

Sie ist eine **zweidimensionale Fläche im dreidimensionalen Raum**, bei der die **äußeren und inneren Seiten ineinander übergehen und ununterscheidbar sind**.

JULES HENRI POINCARÉ

Der französische Mathematiker, theoretische Physiker und Philosoph **Poincaré** (1854–1912) entwickelte das Gebiet der **Topologie** und leistete einen Beitrag zur **Relativitätstheorie**. Sein Verständnis der **Raumkrümmung** war die Grundlage seiner Arbeit.

Die **Poincaré-Vermutung** besagt, dass **zwei Schleifen auf einem Torus nicht zu einem Punkt zusammengezogen werden können**. Ein Kreis, bei dem das möglich ist, und ein Torus sind zueinander also „nicht homöomorph".

BAHNRESONANZ

Die Himmelsmechanik beschäftigt sich mit den Bewegungen und Zusammenhängen zwischen Planeten, Monden, Sonnen, Sonnensystemen und galaktischen Zentren. Dabei geht es auch um den Einfluss der Schwerkraft auf astronomische Zyklen.

Im Laufe der Zeit **verändern sich die Bahnen von Himmelskörpern und synchronisieren sich miteinander**. Wenn das Verhältnis ihrer Umlaufzeiten zueinander durch ganze Zahlen ausgedrückt werden kann, handelt es sich um eine **Bahnresonanz**.

BEISPIELE AUS UNSEREM SONNENSYSTEM

- Umlaufzeit des Mars = 687 Tage, der Erde = 365 Tage. Der Verhältniswert dieser beiden Zeiten beträgt 1,88. Zwischen dem **Mars** und der **Erde** besteht also keine Bahnresonanz.
- **Pluto** und **Neptun** befinden sich in einer Bahnresonanz von 2:3.
- Die Bahnen der **inneren Saturnmonde** haben eine instabile Resonanz in keinem ganzzahligen Verhältnis. Sie führte zur Bildung der **Saturnringe**.
- Die Resonanz der **Jupitermonde Ganymed**, **Europa** und **Io** beträgt 1:2:4. Während eines Umlaufs von Ganymed um Jupiter umkreist Europa den Planeten zweimal und Io viermal.

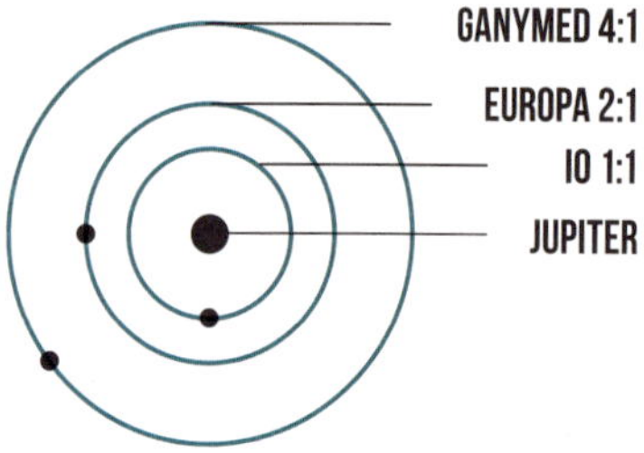

PHYSIK

VERHÄLTNISSE UND UMLAUFFREQUENZEN BERECHNEN

Um einen Verhältniswert zu vereinfachen und die Resonanz zweier Umlaufbahnen zu bestimmen, werden beide Zahlen mit einem gemeinsamen Teiler multipliziert oder dividiert (aus 3:6 wird z. B. 1:2).

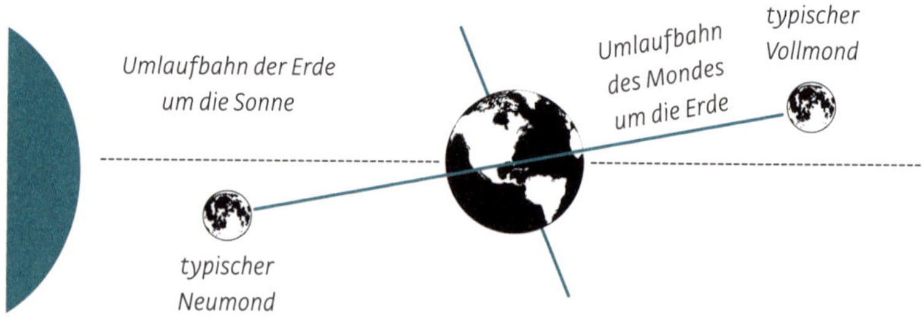

ERDE UND MOND

Die Erde und ihr Mond befinden sich in einer **gebundenen Rotation**. Das heißt, der Mond wendet der Erde immer dieselbe Seite zu und benötigt für seinen Umlauf um die Erde gleich lang wie für seine Rotation um die eigene Achse. Der Mond verursacht die **Gezeiten** auf der Erde. Es gibt aber auch **Sonnengezeiten**.

PRÄZESSION

Der **Äquatordurchmesser** der Erde beträgt ungefähr 12.756 km, der Poldurchmesser etwa 12.714 km. Der leichte Wulst des Äquators entsteht durch die Gezeitenkräfte der **Umlaufbahn des Mondes**. Die **wechselseitige Schwerkraftwirkung zwischen Erde und Mond** bringt die **Erdachse** zum Kreiseln. Diese Bewegung nennt man **„Präzession"**.

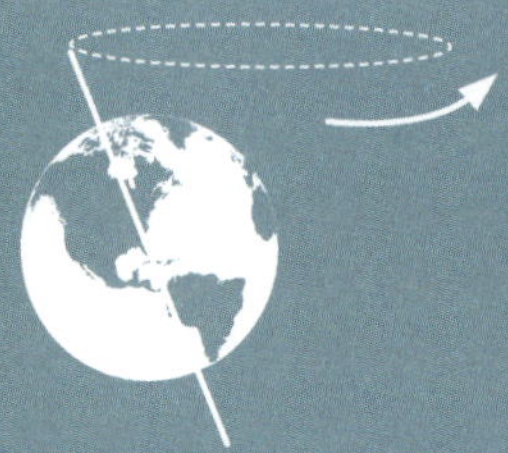

Ein voller Präzessionsumlauf der Erde dauert 25.800 Jahre. In dieser Zeit verändern sich die Himmelspole. Der aktuelle **Polarstern** der Nordhalbkugel liegt im Sternbild **Kleiner Bär**. In 12.000 Jahren wird es **Vega** im Sternbild **Leier** sein.

AL-BATTANI

Al-Battani (850–922) war ein arabischer Astronom und Mathematiker, der während der Blütezeit des Islam vermutlich in Nordmesopotamien, in der heutigen Türkei, beheimatet war.

Über Al-Battanis Vater ist nicht viel bekannt. Man weiß aber, dass er wissenschaftliche Instrumente baute.

Al-Battani war ein bedeutender Wegbereiter, der die Arbeit von Wissenschaftlern wie **Kopernikus**, **Galileo**, **Kepler** und **Tycho Brahe** beeinflusste.

KITAB AZ-ZIJ (ASTRONOMISCHE TABELLEN)

Man beauftragte Al-Battani mit der Erstellung **astronomischer Tabellen, um die Bewegungen von Sonne, Mond und Planeten im Verhältnis zu den Fixsternen vorherzusagen**. Mithilfe dieser Tabellen ermittelte man auch die **Äquinoktien**. Das Originalmanuskript befindet sich in der Bibliothek des Vatikans. Die Tabellen waren für navigatorische, kulturelle und religiöse Zwecke wichtig.

SINUS, COSINUS UND TANGENS

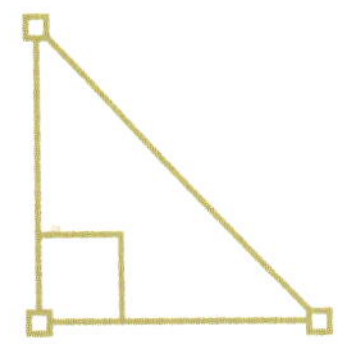

Al-Battani verwendete als einer der ersten Mathematiker trigonometrische Funktionen, die für das Verständnis vieler wissenschaftlicher Phänomene benötigt werden. Er erstellte umfangreiche Tabellen für trigonometrische Berechnungen.

DAS ASTROLABIUM

Das Astrolabium ist ein astronomisches Instrument, das während der Blütezeit des Islam entwickelt wurde. Als **Neigungsmesser** wurde es verwendet, um **den Sternenhimmel abzubilden**. **Die beweglichen Himmelskörper wurden mittels drehbarer Teile dargestellt.** Damit konnte man auch **Koordinaten** und **die Uhrzeit bestimmen**. Kein Wunder, dass das Astrolabium auch in der **Seefahrt** unerlässlich war.

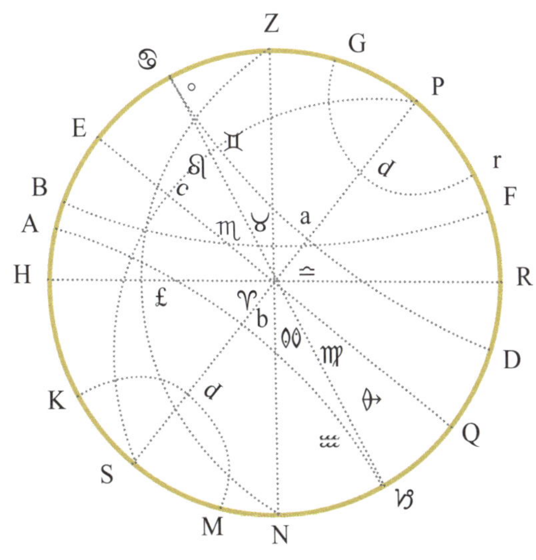

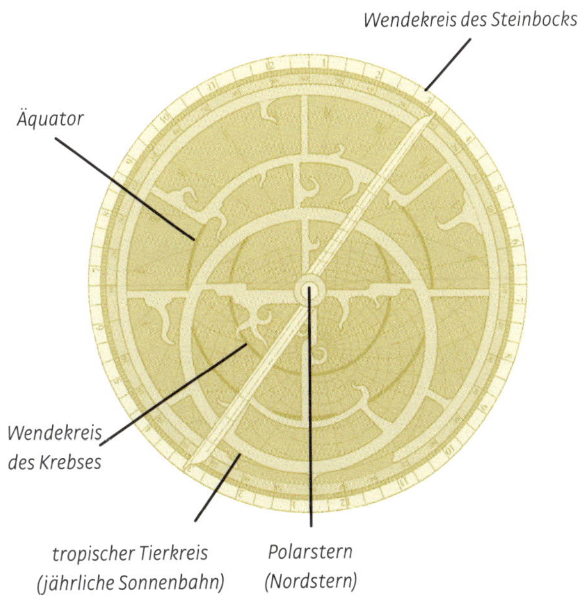

EINFACHE HARMONISCHE BEWEGUNG

Manche Schwingungen werden als einfache harmonische Bewegung bezeichnet. Diese Bewegung beschreibt die Wechselwirkung zwischen potenzieller Energie (PE), kinetischer Energie (KE) und Drehimpuls.

KINETISCHE ENERGIE (KE): BEWEGUNGSENERGIE

$$K = \frac{1}{2} mv^2$$

v = Geschwindigkeit in m/s
K = kinetische Energie in Joule

POTENZIELLE ENERGIE (PE): LAGEENERGIE

$$PE = mgh$$

$m = Masse\ (in\ kg)$
$g = 9{,}8\ N/kg$
$h = Höhe\ (in\ m)$

GLEICHFÖRMIGE KREISBEWEGUNG

Eine kreisförmige Bewegung mit konstanter Geschwindigkeit.

Formel für die Winkelgeschwindigkeit:

$$\omega = f \times 2\pi$$

- ω = Winkelgeschwindigkeit
- f = Kraft gemäß dem zweiten newtonschen Gesetz
- r = Radius

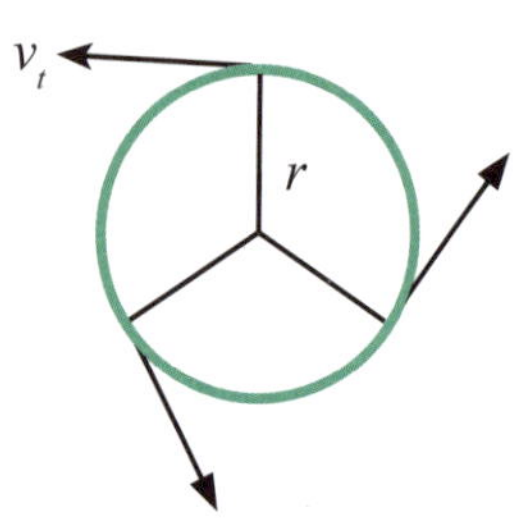

PENDELBEWEGUNG

Die **Pendelbewegung** kann wie die **Kreisbewegung** beschrieben werden. Die **Schwingungsweite des Pendels (der Pendelausschlag)** entspricht dem **Radius eines Kreises. Am höchsten Ausschlagspunkt bleibt der Pendelkörper stehen und ändert seine Richtung.**

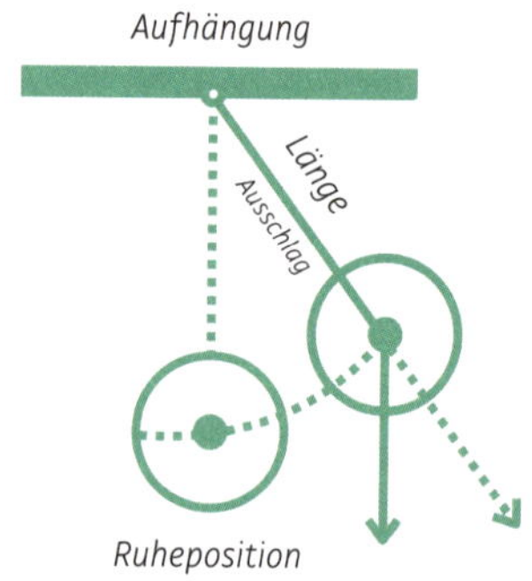

- Am höchsten Ausschlagspunkt hat er die maximale PE. Die $KE = 0$.
- In der Ruheposition hat er die maximale KE. Die $PE = 0$.

FEDERBEWEGUNG

- Bei maximaler Auslenkung (Amplitude) der Feder gilt: PE = maximal und $KE = 0$.
- Auf halber Strecke gilt: KE = maximal und $PE = 0$.

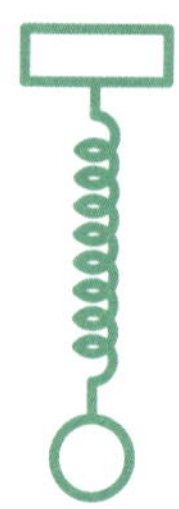

FEDERKONSTANTE UND HOOKESCHES GESETZ

Die Eigenschaften von **federnden oder elastischen Materialien** werden durch die **Federkonstante „k“** ausgedrückt.

$$F = -k \times x$$

F = *Kraft in Newton (die Rückstellkraft)*
k = *Federkonstante*
x = *Dehnung (in Metern)*

FREQUENZ

Die Anzahl der vollständigen Schwingungen oder Zyklen pro Sekunde.

F = Wellenlängenzeit einer vollständigen Schwingung

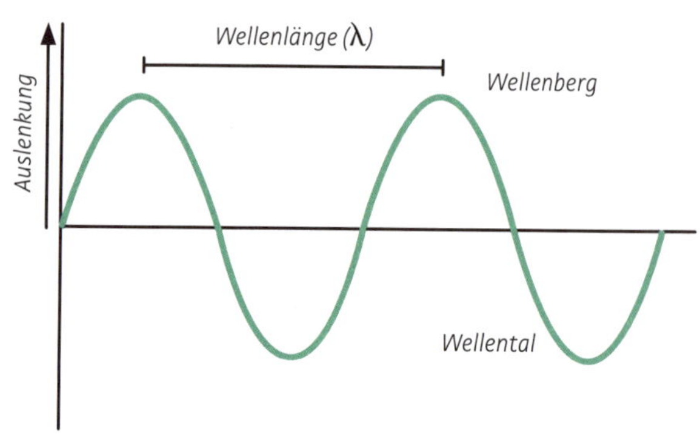

OPTIK

Das Lichtstrahl-Modell ist eine visuelle Erklärungsmethode, die zeigt, wie das Licht mit unterschiedlichen Materialien interagiert.

REFLEXIONSGESETZ

Ein Lichtstrahl, der auf eine reflektierende Oberfläche fällt, wird im gleichen Winkel in die andere Richtung geworfen. **Einfallswinkel = Reflexionswinkel.**

BRECHUNGSGESETZ

Der Winkel eines durch ein Material abgelenkten Lichtstrahls ist kleiner als der Einfallswinkel. Das **snelliussche Gesetz** beschreibt die Richtung der Brechung:

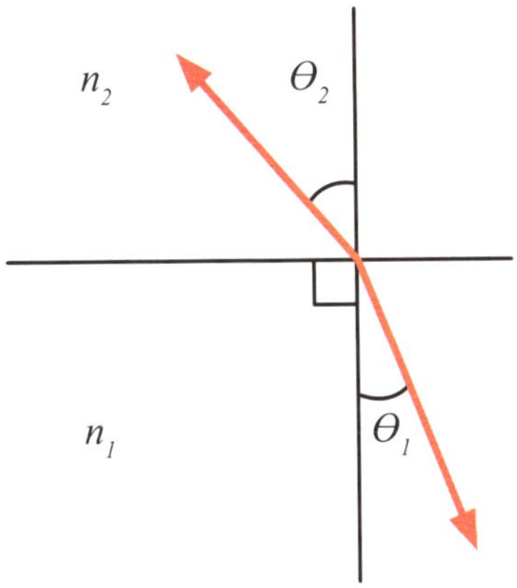

$$n_1 \sin \theta_1 = n_2 \sin \theta_2$$

Der **Brechungswinkel** ergibt sich aus dem **Brechungsindex** – einer optischen Eigenschaft verschiedener Materialien.

Brechungsindex: $n = c/v$

- n = Brechungsindex
- c = Lichtgeschwindigkeit im Vakuum
- v = Lichtgeschwindigkeit im Medium

Je größer der Brechungsindex, desto kleiner der Winkel.

LINSEN UND BRENNPUNKTE

Die **Brechkraft einer Linse** wird mit folgender Gleichung berechnet:

Brechkraft einer Linse = P
(in Dioptrien gemessen)
Brennweite einer Linse = f
(in Metern gemessen)

$$P = \frac{1}{f}$$

LINSENGLEICHUNG

$$\frac{1}{f} = \frac{1}{u} + \frac{1}{v}$$

f = Brennweite (m)
u = Gegenstandsweite (m)
v = Bildweite (m)

SAMMELLINSE (KONVEX) UND ZERSTREUUNGSLINSE (KONKAV)

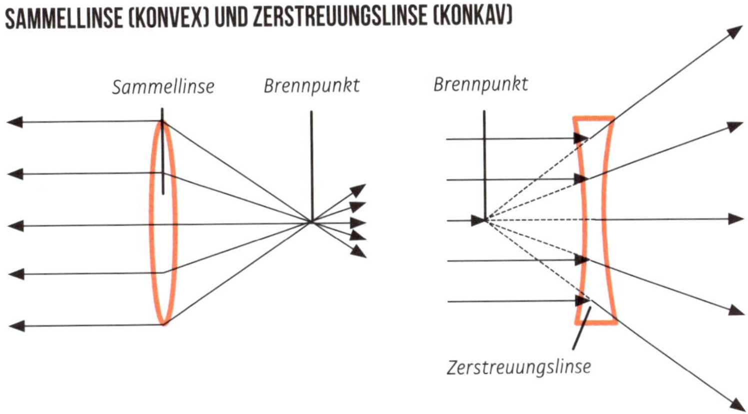

KONSTRUKTIVE UND DESTRUKTIVE INTERFERENZ

konstruktiv = überlagerte Wellenberge und -täler verstärken sich gegenseitig
destruktiv = überlagerte Wellenberge und -täler löschen sich gegenseitig aus

BEUGUNGSMUSTER

Sie sind Streifenmuster, die durch konstruktive und destruktive Interferenzen entstehen. Manchmal auch **Interferenzmuster** genannt.

SCHALL UND AKUSTIK

Als Schall bezeichnet man die hörbaren (und spürbaren) Schwingungen von Molekülen in einem Medium.

ARTEN VON WELLEN

- **Transversalwellen**: Sie sind **sinusförmig**. Lichtwellen sind transversal und können sich in einem **Vakuum** ausbreiten.
- **Longitudinalwellen**: Diese Wellenart **kann sich nur in einem Medium ausbreiten – etwa in der Erde oder der Luft**, wo die Energie durch **Verdichtungen** und **Verdünnungen** übertragen wird.

Das folgende Bild zeigt, **wie sich eine Longitudinalwelle ausbreitet und dabei Luftmoleküle verdichtet und atmosphärischen Druck verzerrt**. Der Abstand zwischen zwei Verdichtungen ist eine Wellenlänge.

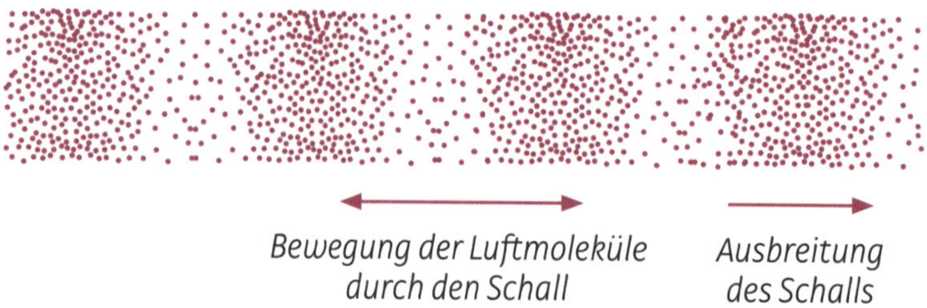

OBERSCHWINGUNGEN

Wenn eine eingespannte Saite von beliebiger Länge **zwischen zwei Knoten** auf einem ganzzahligen Vielfachen ihrer Grundfrequenz schwingt, entstehen **Oberschwingungen** (auch Oberwellen oder Harmonische genannt).

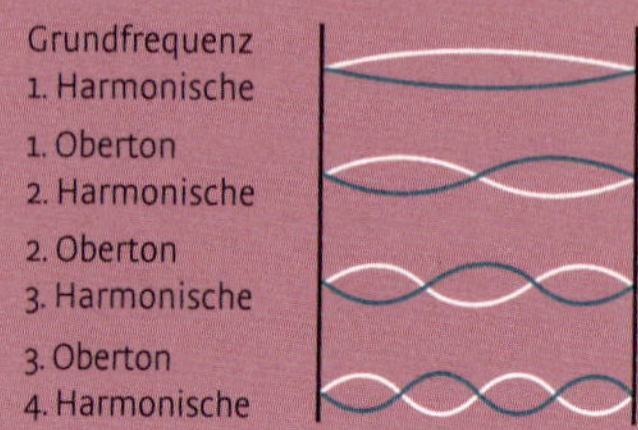

STEHENDE WELLEN: GRUNDSCHWINGUNG

Die **Saiten von Instrumenten**, etwa von Gitarren, sind fest zwischen zwei **Schwingungsknoten** eingespannt.

Grundschwingung: stehende Welle einer Saite

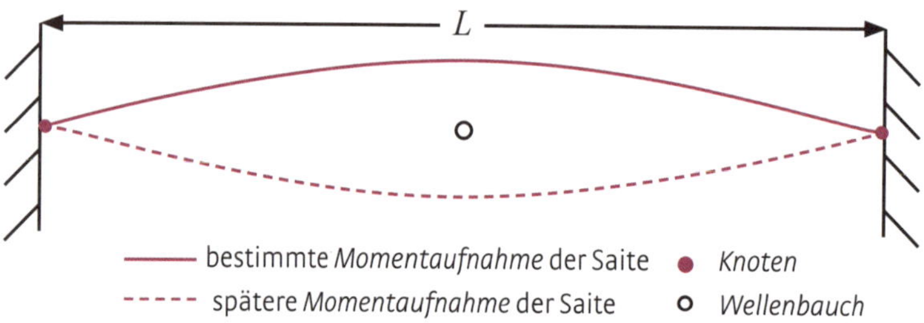

DOPPLER-EFFEKT

Wenn sich das Signal einer bewegten Schallquelle zum Beobachter hin ausbreitet, **klingt der Ton höher als er ist. Bewegt es sich weg, klingt er tiefer**. Dieses Phänomen bezeichnet man als **Doppler-Effekt**. Er entsteht, weil sich die ankommenden Wellen zusammen mit der Quelle **schneller zum Empfänger hin** bewegen und dabei **komprimiert werden**. Dieses Phänomen **kann auch bei Lichtwellen beobachtet werden**.

RESONANZFREQUENZ

Die **Resonanzfrequenz** ist die Frequenz von **Saiten**, **Pendeln** oder **elastischen Objekten**, die zum Schwingen gebracht werden.

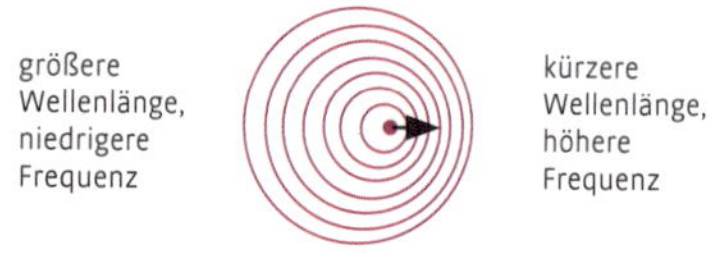

TELESKOPE

Lange Zeit konnten wir nur mit freiem Auge und unserer Vorstellungskraft einen Blick aufs Universum werfen.

Teleskope wurden aus **konvexen Vergrößerungslinsen** (siehe Optik, Seite 35) gebaut und erstmals im ***Buch der Optik*** des arabischen Gelehrten **Alhazen** (965–1040) erwähnt. Als es ins Lateinische übersetzt wurde, verbreitete der Wissenschaftler **Roger Bacon** (1214–1292) Alhazens Ideen **im England des 13. Jahrhunderts**.

TELESKOPE

Das **älteste bekannte Teleskop** tauchte 1608 in den **Niederlanden** auf. Astronomen wie Galileo Galilei (1564–1642) betrachteten durch Teleskope den Sternenhimmel und den Mond. Galileos Beobachtungen bildeten den Beweis, dass wir uns in einem **heliozentrischen Sonnensystem** befinden.

UNSER HELIOZENTRISCHES SONNENSYSTEM

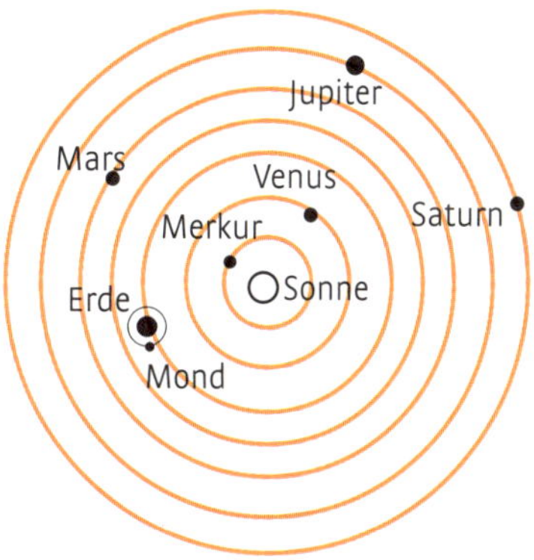

STERNWARTEN

- **Uraniborg** war das Observatorium und Labor des dänischen Astronomen **Tycho Brahe** (1546–1601).
- **Jantar Mantar** im indischen **Jaipur** wurde 1734 fertiggestellt und besteht aus **der größten Steinsonnenuhr der Welt und 19 astronomischen Bauwerken**.

SPIEGELTELESKOPE

Sie bestehen aus konkaven Spiegeln und anderen Linsen. Das **erste Spiegelteleskop** wurde 1668 von **Newton** gebaut.

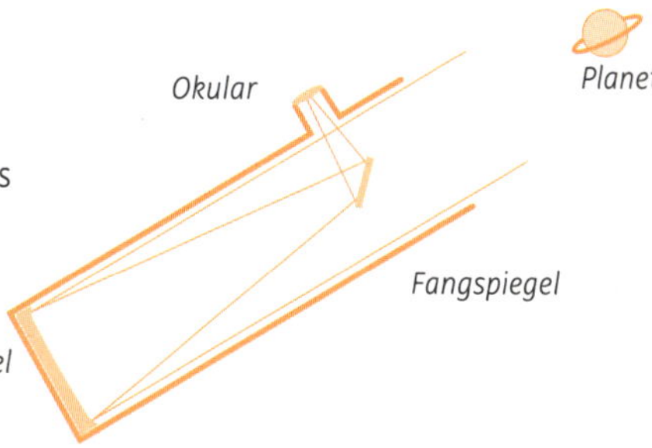

Das **2,5 Meter große Hooker-Teleskop** (fertiggestellt 1917) befindet sich im **kalifornischen Mount-Wilson-Observatorium**. Damit bewies **Edwin Hubble** 1923, dass der **Andromeda-Nebel** außerhalb der **Milchstraße** liegt.

INFRAROTTELESKOPE

Das **Mauna-Kea-Observatorium** auf **Hawaii** beherbergt 12 Teleskope von internationalen Forschungsinstituten. Das 8,2 Meter große **japanische Subaru-Teleskop**, eines der weltweit größten Spiegelteleskope, wurde 1999 fertiggestellt und wird unter anderem für Beobachtungen im Infrarotbereich verwendet.

TELESKOP-ARRAYS

- **ALMA (Atacama Large Millimeter/submillimeter Array)** ist ein Observatorium in der **chilenischen Atacama-Wüste** und besteht aus 66 Radioteleskopen, die **elektromagnetische Strahlung im Millimeter- und Submillimeter-Frequenzbereich** empfangen können.
- Das **spherische Radioteleskop FAST** (Spitzname **Tianyan**) befindet sich in **Pingtang im Südwesten Chinas**.

ARBEIT, LEISTUNG UND ENERGIE

Wenn eine Kraft ein Objekt bewegt, wird Arbeit verrichtet. Unser Körper „leistet Arbeit", wenn wir beispielsweise laufen, gehen, klettern oder etwas hochheben oder schieben.

VERRICHTETE ARBEIT

Die verrichtete Arbeit ergibt sich aus der **einwirkenden Kraft (F)** und dem **von einem Objekt zurückgelegten Weg (d)**. Die verrichtete Arbeit wird mit der folgenden Formel berechnet und wird, wie auch die Energie, in Joule gemessen:

$$\text{verrichtete Arbeit} = \text{Kraft} \times \text{Weg}$$
$$W = F \times d$$

- W wird in Joule angegeben (J)
- F wird in Newton angegeben (N)
- d wird in Metern angegeben (m)

Energie ist die **Fähigkeit, Arbeit zu verrichten**, und mit Energie wird Arbeit verrichtet. **Die verrichtete Arbeit entspricht der übertragenen Energie**.

ENERGIE

Energie kann nicht erschaffen oder vernichtet werden, sie wird von einer Form in eine andere umgewandelt. **Wenn Energie auf diese Weise umgewandelt wird, geht IMMER ein Teil davon durch Dissipation verloren.** Ein Perpetuum mobile, das sich von allein antreibt, kann es daher nicht geben.

WIRKUNGSGRAD

Wird einfließende Energie in eine ausfließende Energie, z. B. in einem Motor oder einem elektrischen Gerät umgewandelt, benötigt man oft den Wirkungsgrad. **Der Wirkungsgrad ist das Verhältnis zwischen der zugeführten Energie und der nutzbringenden Energie** und wird in Joule (J) angegeben:

$$\text{Wirkungsgrad} = \frac{\text{übertragene Nutzenergie}}{\text{gesamte zugeführte Energie}}$$

$$\text{Prozentsatz Wirkungsgrad} = \text{Wirkungsgrad} \times 100$$

$$\text{Prozentsatz Wirkungsgrad} = \frac{\text{übertragene Nutzenergie}}{\text{gesamte zugeführte Energie}} \times 100$$

LEISTUNG

Die Leistung sagt aus, **wie lange es dauert, bis Arbeit verrichtet und Energie übertragen wird**. Bei der Berechnung teilt man die Arbeit durch die Zeit, denn sie wird **in verrichteter Arbeit pro Zeiteinheit angegeben**:

$$P = \frac{W}{t}$$

- P = Leistung, gemessen in Watt (W)
- W = verrichtete Arbeit, gemessen in Joule (J)
- t = Zeit, gemessen in Sekunden (s)

VERRICHTETE ARBEIT

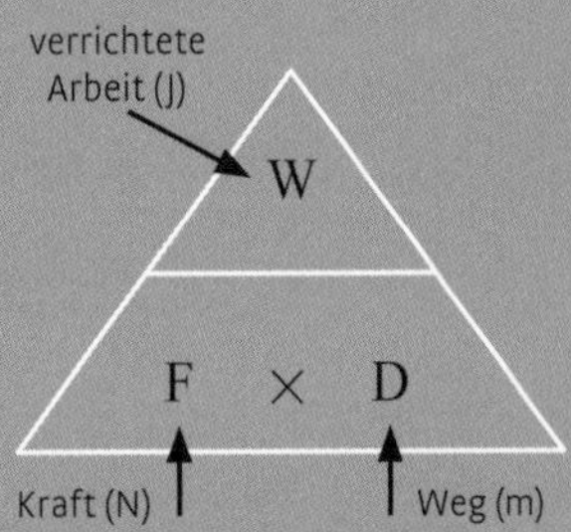

verrichtete Arbeit (J) = Kraft (N) x Weg (m)

Die Kraft muss in Richtung des Weges auf ihn einwirken.

KEPLERSCHE GESETZE

Der deutsche Astronom und Mathematiker Johannes Kepler formulierte die Gesetze zu den Bewegungen der Planeten und schrieb die Science-Fiction-Erzählung Somnium. *Aufgrund seiner Arbeit wurde er von katholischen Fundamentalisten verfolgt und aus seinem Haus vertrieben.*

MYSTERIUM COSMOGRAPHICUM (DAS WELTGEHEIMNIS), 1596

Kepler spielte mit der Idee eines Universums, in dem dreidimensionale Polyeder, nämlich die **platonischen Körper** den sechs bekannten Planeten **Merkur**, **Venus**, **Erde**, **Mars**, **Jupiter** und **Saturn** entsprechen. Keplers Beobachtungen widerlegten jedoch diese Vermutung.

KEPLER UND TYCHO BRAHE

Im Jahr 1600 begegnete Kepler **Tycho Brahe**, dem Hofastronomen von **Kaiser Rudolf II**. Tycho war ein ausgezeichneter Beobachter mit einem fortschrittlichen Observatorium. Er hielt seine Messungen streng geheim, aber Keplers mathematischen Kenntnisse faszinierten ihn. Die beiden Männer arbeiteten zusammen, aber stritten sich oft. Nach Tychos Tod im Jahr wurde Kepler zum **kaiserlichen Mathematiker** ernannt. Er erhielt Zugang zur Sternwarte und Einsicht in Tychos Aufzeichnungen, auf deren Basis er seine **drei Planetengesetze** formulierte.

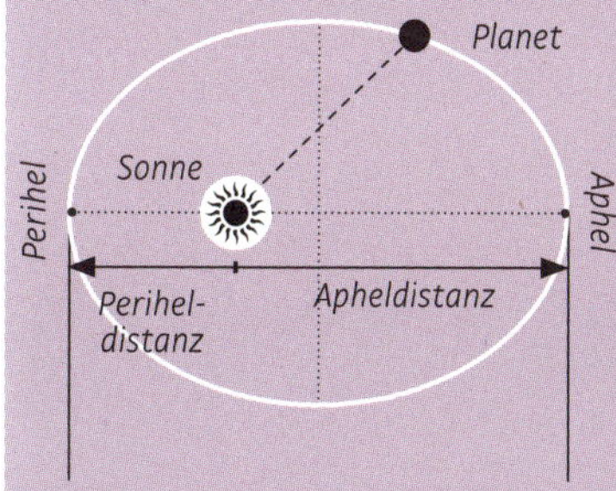

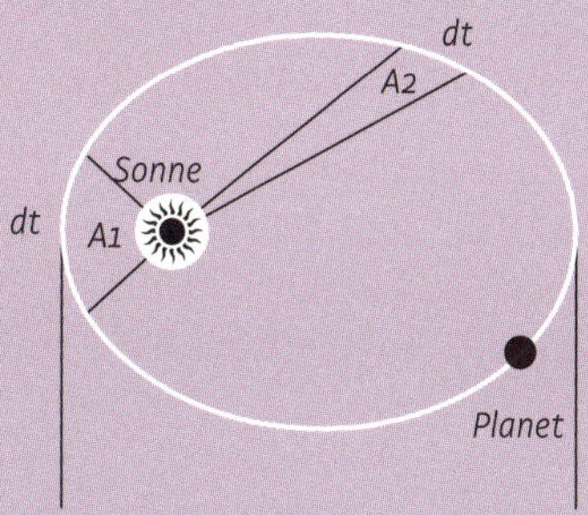

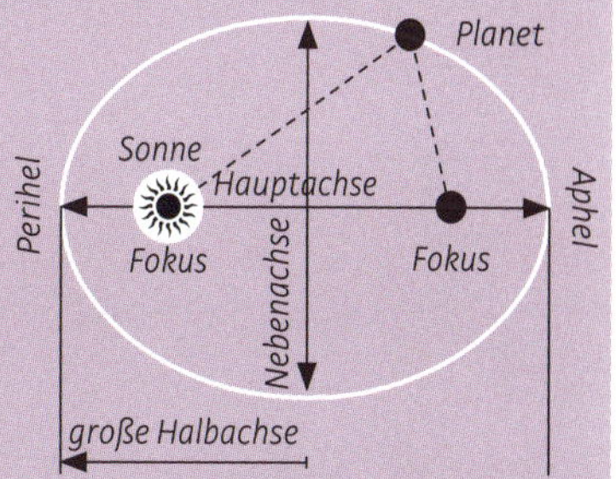

ERSTES KEPLERSCHES GESETZ

Alle Planeten bewegen sich auf elliptischen Bahnen. In einem Brennpunkt steht die Sonne.

- Eine Ellipse ist ein abgeflachter Kreis oder ein Oval.
- Die Exzentrizität einer Umlaufbahn gibt ihre Form an.
- Der Wert der Exzentrizität liegt zwischen 0 und 1. Dabei bezeichnet 0 eine kreisförmige Umlaufbahn.

ZWEITES KEPLERSCHES GESETZ

Auf seiner Bahn um die Sonne überstreicht ein Planet in gleichen Zeiten gleich große Flächen.

Fläche $A_1 = A_2$.

Das zweite Gesetz besagt, dass sich der Planet auf seiner Umlaufbahn **schneller bewegt, wenn er sich näher an der Sonne befindet**, und **etwas langsamer, wenn er weiter von der Sonne entfernt ist**.

DRITTES KEPLERSCHES GESETZ

Es beschreibt **die Umlaufzeiten eines Planeten im Verhältnis zu seiner Entfernung zur Sonne**.

- Das Quadrat der Umlaufzeit verhält sich wie der Kubus der großen Halbachse der Bahn.
- HAUPTACHSE: größter Durchmesser.
- NEBENACHSE: kleinster Durchmesser.
- GROSSE HALBACHSE: der größte Durchmesser / 2.

NOETHER-THEOREM

Wenn sich die Eigenschaften eines physikalischen Systems im Laufe der Zeit nicht verändern, gelten die Gesetze der Erhaltung.

ERHALTUNG DES DREHIMPULSES

- Der Drehimpuls entsteht aus dem **Trägheitsmoment** und der **Rotationsgeschwindigkeit** um eine **Achse**.
- Der **Gesamtdrehimpuls** bleibt erhalten, da er **in einem abgeschlossenen System konstant bleibt**.
- Impuls = Masse × Geschwindigkeit

Eiskunstläufer beschleunigen ihre Pirouetten, wenn sie ihre Arme an den Körper ziehen: Der Drehimpuls bleibt erhalten.

Emmy Noether (1882–1935) war eine deutsche Mathematikerin. Ihre mathematischen Erkenntnisse halfen **Albert Einstein** bei der Entwicklung seiner Relativitätstheorien.

Das **Noether-Theorem** ist kompliziert, aber besagt im Prinzip, dass **zu jeder kontinuierlichen Symmetrie eines physikalischen Systems eine Erhaltungsgröße gehört**.

NOETHERS SYMMETRIE-INVARIANZ

Einsteins Relativitätstheorie besagt vor allem, dass **die Lichtgeschwindigkeit in allen Bezugssystemen gleich bleibt**, und NICHT, dass alles relativ ist. Viele physikalische Phänomene weisen Erhaltungsgrößen auf. Die folgende Tabelle zeigt Erhaltungsgesetze und die jeweils dazugehörige **„Noether-Symmetrie-Invarianz"** – also die erhaltene Eigenschaft.

Erhaltungsgesetz	**Noether-Symmetrie-Invarianz**
Impuls	Translationsinvarianz
Drehimpuls	Rotationsinvarianz
Masse-Energie (E=m)	Zeitinvarianz

NEWTON-PENDEL

Lässt man eines der Kugelpendel am Ende einer Reihe von Pendeln gegen die anderen Kugeln fallen, wird das letzte Pendel der Reihe abgestoßen: Das ist ein Beispiel für **Impulserhaltung** oder **räumliche Symmetrie**.

EMMY NOETHER

- Arbeitete zwischen 1908 und 1911 an der **Invariantentheorie**.
- Wurde **diskriminiert**, aber hatte das Glück, aus wohlhabendem Hause zu stammen, da sie bis 1923 für ihre Arbeit nicht bezahlt wurde.
- Arbeitete von 1920 bis 1926 im Bereich der **Topologie**.
- Wurde im Deutschland der 1930er-Jahre aufgrund ihrer jüdischen Abstammung **von den Nazis verfolgt**.
- Floh in die **USA** und unterrichtete am **Bryn Mawr College** in Pennsylvania.
- **Starb** 1935 im Alter von 53 Jahren an den Folgen einer Operation.

NEWTONSCHE GESETZE

Die newtonschen Gesetze beschreiben die Grundsätze der Bewegung. Newtons Werk Philosophiae Naturalis Principia Mathematica *erschien im Jahr 1686 und enthielt seine drei Gesetze.*

DIE NEWTONSCHEN GESETZE

ERSTES NEWTONSCHES GESETZ

Ein Körper verbleibt in Ruhe oder einer gleichförmigen, geradlinigen Bewegung, sofern keine externe Kraft auf ihn einwirkt. Das ist das Gesetz der Trägheit.

ZWEITES NEWTONSCHES GESETZ

Die Geschwindigkeit eines Körpers verändert sich, wenn eine externe Kraft auf ihn einwirkt. Die resultierende Kraft entspricht der Veränderung des Impulses.

$$F = m \times a$$

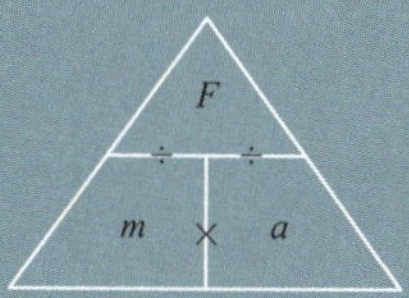

- a = Beschleunigung in m/s/s
- m = Masse in kg
- F = Kraft in Newton

DRITTES NEWTONSCHES GESETZ

Zu jeder Kraft gibt es eine gleich große, entgegengesetzte Reaktion.

NORMALKRAFT

Die Normalkraft wirkt auf einen Körper auf einer Fläche (etwa einem Tisch oder einer Rutsche). Nach dem dritten newtonschen Gesetz wirkt sie **der Gewichtskraft entgegen und im rechten Winkel zur Fläche**.

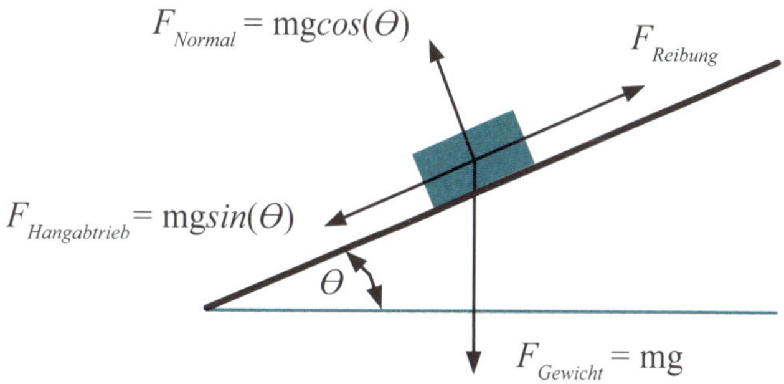

WICHTIGE GRÖSSEN

Um die Physik von Bewegung zu verstehen, muss man die folgenden Größen kennen:

- t = Zeit in Sekunden
- s = zurückgelegter Weg in Metern
- v = Geschwindigkeit m/s (wie schnell ein Körper seine Position verändert, in Metern pro Sekunde)
- a = Beschleunigung in m/s/s (wie schnell ein Körper beschleunigt, in Metern pro Sekunde pro Sekunde oder m/s²)

KINEMATISCHE FORMELN

Diese Formeln beschreiben die **Grundprinzipien der Bewegung** und ihre Zusammenhänge.

$$v = u + at \quad [1]$$

$$s = ut + \frac{1}{2}at^2 \quad [2]$$

$$s = \frac{1}{2}(u + v)t \quad [3]$$

$$v^2 = u^2 + 2as \quad [4]$$

$$s = vt - \frac{1}{2}at^2 \quad [5]$$

GESCHWINDIGKEIT

Die Geschwindigkeit ist der zurückgelegte Weg pro Zeiteinheit.

- Sie kann einfach nur das **Tempo** ausdrücken und ist dann ein **Skalar**.
- Sie kann auch eine **Richtung** haben und ist dann ein **Vektor**.

GRAVITATIONSKONSTANTE

In der Wissenschaft gibt es viele Naturkonstanten. Mit der Gravitationskonstante „G“ bestimmt man die Gravitationskraft zwischen zwei Körpern unter Berücksichtigung ihrer Massen.

GRAVITATIONSKRAFT

- Sie **sorgt für die gegenseitige Anziehung aller Materie im Universum, auch des Lichts**.
- Ihre **Anziehungskraft verband Gas- und Staubteilchen bei der Entstehung des Universums**.
- Die **Gravitation der Sonne hält die Planeten auf ihren Bahnen**.
- Die **Milchstraße und ihr zentrales schwarzes Loch wurden durch die Gravitation geformt**.

GEGENSEITIGE ANZIEHUNG

Lässt man einen Ball fallen, fällt er auf die Erde, da zwischen beiden Massen eine **gegenseitige Anziehungskraft wirkt**. Auf Ball und Erde wirkt dieselbe Gravitationskraft. Aber weil die Erde viel größer ist, fällt der Ball in ihre Richtung.

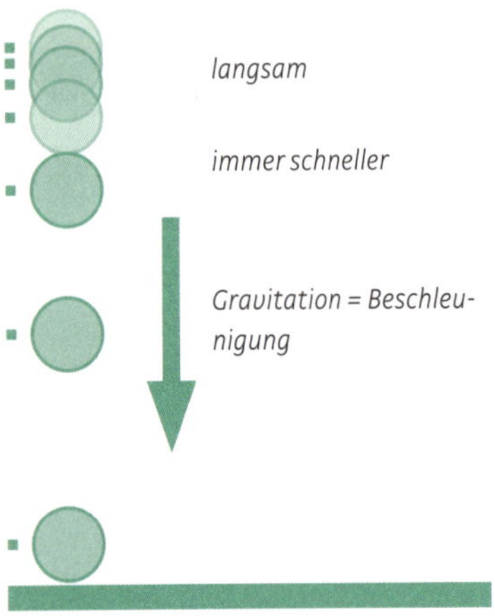

BESCHLEUNIGUNG DURCH GRAVITATION

Die Beschleunigung eines fallenden Körpers aufgrund der Gravitation wird mit „G“ angegeben. Mit der Formel $F = ma$ **berechnet man die Gravitationskraft unter dem Einfluss der Gravitation**, wo **die Kraft der Gewichtskraft entspricht** (Gewicht ist nicht gleich Masse).

- Auf der Erde ist die **Beschleunigung durch die Gravitation** G = 9,81 m/s = 9,81 ms^{-1}.
- Die **Kraft** wird in **Newton** gemessen, die **Masse** in Kilogramm.

Mit der folgenden Gleichung berechnet man die Gravitationskraft zwischen zwei Massen:

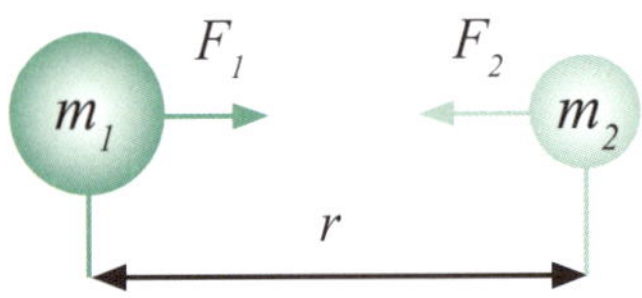

$$F_1 = F_2 = G \frac{m_1 m_2}{r^2}$$

Diese Formel ist ein **Abstandsgesetz**: Mit zunehmender Entfernung vom Gravitationszentrum wird die Kraft schwächer.

Das Abstandsgesetz beschreibt die Zusammenhänge von physikalischen Größen. Die Größe ist umgekehrt proportional zum Quadrat des von der Kraftquelle aus zurückgelegten Weges. G ist die **Gravitationskonstante**:

$$G = 6{,}7x10^{-11} \frac{Nm^2}{kg^2}$$

Der Wissenschaftler **Henry Cavendish** maß die Gravitationskonstante in den Jahren 1797 und 1798 mithilfe einer **Torsionswaage**. Sie bestand aus einem Holzstab, der an einem Draht aufgehängt war und von dessen Enden zwei Bleikugeln hingen. Dann wurden daneben zwei große Massen positioniert, um zu sehen, ob die kleineren Kugeln von ihnen angezogen wurden. Aus dem Grad der Verdrehung des Stabs zu den großen Kugeln hin konnte Cavendish dann die Kraft berechnen.

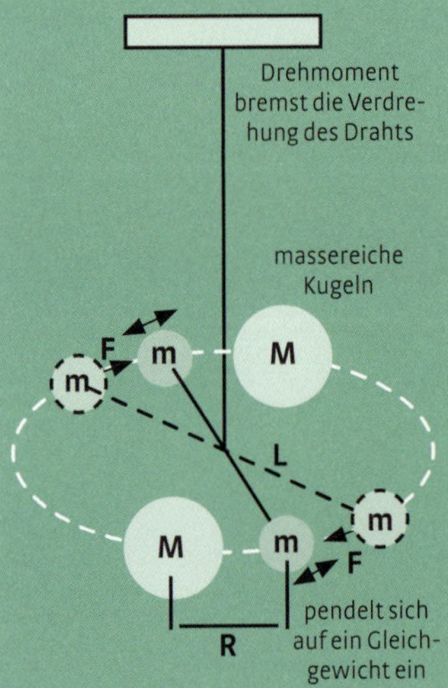

FARADAY UND DER ELEKTROMAGNETISMUS

Michael Faraday (1791–1867) begann seine berufliche Laufbahn als Buchbinderlehrling. Im Jahr 1805 band er das Buch Conversations on Chemistry, *eine anonym verfasste Einführung in die Chemie der Autorin Jane Marcette. Dieses Buch war Faradays Einstieg in die Wissenschaft.*

ELEKTROMAGNETISCHE INDUKTION

Faraday entdeckte die **elektromagnetische Induktion**. Die Theorie wurde später von **James C. Maxwell** weiter ausgearbeitet.

EMK

Faradays Experimente zeigten, dass ein sich veränderndes Magnetfeld eine **Spannung** – eine **elektromotorische Kraft (EMK)** – erzeugte. Er fand heraus, dass **elektrische Felder** magnetische Eigenschaften besaßen.

GLEICHSTROMMOTOR

Dem Gesetz der EMK zufolge bringt die **Wechselwirkung** der magnetischen und elektrischen Felder Teile des Motors in Bewegung. Ein **Homopolarmotor** ist ein Beispiel für einen Gleichstrommotor.

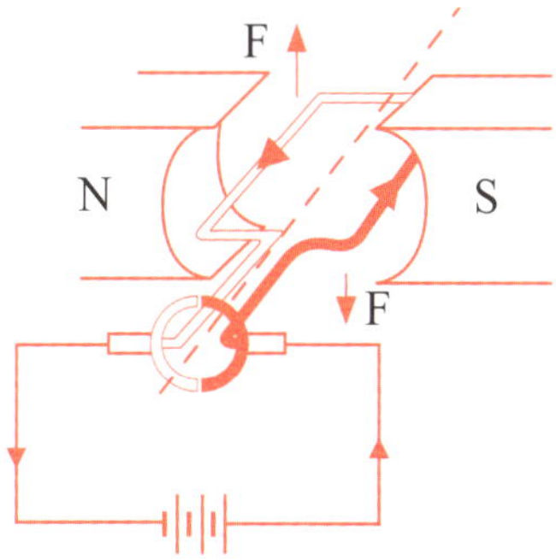

HOMOPOLARMOTOR

Man kann einen Homopolarmotor selbst bauen. Dazu platziert man man einen sorgfältig gebogenen Kupferdraht auf einer Batterie, die auf einem **Neodym-Magneten** steht. Bei richtiger Positionierung **dreht und erhitzt sich der Draht**.

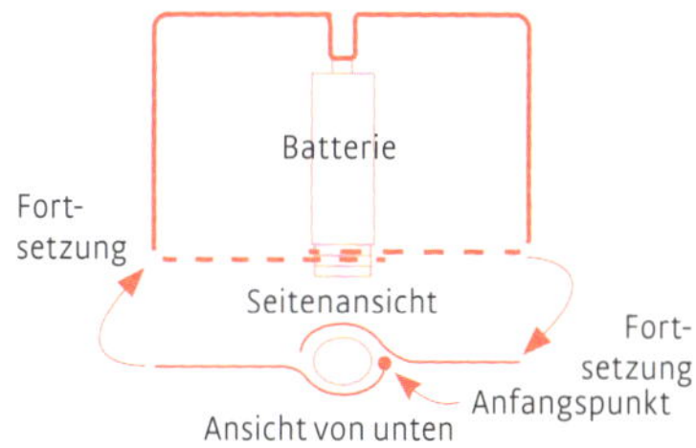

Faradays Gesetz der Induktion besagt, dass die **EMK der Änderungsrate des magnetischen Flusses entspricht**.

- **Magnetischer Fluss**: die Stärke der **Kraft** in einem **Magnetfeld**.
- **Magnetfeld**: der Bereich um einen **Magneten**, in dem **eine Kraft auf eine elektrische Ladung wirkt**.
- **Lenzsche Regel**: Besagt, dass ein **Induktionsstrom** den Veränderungen im **magnetischen Fluss** entgegenwirkt, sodass eine Kraft in die entgegengesetzte Richtung des Stroms „drückt".

FARADAYS GESETZ

$$EMK = -N \frac{\Delta\Phi}{\Delta t}$$

Lenz-Regel (↑ zeigt auf das Minuszeichen)

N = Anzahl der Windungen einer Kupferspule

$\Phi = BA$ = magnetischer Fluss

B = externes Magnetfeld

A = Spulenfläche

ELEKTROLYSE

Faraday erforschte die **Elektrolyse**. Fließt ein elektrischer Strom durch einen **Elektrolyten**, kann man die **positiv und negativ geladenen Ionen** in der Substanz voneinander trennen. Ein Elektrolyt ist eine **elektrisch leitfähige** Mischung aus gelösten Ionen (geladenen Atomen).

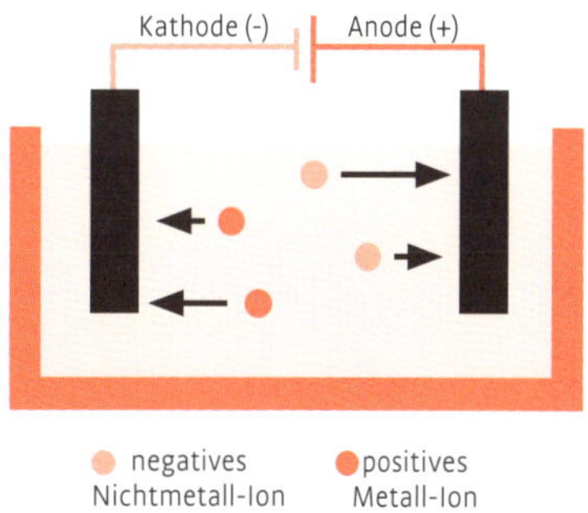

THERMODYNAMIK

Die Thermodynamik beschäftigt sich mit den Prinzipien von Energie, Kinetik und Wärme. Die thermische Energie ist ein Teil des elektromagnetischen Spektrums. Bei der Wärmestrahlung werden auch energiearme Photonen emittiert. Die Hauptsätze der Thermodynamik gehören zu den wichtigsten Gesetzen der Physik.

NULLTER HAUPTSATZ

Wenn sich zwei thermodynamische Systeme mit einem dritten System in einem thermischen Gleichgewicht befinden, stehen sie auch miteinander im **thermischen Gleichgewicht** – sie bringen einander ins Gleichgewicht.

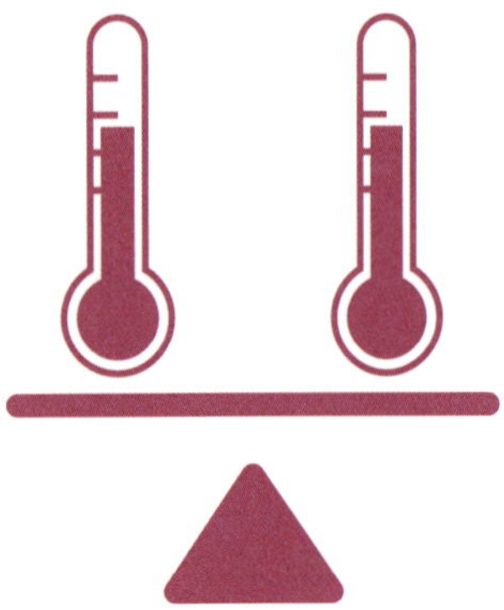

ERSTER HAUPTSATZ

Energie kann nicht erschaffen oder vernichtet werden, sie ändert nur ihre Form.
Die Gesamtenergie im Universum bleibt konstant. Die Energieänderung entspricht der dem System zugeführten Wärme minus der Arbeit.

$$\Delta U = Q - W$$

Änderung der inneren Energie – dem System zugeführte Wärme – vom System verrichtete Arbeit

ZWEITER HAUPTSATZ

Die **Entropie** (das Ausmaß der Bewegung der Atome und Moleküle) in einem geschlossenen System, das nicht im Gleichgewicht steht, nimmt mit der Zeit zu. Aus **niedriger Entropie** wird **hohe Entropie** und **das Gleichgewicht des Systems nähert sich maximaler Entropie**.

Wärme fließt von einer hohen zu einer niedrigeren Temperatur; **Wärmeübertragung** verändert die innere Energie eines Systems.

DRITTER HAUPTSATZ

Nähert sich die Temperatur dem **absoluten Nullpunkt, erreicht die Entropie eines Systems ein Minimum**. Kühlt man ein System auf 0 K oder −273,15 °C oder −459,67 °F ab, hört die Bewegung der Atome auf.

DER WÄRMETOD DES UNIVERSUMS

In Billionen von Jahren werden **alle gegenwärtigen und zukünftigen Sonnen und Galaxien des gesamten Universums den ganzen Wasserstoff, aus dem sie ihr Licht erzeugen, verbraucht haben**. Wenn sämtlicher Wasserstoff im Universum in diesen Kernreaktionen verbraucht ist, können keine Photonen mehr erzeugt werden. Der Wärmetod ist **das endgültige Schicksal des Universums**, bei dem es keine thermodynamisch frei verwendbare Energie mehr gibt und Prozesse, die die Entropie erhöhen, nicht mehr aufrechterhalten werden können.

DER WEG IN DEN WÄRMETOD

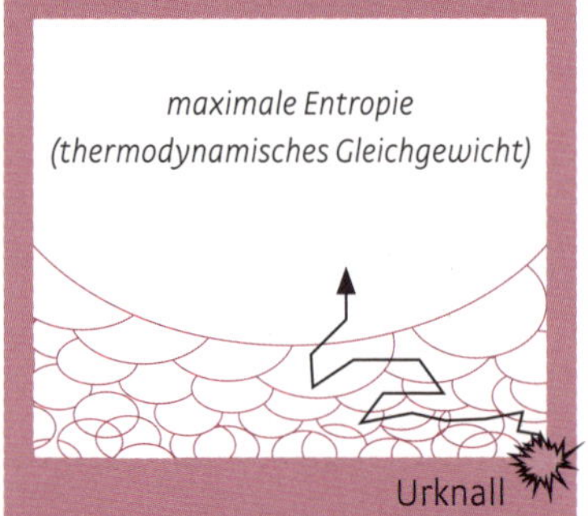

ABSOLUTER NULLPUNKT

Materie und Licht haben Schwingungsenergie – die Atome sind immer in Bewegung. Der absolute Nullpunkt ist der untere Grenzwert auf der thermodynamischen Temperaturskala. Bei dieser Temperatur hören Atome theoretisch auf zu schwingen.

DIE KELVIN-SKALA

Die quantenmechanische Beschreibung des absoluten Nullpunkts sagt aus, dass er **der Grundzustand einer Substanz ist – der Punkt der niedrigstmöglichen inneren Energie** .

NIEDRIGSTMÖGLICHE TEMPERATUR

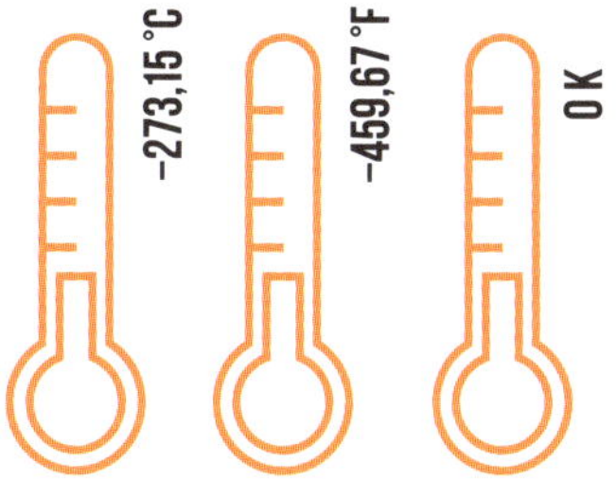

ENTHALPIE UND ENTROPIE

- **Enthalpie** ist die gesamte Energie in einem System und wird als Energieveränderung gemessen.
- **Entropie** ist das Maß für die Unordnung eines Systems (wie stark sich die Atome bewegen können).

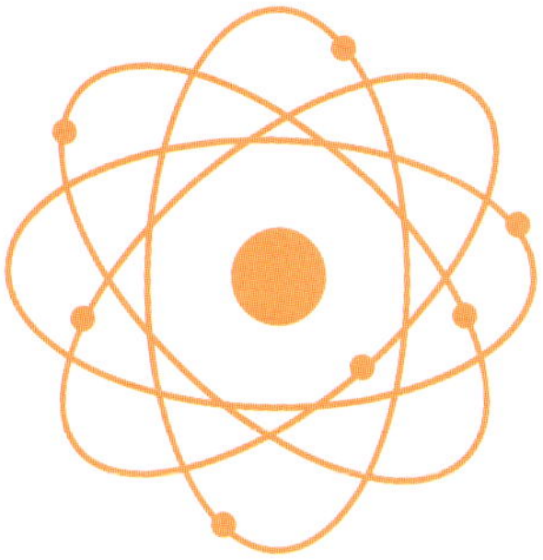

UNTERSCHIED ZWISCHEN WÄRME UND TEMPERATUR

Das Erwärmen eines Systems **erhöht die Schwingungsenergie der Moleküle**. **Wärme** ist die **Gesamtenergie der molekularen Bewegungen**. **Temperatur** ist die **durchschnittliche Wärme oder thermische Energie der Moleküle**.

DIE ABSOLUTE TEMPERATURSKALA

Mithilfe der **idealen Gasgleichung** ermittelte man erstmals den absoluten Nullpunkt: $P\,V = n\,R\,T$

$$P = \text{Druck}$$
$$V = \text{Volumen}$$
$$n = \text{Stoffmenge (Anzahl der Gasmoleküle)}$$
$$R = \text{ideale Gaskonstante}$$
$$T = \text{Temperatur}$$

UNTERKÜHLUNG UND SUPRALEITFÄHIGKEIT

Wissenschaftlern gelang es noch nicht, 0 K zu erreichen, aber sie näherten sich dem Nullpunkt bis auf −273,144 °C an. Bei dieser Temperatur **verhalten sich Substanzen anomal**: Bei Molekülen oder Atomen treten **Quanteneffekte** auf, etwa **Supraleitfähigkeit** und **Suprafluidität**.

- Substanzen wie **Wasserstoff** und **Helium** können **„unterkühlt"** werden, sodass sie keine kinetische Energie verlieren und **ohne Viskosität** fließen.
- Ein **Supraleiter** hat keinen elektrischen Widerstand.

DER MEISSNER-EFFEKT

Der Meißner-Effekt zeigt sich, wenn ein Supraleiter unter seine kritische Temperatur T_c gekühlt wird. **Eine Masse kann ein Magnetfeld verdrängen und darin schweben.**

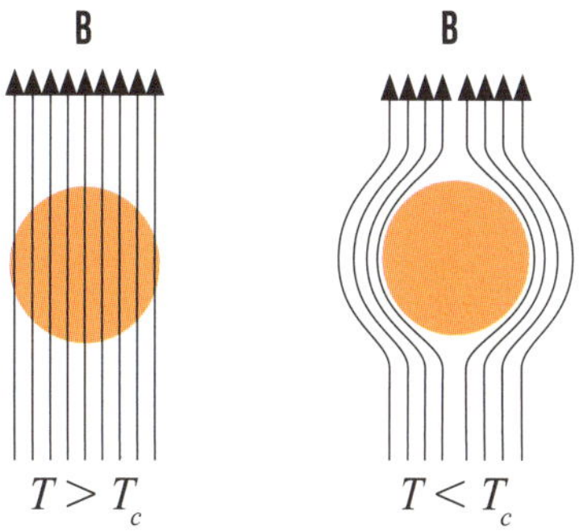

MAXWELL-GLEICHUNGEN

Der schottische Physiker James Clerk Maxwell (1831–1879) brachte die Gesetze des Elektromagnetismus in einheitliche Formeln für elektrische und magnetische Felder. Im Jahr 1861 bewies er auch, dass elektromagnetische Wellen Licht sind und verband damit den Elektromagnetismus mit der Optik.

DAS ELEKTROMAGNETISCHE SPEKTRUM

Maxwell fand heraus, dass das Licht bei diesem Phänomen eine Rolle spielte. Er bewies, dass **Elektrizität und Magnetismus** eigentlich **zwei Manifestationen desselben Phänomens sind**.

DIE MAXWELL-GLEICHUNGEN

$$\nabla \cdot \mathrm{D} = \rho$$

GAUSSSCHES GESETZ

Es beschreibt, wie sich ein **elektrostatisches Feld zu elektrischen Ladungen verhält**. Bei einem statischen elektrischen Feld verlaufen die Ladungen von **positiv** zu **negativ**.

$$\nabla \cdot \mathrm{B} = 0$$

GAUSSSCHES GESETZ FÜR MAGNETFELDER

Es besagt, dass **magnetische Ladungen elektrischen Ladungen nicht entsprechen** und dass **Magnetfelder von magnetischen Dipolen ausgehen** und als Schleifen dargestellt werden können. **Eine magnetische Feldlinie, die in ein Volumen eintritt, muss wieder aus ihm austreten**.

$$\nabla \times \mathrm{E} = -\frac{\partial \mathrm{B}}{\partial t}$$

FARADAYSCHES GESETZ

Dieses Gesetz **beschreibt das Phänomen der elektromagnetischen Induktion**:

- Die ***Arbeit* pro Ladung**, mit der ein **geladenes Teilchen** durch eine **geschlossene Schleife** bewegt wird, entspricht der Abnahme des **magnetischen Flusses**.

$$\nabla \times \mathrm{H} = -\frac{\partial \mathrm{D}}{\partial t} + \mathrm{J}$$

AMPÈRESCHES GESETZ

Magnetfelder können durch die **Bewegung eines elektrischen Stroms** erzeugt werden, aber sie entstehen auch durch **die Bewegungen eines elektrischen Felds**.

E-FELDER, B-FELDER UND PHOTONEN

Maxwells Arbeit zeigte, **dass sich veränderliche elektrische und magnetische Felder mit Lichtgeschwindigkeit bewegen**. Die **magnetischen und elektrischen Komponenten** des **elektromagnetischen Spektrums** bewegen sich im rechten Winkel (90°) zueinander.

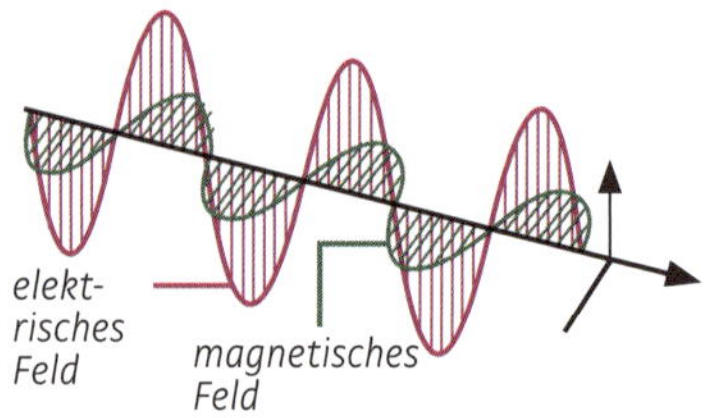

ELEKTROMAGNETISCHE INDUKTION

Man kann ein **Magnetfeld** erzeugen, indem man **einen elektrischen Strom durch eine Spule bewegt**, und einen **elektrischen Strom**, indem man **einen Magneten durch eine Spule bewegt**. Das magnetische oder elektrische Feld **verschwindet, wenn der Stromfluss unterbrochen wird**.

ANWENDUNGEN

Maxwells Gleichungen werden verwendet, um elektrische und magnetische Größen zu ermitteln – etwa bei **Randwert- und quantenmechanischen Problemen** und in der **Quantenelektrodynamik**. **Einstein** arbeitete damit an seinen **speziellen und allgemeinen Relativitätstheorien**.

PHYSIK

MAXWELL-BOLTZMANN-VERTEILUNG

Die Maxwell-Boltzmann-Verteilung beschreibt die Geschwindigkeiten von Molekülen in Gasen bei unterschiedlichen Temperaturen. Die folgende Grafik zeigt die durchschnittliche Verteilung der Teilchengeschwindigkeiten in Gasen bei Kälte, Wärme und Raumtemperatur.

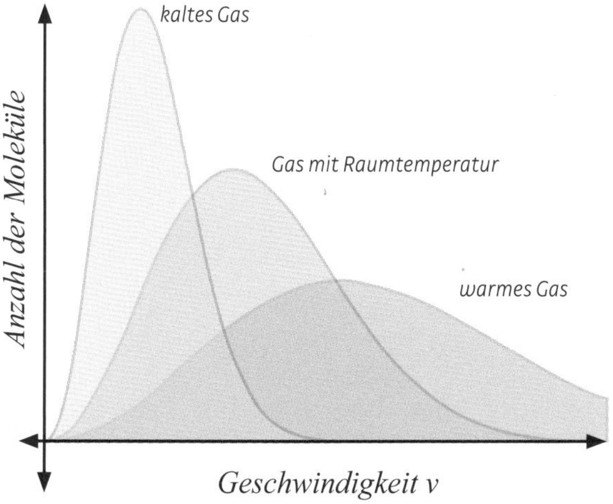

Vergleicht man ein warmes, ein raumtemperiertes und ein kaltes Gas, sieht man, dass **die Anzahl der schnelleren Moleküle im warmen Gas größer ist**.

QUADRATISCHES MITTEL

In der **Statistik** errechnet man den quadratischen Mittelwert (QMW), indem **die Zahlen zum Quadrat genommen und addiert werden, bevor die Summe durch ihre Anzahl dividiert wird**. Bei der **Maxwell-Boltzmann-Verteilung wird der QMW der Geschwindigkeiten statt ihres Durchschnitts verwendet**, da sich die negativen und positiven Werte der Teilchen sonst aufheben könnten.

WAHRSCHEINLICHKEITSVERTEILUNG

Man kann nicht die Geschwindigkeit jedes einzelnen Moleküls messen. Darum eignet sich eine **Wahrscheinlichkeitsverteilung** am besten, um **die wahrscheinlichen, die durchschnittlichen und die quadratisch gemittelten Geschwindigkeiten** der Teilchen darzustellen.

PHYSIK

BOLTZMANN-KONSTANTE

Ludwig Boltzmann (1844–1904) beschäftigte sich mit **statistischer Mechanik** und **Wärmestrahlung**.

Die Boltzmann-Konstante (k_B oder k) drückt die **durchschnittliche kinetische Energie** von Teilchen in einem Gas bei Raumtemperatur und unter Druck aus. **Max Planck** war der Erste, der diese Konstante verwendete und sie nach Boltzmann benannte.

$$1{,}38064852 \times 10^{-23}\ \mathrm{m^2\ kg\ s^2\ K^{-1}}$$

Formel für die durchschnittliche kinetische Energie:

Boltzmann-Konstante | k_B | $1{,}38 \times 10^{-23}\ \mathrm{JK^{-1}}$

Gaskonstante | R | $8{,}31\ \mathrm{JK^{-1}\ mol^{-1}}$

Boltzmann-Konstante

allgemeine Gaskonstante

$$\overline{E}_K = \frac{3}{2} k_B T = \frac{3}{2} \frac{R}{N_A} T$$

Avogadro-Konstante

Durchschnittswert für die kinetische Energie der Teilchen

Avogadro-Konstante | N_A | $6{,}02 \times 10^{-23}\ \mathrm{mol^{-1}}$

$$k_B = \frac{R}{N_A}$$

ENTDECKUNG DES ELEKTRONS

Joseph John Thomson (1856–1940) bewies die Existenz von Elektronen in Experimenten mit einer Kathodenstrahlröhre, wobei er das Masse-zu-Ladung-Verhältnis von Teilchen in einem Strahl ermittelte.

KATHODENSTRAHLRÖHRE

Eine Kathodenstrahlröhre ist eine Vakuumröhre (aus der fast die gesamte Luft abgesaugt wurde) mit einer Kathode (Minuspol) und einer Anode (Pluspol) an den Enden, die **einen Elektronenstrahl erzeugt und auf eine Leuchtschicht lenkt**.

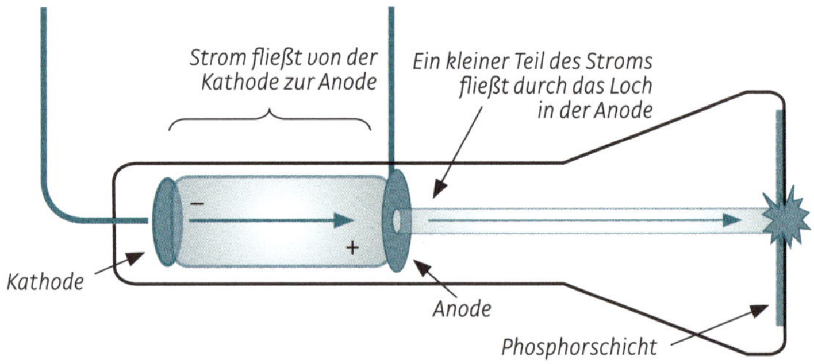

Der **Elektronenstrahl** kann mit **Magneten gebündelt** werden und **Bilder auf der Phosphorschicht erzeugen**. So funktionieren **Teilchenbeschleuniger**, aber auch **alte Röhrenfernseher** und **Computerbildschirme**.

PHYSIK

DIE ELEMENTARLADUNG

Die Physiker **Robert Millikan** (1868–1953) und **Harvey Fletcher** (1884–1981) bestimmten im **Millikan-Versuch die Größe der elektrischen Ladung in einem einzelnen Elektron**. Ihre Arbeit, die 1913 veröffentlicht wurde, bekräftigte die Idee, dass Ladung nur in **diskreten Portionen** fließt. Sie berechneten die Ladung eines Elektrons, indem sie geladene Öltröpfchen zwischen zwei Elektroden schweben ließen und der Gravitationskraft durch Aufladung entgegenwirkten. **Die Messung der Elementarladung ergab $-1{,}602 \times 10^{-19}$ C.** Manchmal wird sie mit dem Wert $e = 1$ oder $-e = -1$ angegeben.

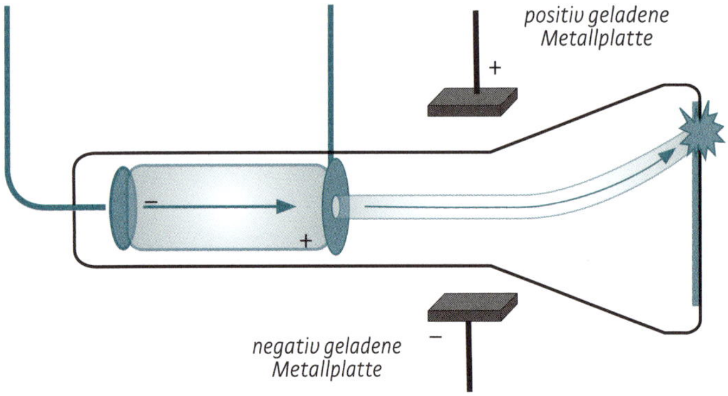

Thomsons Entdeckung führte zur Entwicklung der **Spektroskopie**.

ELEKTROMAGNETISMUS UND GRAVITATION

Im Vergleich zum Elektromagnetismus ist die Gravitation verhältnismäßig schwach. Obwohl uns die Schwerkraft auf der Erde hält, können wir immer noch hochspringen. Auch einen Magneten zieht die Schwerkraft nach unten, aber der Elektromagnetismus hält ihn mühelos fest.

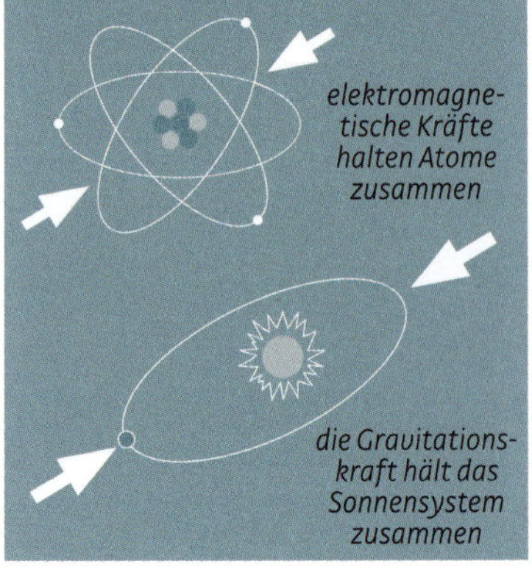

YOUNGSCHER DOPPELSPALTVERSUCH

Photonen weisen Eigenschaften von Teilchen und von Wellen auf. Aber im 17. und 18. Jahrhundert war die vorherrschende Meinung, dass sie Teilchen waren, woraus sich die Korpuskeltheorie entwickelte. Weitere Experimente ergaben jedoch, dass Photonen Welleneigenschaften besitzen.

DAS HUYGENSSCHE PRINZIP

Wellen bewegen sich in Form von **Schwingungen**. Der niederländische Physiker, Mathematiker, Astronom und Erfinder **Christiaan Huygens** (1629–1695) erkannte, dass man **vorhersagen kann, wo sich eine Welle hinbewegen wird, wenn man ihre Ausgangsposition versteht**.

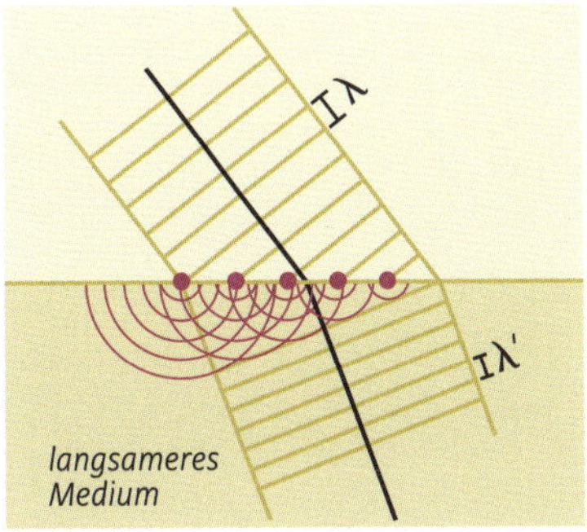

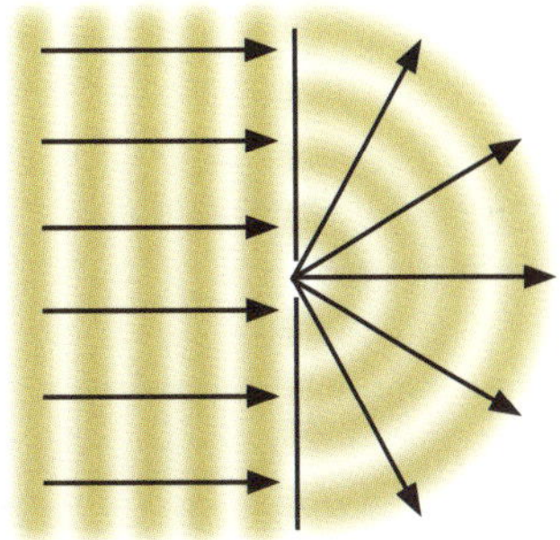

DER DOPPELSPALTVERSUCH

Der Doppelspaltversuch wurde erstmals im Jahr 1801 von **Thomas Young** durchgeführt. Er lenkte einen **schmalen Lichtstrahl** auf eine Platte mit einem Spalt, um das **Licht kohärent zu machen**. Dahinter befand sich eine zweite Platte mit zwei schmalen Spalten und hinter ihr ein Beobachtungsschirm, auf dem man die **Interferenzmuster** sehen konnte.

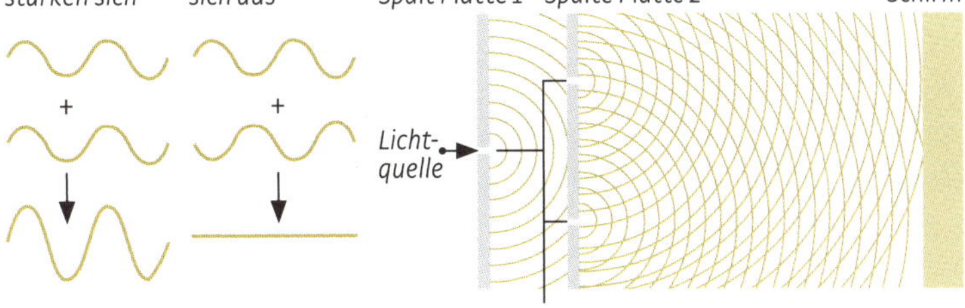

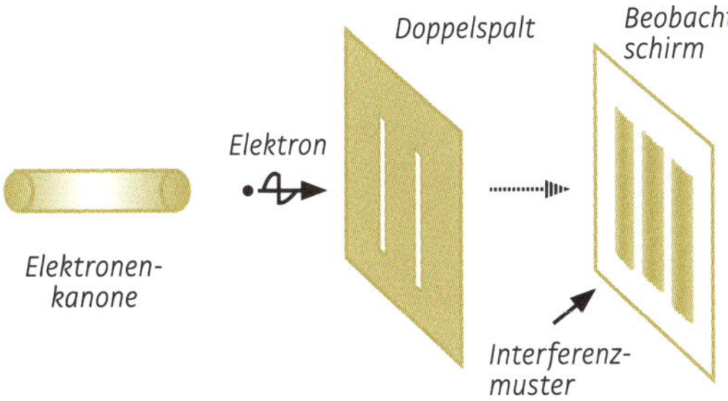

WELLE-TEILCHEN-DUALISMUS

Der gleiche Effekt kann auch mit einem **Elektronenstrahl** erzielt werden. Werden die Elektronen durch ein **Magnetfeld** abgelenkt und einzeln auf den Spalt geschossen, entsteht ein **Beugungsmuster** auf dem Schirm. Die Wissenschaftler **Clinton Davisson** und **Lester Germer** bewiesen im Jahr 1927, dass sich einzelne **Elektronen wie Wellen verhalten** und ihre genaue Position nicht bestimmt werden kann. Die **klassische Mechanik** kann dieses Ergebnis nicht erklären.

DAS PHOTON

Licht besteht aus Photonen, die wie alle subatomaren Teilchen Eigenschaften von Wellen und Teilchen aufweisen. Photonen schwingen auf unterschiedlichen Frequenzen, aber alle bewegen sich mit Lichtgeschwindigkeit.

Die Lichtgeschwindigkeit (c) ist konstant: $c = 3 \times 10^8$ m/s (in einem Vakuum)

- Je höher die Frequenz, desto kleiner die Wellenlänge und desto stärker die Energie.
- Je niedriger die Frequenz, desto größer die Wellenlänge und desto schwächer die Energie.

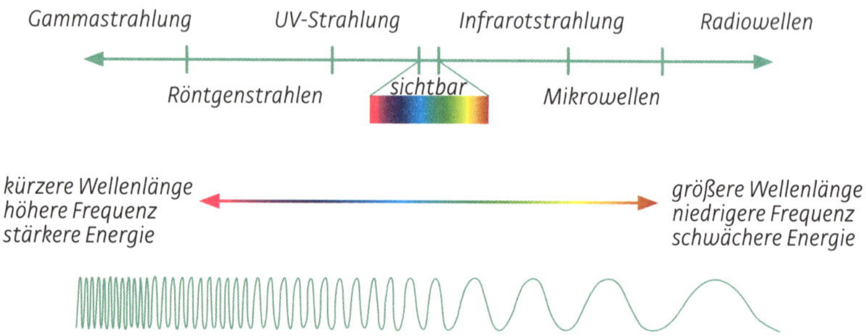

PLANCK-KONSTANTE

Der deutsche Physiker **Max Planck** (1858–1947) erhitzte Flächen, die alle Frequenzen des elektromagnetischen Spektrums absorbieren konnten (man nennt solche Flächen **schwarze Körper**) und entdeckte, dass Licht aus **einzelnen Photonen** besteht. Er fand heraus, dass von einem schwarzen Körper **wieder ausgestrahltes Licht** nicht kontinuierlich fließt, sondern **in diskreten Paketen**.

Plancksche Formel

$$E = hf = \frac{hc}{\lambda}$$

E = Energie
h = Planck-Konstante
f = Frequenz
c = Lichtgeschwindigkeit
λ = Wellenlänge

Planck-Konstante $h = 6{,}626 \times 10^{-34}$ Js

TEILCHENPHYSIK

Photonen sind die Trägerteilchen für die elektromagnetische Kraft.

MASSELOSE PHOTONEN

Da **Photonen keine Masse haben, breiten sie sich** (in einem Vakuum) **schneller aus als alles andere**.

LICHT UND WASSER

Licht interagiert mit Materie. Es wird von Materialien **reflektiert** und von transparenten Körpern **gebrochen**. **Es kommt *nicht vor*, dass Licht verlangsamt wird**, weil es absorbiert wird oder von Atomen abprallt. Beugung wird von der **Quantenmechanik** erklärt: Die **einfallenden elektromagnetischen Schwingungen** treten mit den Elektronen, die sich um die Atome des Materials befinden, in eine Wechselwirkung. Diese **Überlagerung elektromagnetischer Wellen** verringert die Geschwindigkeit ein wenig.

BRECHUNGSINDEX (z)

Der Brechungsindex ist das Verhältnis zwischen der Lichtgeschwindigkeit in einem Material und c (siehe auch Optik, Seite 35).

RUTHERFORDSCHES ATOMMODELL

Ernest Rutherford (1871–1937) war ein neuseeländischer Physiker. Im Jahr 1911 führte er ein Experiment durch, um den inneren Aufbau von Atomen zu verstehen.

RUTHERFORDS VERSUCH

Rutherford und seine Kollegen **Hans Geiger** und **Ernest Marsden lenkten in einem Vakuum einen Strahl aus Alphateilchen auf ein dünnes Stück Goldfolie**.

Alphateilchen:

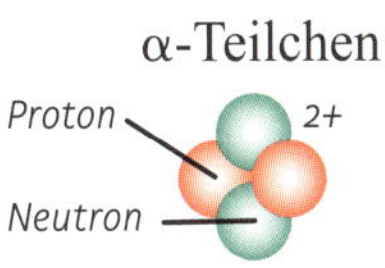

$^{4}_{2}He$

Das Alphateilchen ist der Atomkern des Helium-Atoms

Ein fluoreszierender (lichtreaktiver) Beobachtungsschirm zeigte an, ob die **Alphateilchen** die Folie durchquerten oder von ihr abprallten. Die meisten Alphateilchen durchdrangen die Folie. Das bedeutete, **der Großteil des Atoms war leerer Raum**. Einige Teilchen wurden reflektiert, und nur ganz wenige wurden um mehr als 90 Grad abgelenkt.

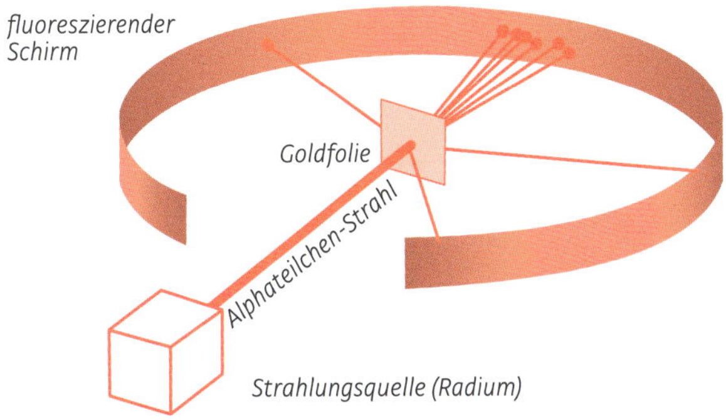

RUTHERFORDS ERGEBNIS

Der Versuch ergab, dass **Atome einen kleinen, dichten Kern haben, der von einer Wolke aus negativ geladenen Elektronen umgeben ist**.

*Dieser Versuch widerlegte das **Thomsonsche Atommodell**:*

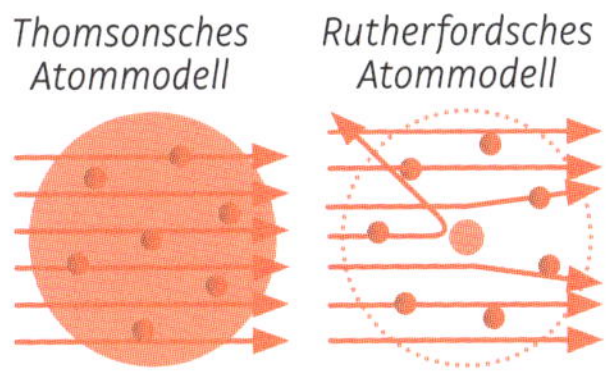

ERKENNTNISSE

- **Durchschnittsdurchmesser einer Elektronenwolke**: ca. 10^{-8} cm.
- **Durchschnittsdurchmesser eines Atomkerns**: ca. 10^{-12} cm.
- Der Atomkern ist **positiv geladen** und besteht aus **Protonen** (positiv geladen) und **Neutronen** (neutral oder ungeladen).
- **Ordnungszahl**: die Anzahl der Protonen bestimmt, zu welchem Element im Periodensystem ein Atom gehört.
- **Atommasse**: die Summe der Anzahl aller Protonen und Neutronen in einem Atomkern.

WOLKEN ODER ORBITALE?

Es ist unmöglich, die Position und den Impuls von Elektronen gleichzeitig zu messen. Manchmal ist es hilfreich, sich die Elektronen als **Orbital** um den positiv geladenen Atomkern vorzustellen. Manchmal werden Elektronen als **Kugelwolke** dargestellt. Aber keines dieser Konzepte beschreibt genau, was Elektronen eigentlich sind.

AUFBAU EINES ATOMS

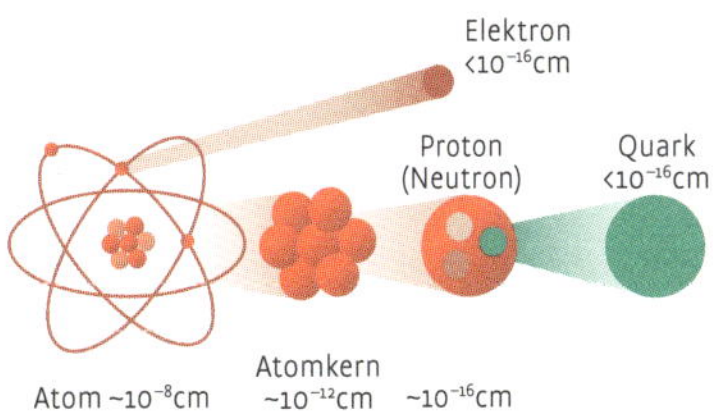

MARIE CURIE UND DIE RADIOAKTIVITÄT

Marie Curie (1867–1934) wurde in Polen geboren und studierte Physik in Frankreich. Im Jahr 1903 erhielt sie zusammen mit ihrem Gatten Pierre den Nobelpreis für die Entdeckung der Radioaktivität. Sie war die erste Frau, die einen Nobelpreis erhielt, und die erste Person, die ihn zweimal gewann.

DIE STRAHLUNG RADIOAKTIVER TEILCHEN

Radioaktive Atome geben **„ionisierende Strahlung“** aus verschiedenen Teilchen ab.

- Alphateilchen: Heliumkern – zwei Protonen und zwei Neutronen.
- Betateilchen: Elektron.
- Gammateilchen: hochenergetisches Photon.

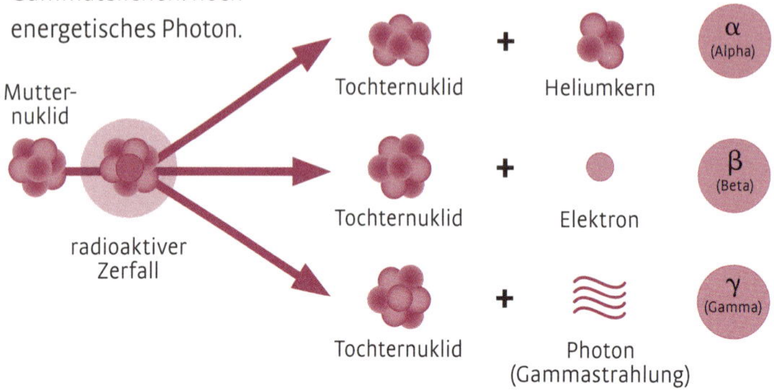

ISOTOPE

Die Isotope eines Elements haben **die gleiche Anzahl von Protonen**, aber eine **unterschiedliche Anzahl von Neutronen**. Sie haben die gleiche **Ordnungszahl**, aber eine unterschiedliche **Atommasse** (siehe auch das Periodensystem, Seite 87, und die Kohlenstoffdatierung, Seite 88).

Die ausgestrahlten Teilchen dieser radioaktiven Atome werden von Materialien unterschiedlich absorbiert. Radioaktive Strahlung ist **gefährlich**, da die **energetischen** Teilchen beim **Eindringen in die Zellen Schäden an der DNA** verursachen. Marie Curie war sich dieser Gefahr nicht bewusst.

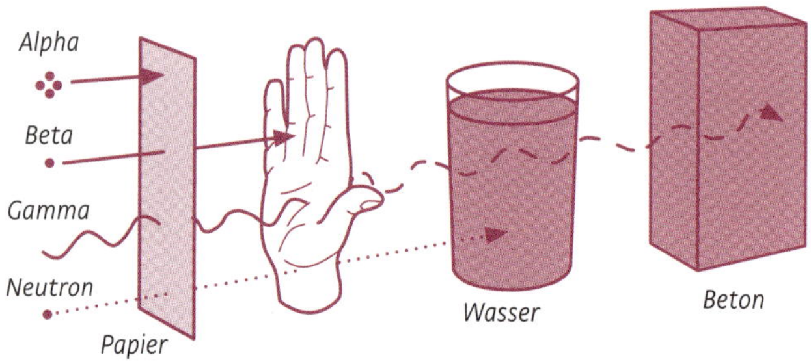

KERNUMWANDLUNG

Radioaktive Atome und Nuklide sind **instabil**. Sie geben Teilchen ab und **verwandeln sich** in andere Atome, bis sie ein **Gleichgewicht** erreichen.

$${}^{235}_{92}\text{U} \xrightarrow[\text{eines Alphateilchens}]{\text{Zerfall durch Abgabe}} {}^{4}_{2}\alpha + {}^{231}_{90}\text{Th}$$

$${}^{14}_{6}\text{C} \xrightarrow[\text{eines Betateilchens}]{\text{Zerfall durch Abgabe}} {}^{0}_{-1}\beta + {}^{14}_{7}\text{N}$$

$${}^{235}_{92}\text{U} \xrightarrow[\text{Gammastrahlung}]{\text{Energieabgabe durch}} \gamma + {}^{235}_{92}\text{U}$$

HALBWERTSZEIT

Die **radioaktive Halbwertszeit** (**Zerfall**) verläuft spontan und exponentiell. Die Halbwertszeit ist die Zerfallsrate eines radioaktiven Nuklids. Der Zerfall ist **der Umwandlungsprozess von radioaktiven zu stabilen Nukliden**.

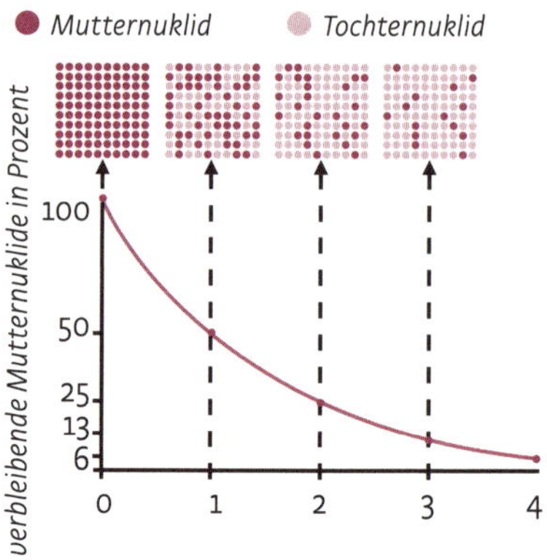

PHOTOELEKTRISCHER EFFEKT

Lichtwellen können Elektronen aus einer Metallplatte, die an einen Stromkreis angeschlossen ist, herauslösen, sodass sie durch den Raum zu einer anderen Platte schweben und dort den Stromkreis schließen.

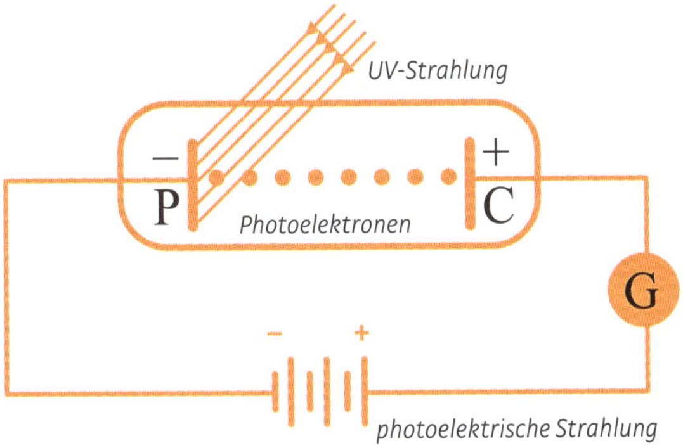

EINSTEINS LÖSUNG: DIE TEILCHENNATUR DES LICHTS

Im Jahr 1905 veröffentlichte **Einstein** zwei Arbeiten: eine zur **Relativität** und eine, in der er den **photoelektrischen Effekt** mithilfe der **Planck-Konstanten** (h) erklärte. Einsteins Theorie konnte vorhersagen, dass die **maximale Energie der freigesetzten Elektronen linear zur Frequenz des einfallenden Lichts zunehmen sollte**.

$$E = h\nu$$

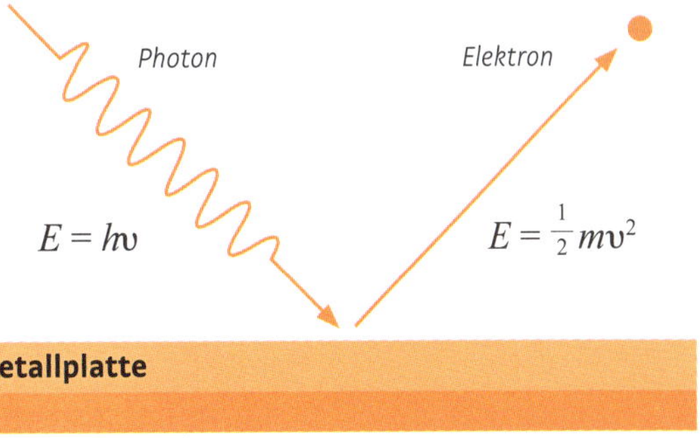

DEUTUNG DER BEOBACHTUNGEN

1. Damit die Elektronen **genug Energie haben, um sich von der Platte zu lösen**, benötigt das **einfallende Licht** eine **Minimalfrequenz**. Liegt die Frequenz der Lichtwellen unter diesem Wert, können keine Elektronen austreten.
2. Die Energie der Elektronen **ist unabhängig von der Intensität des einfallenden Lichts**.
3. Wenn das Licht auf die Platte trifft, werden die Elektronen sofort freigesetzt.

NEUE WEGE

Die Entdeckung des photoelektrischen Effekts legte den Grundstein zur Quantenmechanik, wobei Photoelektronen in einem Stromkreis durch Licht verschiedener Wellenlängen freigesetzt wurden und nicht durch Lichtintensität einer Frequenz.

$E = MC^2$

Einsteins Arbeit aus dem Jahr 1905 enthielt **eine der berühmtesten Formeln der Geschichte**. Sie beschrieb die **Äquivalenz von Masse und Energie**.

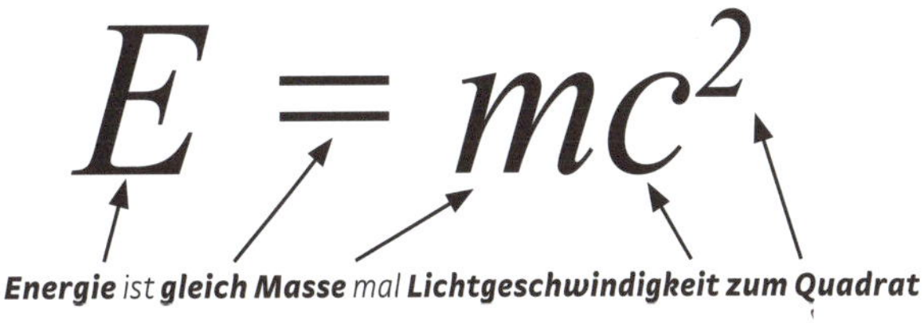

ALLGEMEINE UND SPEZIELLE RELATIVITÄT

Einsteins spezielle und allgemeine Relativitätstheorie erklärt die Beziehung zwischen Raum und Zeit. Je größer die Masse eines Körpers ist, desto stärker ist die Krümmung der Raumzeit durch die Schwerkraft.

BEZUGSSYSTEME

- Bezugssysteme **bewegen sich relativ zueinander**.
- In allen Bezugssystemen **gelten dieselben Gesetze der Physik**.
- In allen Bezugssystemen **ist die Lichtgeschwindigkeit gleich** und **unabhängig von der Bewegung der Lichtquelle**.

SPEZIELLE RELATIVITÄT

Die spezielle Relativität gilt nur für Bezugssysteme, die sich **nicht beschleunigt bewegen**.

ALLGEMEINE RELATIVITÄT

Diese Theorie besagt, dass die Gravitation aufgrund der **Krümmung von Raum und Zeit** durch ein massereiches Objekt entsteht. Je massereicher das Objekt ist, desto größer ist die Krümmung der Raumzeit.

RELATIVISTISCHE MASSE

Je größer die Geschwindigkeit eines Objekts ist, desto größer ist sein Impuls. **Nähert es sich der Lichtgeschwindigkeit an, nehmen Energie und Impuls asymptotisch zu.**

ZUNAHME DER RELATIVISTISCHEN MASSE

$$m(v) = \sqrt{1 - \frac{v^2}{c^2}}\, m_0$$

GRAVITATIONSLINSENEFFEKT

Der Physiker **Arthur Eddington** (1882–1944) wies nach, dass das **Licht von Sternen,** die während einer **Sonnenfinsternis** neben dem Sonnenrand zu sehen sind, **abgelenkt wird.** **Masse der Sonne abgelenkt wird**. Das Licht hat keine Masse und bewegt sich linear. **Die Krümmung der Raumzeit lenkt es ab**. Das bezeichnet man als Gravitationslinseneffekt.

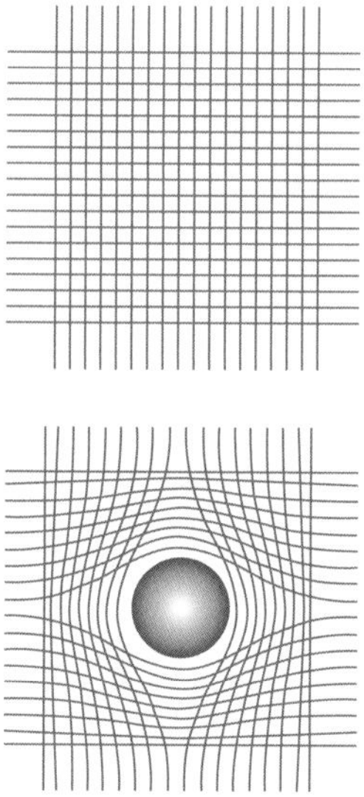

LÄNGENKONTRAKTION – DIE LORENTZKONTRAKTION

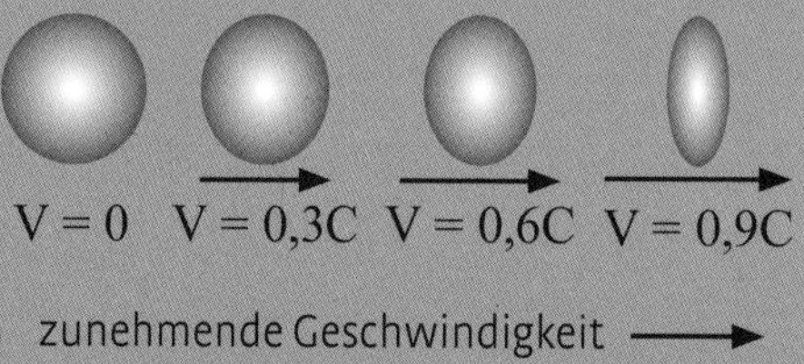

Die **Länge** eines **Objekts in Bewegung** ist **kürzer als seine Länge im Ruhezustand**. Nähert sich seine Geschwindigkeit c an, verringert sich seine Länge.

$$L = L_0 \sqrt{1 - \frac{v^2}{c^2}}$$

ZEITDILATATION

Licht, das sich in einem bewegten Bezugssystem mit der Geschwindigkeit „s" ausbreitet, bewegt sich nicht mit $c + s$. **Die Lichtgeschwindigkeit ist in allen Bezugssystemen gleich**, wodurch es zu einer Zeitdilatation kommt (siehe auch Zeitdilatation, Seite 80, und GPS, Seite 160).

$$T_0 = \sqrt{1 - \frac{v^2}{c^2}}\, T$$

SCHRÖDINGERS WELLENGLEICHUNG

Der österreichische Quantenphysiker Erwin Schrödinger (1887–1961) entwickelte eine Formel, die er „Wellengleichung" nannte. Sie berechnet die Wahrscheinlichkeit, ein Teilchen an einem Ort aufzufinden.

WELLE-TEILCHEN-DUALISMUS

Alle subatomaren Teilchen besitzen **Eigenschaften von Wellen und Teilchen**.

DIE KOPENHAGENER DEUTUNG DER QUANTENMECHANIK

In den Jahren 1925 bis 1927 formulierten **Niels Bohr** und **Werner Heisenberg** eine Interpretation der **Quantenmechanik**:

- Die Eigenschaften von Teilchen zeigen sich erst, wenn man sie misst.
- Man kann nur **statistische Voraussagen** über ein Teilchen treffen.
- Die **Messung selbst beeinflusst das untersuchte System**.

SUPERPOSITION

Teilchen sind **gleichzeitig Wellen und Teilchen**. Ihre Eigenschaften sind je nach Messung im Raum verteilt oder auf einen Punkt konzentriert. Sie bilden eine **Superposition** (Überlagerung) von Wellen.

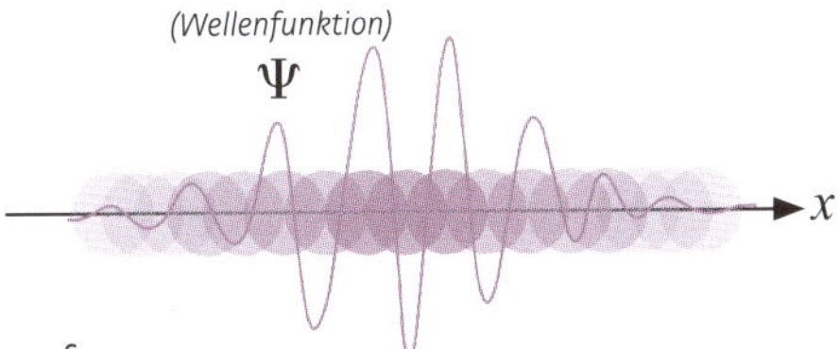

$p = \hbar k$ *(Teilchenimpuls = reduzierte Planck-Konstante x Wellenvektor)*

WELLENFUNKTION

Die Wellenfunktion bestimmt die Wahrscheinlichkeit, ein Teilchen an einem bestimmten Ort aufzufinden. Sie sagt den **Eigenzustand*** eines Quantenobjekts voraus, nicht die genaue Position.

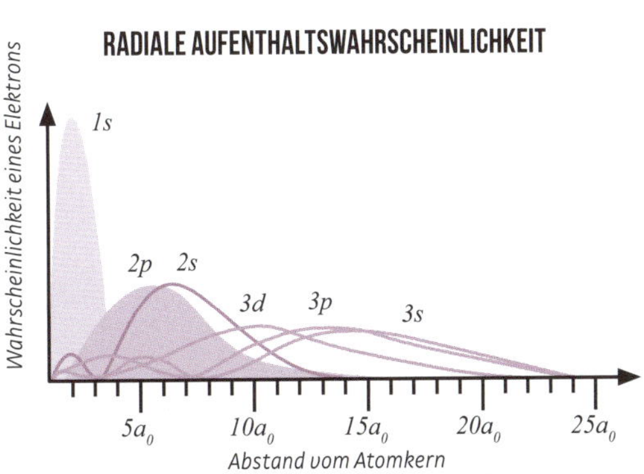

Radiale Aufenthaltswahrscheinlichkeit: Die Wahrscheinlichkeit, ein Elektron in einem bestimmten Abstand vom Kern zu finden.

* Eigenzustand: Eine Wellenfunktion ist in einer Superposition von Eigenzuständen, bis ein „Eigenwert" mit genauer Position berechnet wird.

SCHRÖDINGERS KATZE

Im Jahr 1935 überprüfte **Erwin Schrödinger** die **Kopenhagener Deutung der Quantenmechanik** mit einem Gedankenexperiment.

- In einer Kiste befinden sich Gift, radioaktives Material und ein Geigerzähler. Wenn der Detektor radioaktive Strahlung wahrnimmt, aktiviert sich ein Mechanismus, der das Gift freisetzt – und jedes Lebewesen in der Kiste tötet.
- Befindet sich in der Kiste auch eine Katze, kann das radioaktive Material die Ereigniskette, die das Gift freisetzt, auslösen und nicht auslösen – aufgrund der **Superposition** der radioaktiven Teilchen (die sich als **Quantenobjekte** überlagern und daher an mehreren Orten gleichzeitig sein können).
- Erst durch **Beobachtung** (das Öffnen der Kiste) **kollabiert die Wellenfunktion** und die Katze ist lebendig oder tot.
- Eine Katze kann sich aber nicht in Superposition befinden. Schrödingers Experiment illustrierte **den Unterschied zwischen Quantenphysik und klassischer Physik**.

HEISENBERGSCHE UNSCHÄRFERELATION

Die heisenbergsche Unschärferelation besagt, dass man nicht gleichzeitig die genaue Position und den Impuls (also die Geschwindigkeit) eines Teilchens messen kann.

Die Unschärferelation kann durch **mathematische Beziehungen**, die die **Einschränkungen der gleichzeitigen Messung von Position und Impuls** beschreiben, erklärt werden:

$$\Delta x \cdot \Delta p \sim \hbar$$

Delta-x mal Delta-p ist proportional zu h-quer

Das Prinzip kann auch die Einschränkungen der Messungen von Zeit und Energie beschreiben:

$$\Delta E \cdot \Delta t \sim \hbar$$

Delta-E mal Delta-t ist proportional zu h-quer

- h-quer: reduzierte **Planck-Konstante** (Planck-Konstante dividiert durch 2π)
- Delta-x: **Unbestimmtheit** der **Teilchenposition**
- Delta-p: Unbestimmtheit des **Impulses**
- Delta-E: Unbestimmtheit der **Energie** des Objekts
- Delta-t: Unbestimmtheit der **Zeitmessung**

PHYSIK

DEUTUNGEN DER QUANTENMECHANIK

Es gibt einen Unterschied zwischen dem, was die Quantenmechanik macht, und dem, was wir für Quantenmechanik halten. **Richard Feynman** sagte: **„Alles, was in der Quantenmechanik theoretisch geschehen kann, geschieht auch."** Das bedeutet, dass die Quanten alle möglichen Wege durch den Raum nehmen. In der **klassischen Physik** stehen die Bedeutungen von Begriffen wie „Weg" oder „Kraft" außer Frage, aber nicht in der **Quantenmechanik**.

Es gibt viele *Deutungen* der Quantenmechanik. Sechs davon sind hier aufgeführt. Einige Deutungen stützen sich auf den **Kollaps der Wellenfunktion**, andere wiederum nicht. Zu den Deutungen, die von einem Kollaps der Wellenfunktion ausgehen, gehören die folgenden:

- die **Kopenhagener Deutung**
- die **transaktionale Interpretation** (TIQM)
- die **orthodoxe Interpretation** (John von Neumann)

Deutungen, die nicht auf dem Kollaps basieren oder bei denen er eine optionale Näherung ist, sind u. a.:

- die **De-Broglie-Bohm-Theorie**
- die **Viele-Welten-Interpretation**
- die **Ensemble-Interpretation**

WAS WISSEN WIR EIGENTLICH?

Die **Mathematik der Quantenmechanik** beschreibt KEINE DIESER Interpretationen. Die Mathematik der Quantenmechanik besagt, dass **Quantensysteme als Superposition existieren**. Die Interpretationen **sind nach wie vor unbewiesen und in manchen Fällen unbeweisbar**.

ENRICO FERMI UND DER BETA-ZERFALL

Der italienische Physiker Enrico Fermi (1901–1954) war ein Mitbegründer der Quantenphysik und der Erfinder des Kernreaktors. Er erhielt 1938 den Physik-Nobelpreis für seine Entdeckungen auf dem Gebiet der Kernreaktionen.

Im Jahr 1934 formulierte Fermi seine **Theorie des Beta-Zerfalls**, die auch **Wolfgang Paulis** Idee des **Neutrinos** aufgriff. **Anfangs hielt man das Neutrino für masselos und ungeladen**, heute weiß man jedoch, dass es eine **Masse** besitzt.

Während des radioaktiven Zerfalls **gibt ein Radionuklid Teilchen und Energie ab, um stabil zu werden**. Es kann unterschiedliche Teilchen emittieren, unter anderem ein **Alphateilchen** (zwei Protonen, zwei Neutronen), ein **Betateilchen** (Elektron oder Positron) **mit Neutrino** oder nur ein Neutrino oder ein **Gammateilchen**.

BETA-ZERFALL

Wenn ein **Neutron zerfällt**, kommt es zum Beta-Zerfall. Aus dem Neutron (in einem **Atomkern**) wird dann ein **Proton** und ein **Elektron**. Beta-Zerfall kann auch die Emission eines **Positrons** (**Antielektron**) und eines **Elektron-Neutrinos** sein.

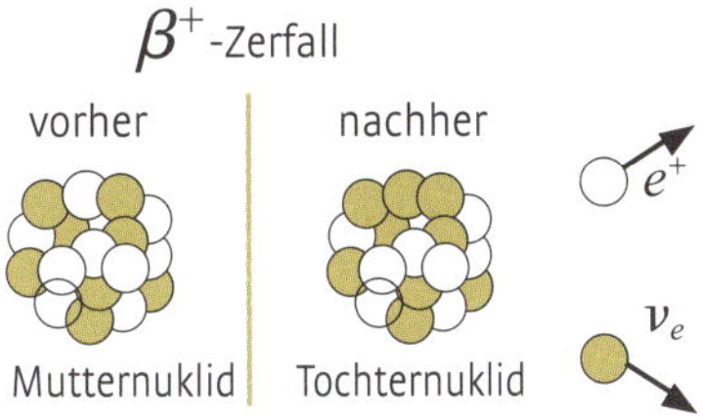

Beta-Minus-Zerfall in Atom „A" führt zur Aussendung eines (Beta-Minus-) Elektrons und eines Elektron-Neutrinos und dem neuen Nuklid „B".

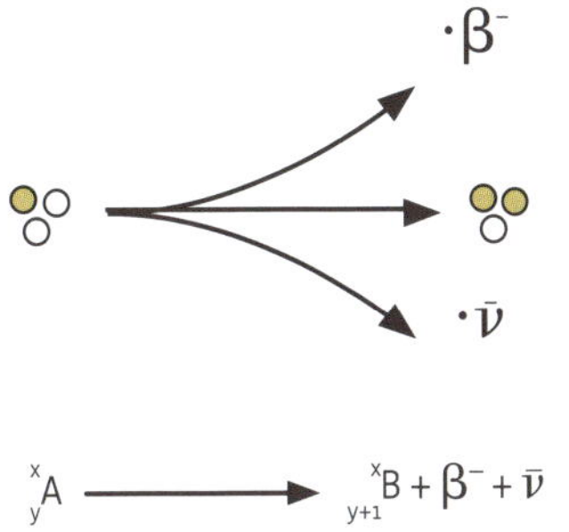

Beta-Minus-Zerfall in Atom „A" führt zur Aussendung eines (Beta-Plus-) Positrons und eines Elektron-Neutrinos und dem neuen Nuklid „B".

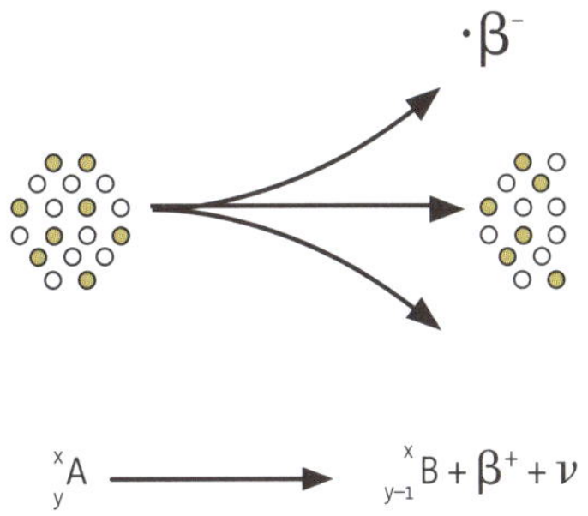

KOSMISCHE STRAHLUNG

Durch das Vakuum des Weltalls bewegen sich **geladene Teilchen**, unter anderem Protonen. Sie kommen **von der Sonne und den Sternen**, deren Licht durch **Kernfusion** entsteht. Nähern sich diese Teilchen der Erde, werden sie vom **Magnetfeld** der Erde abgelenkt und treffen auf Atome in der **Erdatmosphäre**, wodurch **Teilchenschauer** entstehen. Kosmische Strahlung ist eine **Naturerscheinung** und **ständig in unserer Atmosphäre präsent**. Die Entdeckung des Beta-Zerfalls hat unser Verständnis von Neutrinos und der Wechselwirkung zwischen Teilchen verbessert.

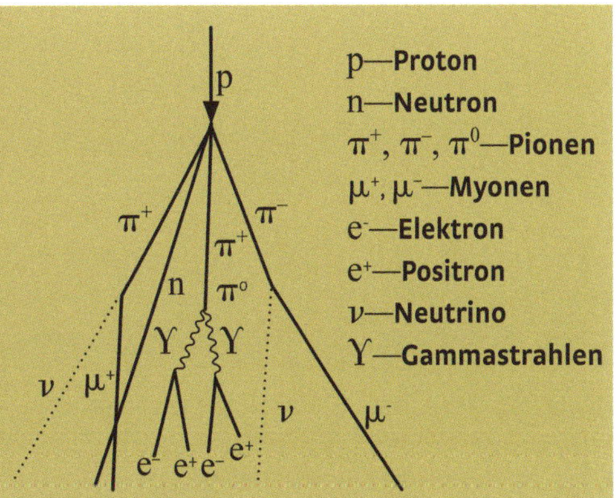

ELEKTRONEN UND QUANTENZAHLEN

Der Quantenspin ist der Eigendrehimpuls eines Teilchens. Er verleiht Teilchen magnetische Eigenschaften.

- Teilchen mit Spin sind wie winzige Magnete mit **einem Nord- und einem Südpol**.
- Das magnetische Moment ist ein Maß für die **Stärke und Ausrichtung des Magnetfelds**.

MAGNETISCHES MOMENT

Wenn sich ein geladenes Teilchen bewegt, erzeugt es ein **Magnetfeld** – wie man es etwa von der **elektromagnetischen Induktion** kennt. Ein magnetisches Moment entsteht durch den **Spin**. Da **Quantenobjekte** mit der **Wellenfunktion** erklärt werden, erscheint das seltsam, aber die Mathematik hinter dem Spin beschreibt, wie sie wirklich sind.

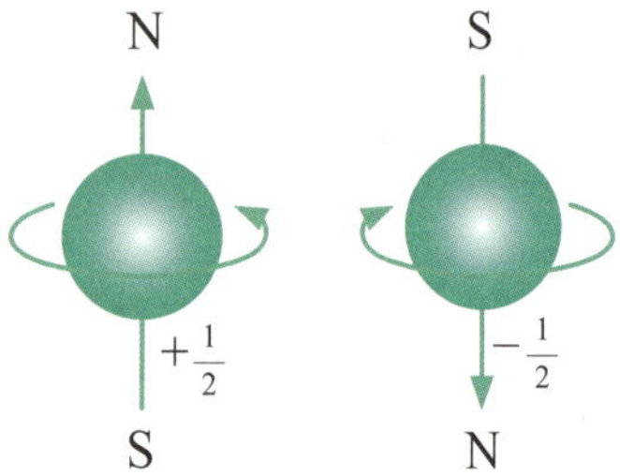

LINKS- UND RECHTSDRALL

Teilchen können sich in Bewegungsrichtung **im Uhrzeigersinn** (linkshändig) oder **gegen den Uhrzeigersinn** drehen (rechtshändig).

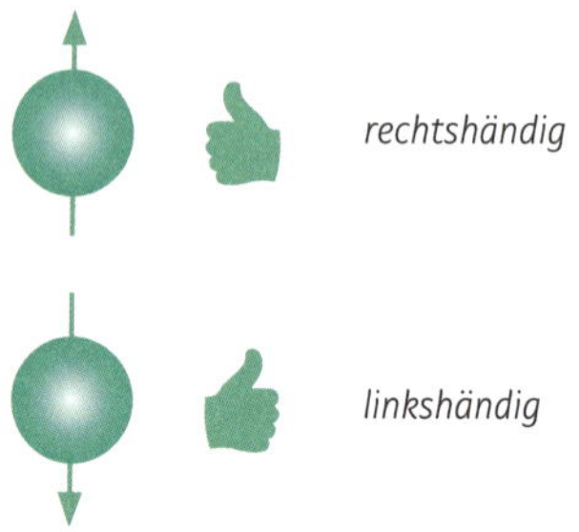

Teilchen mit Spin **sind unterschiedlich ausgerichtet** und drehen sich entweder **aufwärts** oder **abwärts** gerichtet.

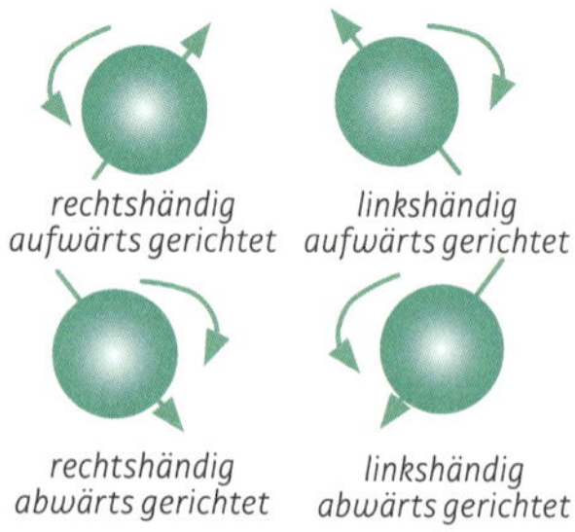

QUANTENZAHLEN

Quantenzahlen beschreiben die **Ausrichtung eines Teilchens**. Bei **Elektronen** wird damit die Ausrichtung in einem **Orbital** dargestellt.

- **Fermionen** haben einen **halbzahligen Spin** von +½, – ½ und unterliegen dem **Pauli-Prinzip**.
- **Bosonen** haben einen **ganzzahligen Spin** von 1, –1.

SPIN UND ORBITALE

Elektronen ordnen sich um einen Atomkern gemäß der **Wellenfunktion** in **bestimmten 3-D-Formen** an. Je nach **Nähe zum Kern und zu anderen Elektronen ändern sie ihre Verteilung**. Das **Aufbauprinzip** beschreibt die Anordnung der Elektronen um den Atomkern: Die Orbitale werden der Reihe nach besetzt und dann doppelt belegt, mit je einem Elektron mit dem Spin +½ und –½.

ELEKTRONENKONFIGURATION

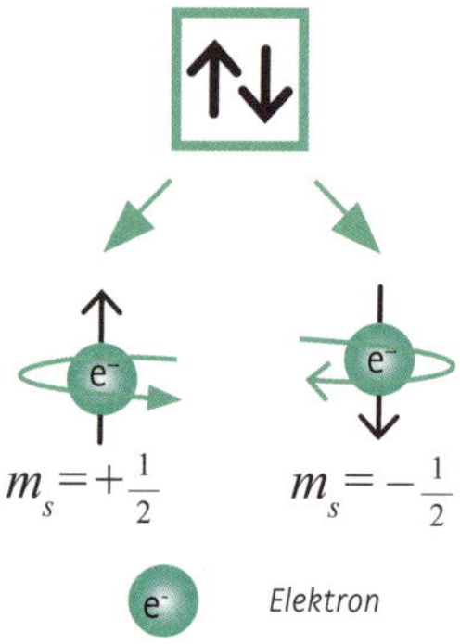

ELEKTRONENKONFIGURATION VON STICKSTOFF, SAUERSTOFF, FLUOR UND NEON

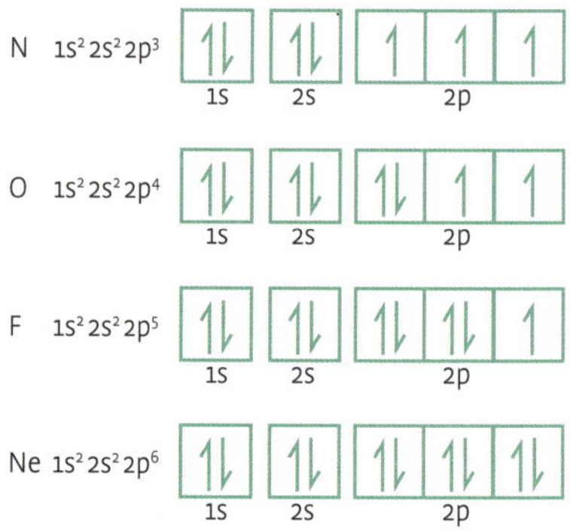

DIRAC UND DIE ANTIMATERIE

Der britische Wissenschaftler Paul Dirac vermutete die Existenz von Antimaterie. Die Dirac-Gleichung aus dem Jahr 1928 beschreibt Teilchen mit Spin ½ (deren Masse im Ruhezustand ungleich null ist).

Diese Formel war die erste Gleichung, die **in der Quantenmechanik und gleichzeitig in der relativistischen Physik** bestehen konnte. Im Jahr 1933 erhielt Dirac den **Nobelpreis** und vermutete die Existenz von **Neutrinos**.

$$(i\not{\partial}-m)\,\not{\psi}=0$$

Die Dirac-Gleichung ist eine „relativistische Wellengleichung".
Sie sagte die Existenz von Antimaterie voraus.

DIE DIRAC-GLEICHUNG

Die Gleichung $x^2 = 4$ hat **zwei mögliche Lösungen** ($x = 2$ oder $x = -2$). Das war bei Diracs Entdeckung sehr wichtig. Seine Gleichung beschreibt **Elektronenenergien** und ergibt eine positive und eine negative Lösung. Dirac vermutete, dass die negative Lösung ein Hinweis auf die Existenz von **Antiteilchen** war.

- Das Antiteilchen des Elektrons ist das **Antielektron**, das **Positron** genannt wird.
- Das Positron hat die **entgegengesetzte Ladung** eines Elektrons; es hat die Ladung +1 e.
- Die Ladung eines Elektrons oder Positrons ist eine Naturkonstante, ausgedrückt durch das Symbol **e**, und je nach Art der Ladung positiv (+) oder negativ (–).
- Positronen haben den **Spin** ½ (wie auch Elektronen).
- Sie haben auch die gleiche **Masse** wie Elektronen.
- Das Photon ist sein eigenes Antiteilchen.

MATERIE-ANTIMATERIE-ANNIHILATION

Wenn ein Positron mit einem Elektron zusammenstößt, kommt es zu einer **Annihilation**. Bei diesem Prozess werden **die Teilchen in Gammastrahlen umgewandelt**.

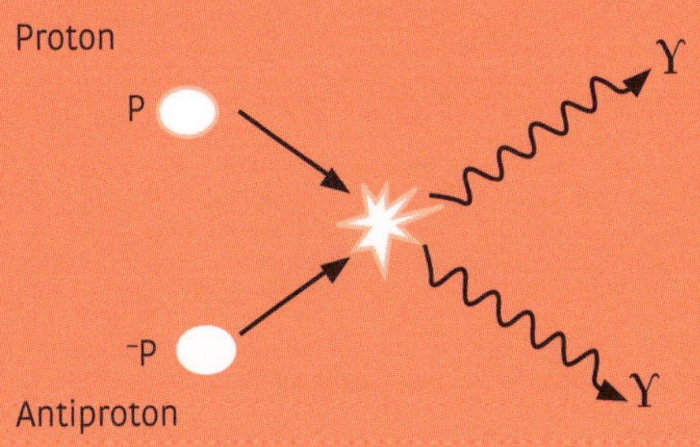

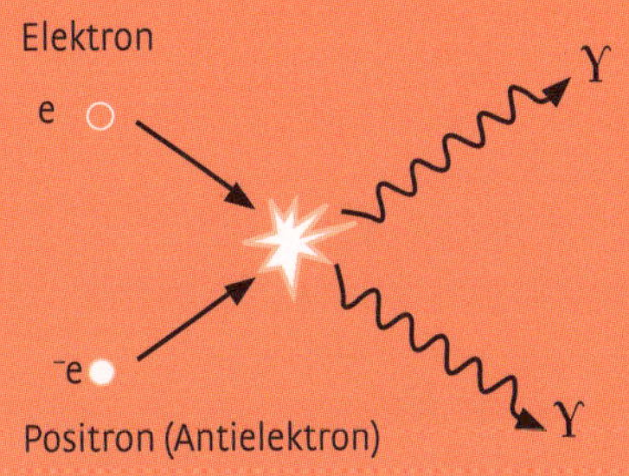

FEYNMAN-DIAGRAMME

Der amerikanische Physiker Richard Feynman (1918–1988) sagte: „Alle Materie ist Interaktion.“ Er entwickelte eine Methode für die bildliche Darstellung der Wechselwirkungen zwischen Teilchen.

FEYNMAN-DIAGRAMM – AUFBAU

Feynman zufolge geschieht „alles, was geschehen kann, sofern es die Gesetze der Physik zulassen“. Jedes Symbol in einem **Feynman-Diagramm** steht für ein bewegtes Teilchen.

- Die vertikale Achse ist die Position des **Teilchens im Raum**.
- Die horizontale Achse ist die **Zeit**.
- Gerade Linien stehen für **Fermionen**: **Elektronen**, **Quarks** und **Neutrinos**.
- Wellenlinien sind kräftetragende Bosonen: **Photonen** und die **W- und Z-Bosonen**.
- Spiralförmige Linien sind oft **Gluonen**.
- Gestrichelte Linien stehen oft für das **Higgs-Boson**, können aber auch den Austausch von **virtuellen Teilchen** darstellen.
- Einen Punkt, an dem Linien zusammentreffen, nennt man Vertex. Jeder Vertex illustriert Zustände, in denen **die Wechselwirkungen der Teilchen Erhaltungssätzen unterliegen**.
- An jedem Vertex müssen **Ladung**, **Baryonenzahl** und **Leptonenzahl** erhalten bleiben.
- Pfeile zeigen nicht die Richtung an, sondern ob es sich um **Teilchen** oder **Antiteilchen** handelt.

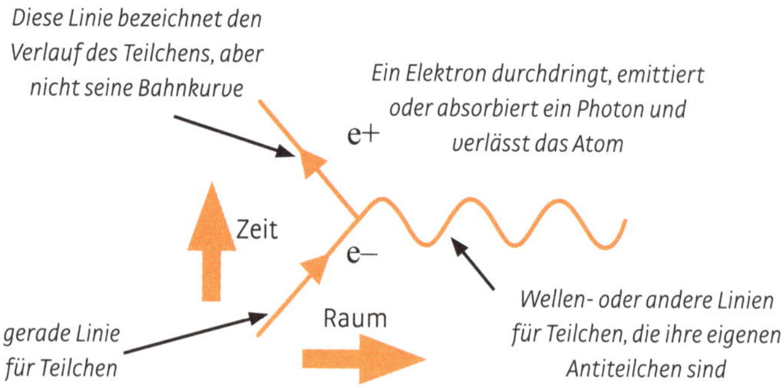

TEILCHEN UND SYMBOLE

einlaufendes Fermion α
einlaufendes Antifermion α
auslaufendes Fermion α
auslaufendes Antifermion α
einlaufendes Photon
auslaufendes Photon

Fermion
Photon, W, Z
meistens Gluonen
meistens Higgs-Boson

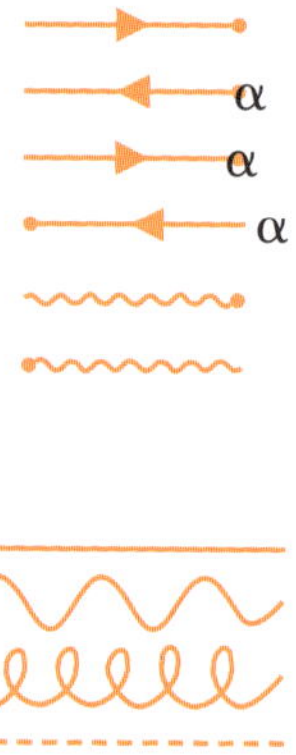

WECHSELWIRKUNGEN ZWISCHEN BOSONEN UND FERMIONEN

Manche, aber nicht alle Teilchen interagieren miteinander. Das wird von den **Regeln** für die Feynman-Diagramme beschrieben.Die folgenden Beispiele zeigen mögliche **elektromagnetische, schwache und starke Wechselwirkungen**. Siehe auch: Das Standardmodell, Seite 62.

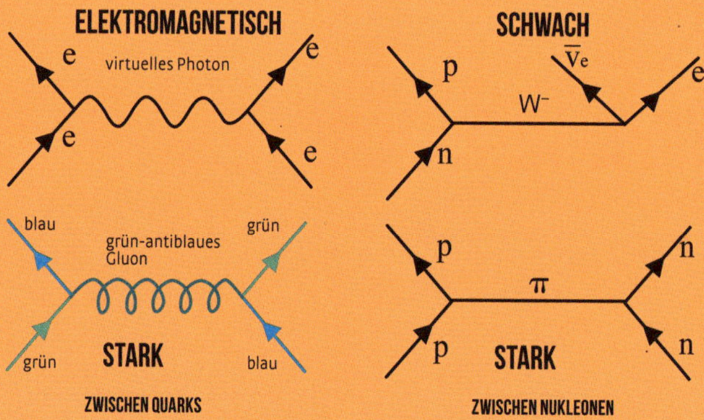

DAS MANHATTAN-PROJEKT

Oft haben wissenschaftliche Entdeckungen die Welt zum Besseren verändert. Leider zeigte sich in der Wissenschaft und Technik nur allzu häufig auch die zerstörerische Seite des Menschen.

DER ZWEITE WELTKRIEG UND DAS MANHATTAN-PROJEKT

- **Leo Szilard** und **Enrico Fermi** erzeugten 1933 und 1934 **kontrollierte Kernreaktionen**.
- Während des **Zweiten Weltkriegs** entwickelten die **Nazis** und die **USA Atomwaffen**.
- **Einstein** signierte einen Brief von Szilard an **US-Präsident Roosevelt**, in dem der Wissenschaftler vor der Stärke und Gefahr der Atombombe warnte, falls Hitler sie zuerst entwickeln sollte.
- Das streng geheime **Manhattan-Projekt** begann 1939 in den USA. Über 130.000 Menschen, darunter weltweit führende Wissenschaftler, waren daran beteiligt.
- **J. Robert Oppenheimer** war der Leiter des **Testlabors in Los Alamos**.
- Am 4. Juli 1945 sprachen sich **Churchill** und die **britische Regierung** für den Abwurf der Atombombe auf **Japan** aus.
- Einstein schrieb dem neuen **Präsidenten Truman** einen Brief und flehte ihn an, vom Einsatz der Bombe abzusehen. Truman las den Brief nicht.
- Am 6. und 9. August 1945 ließ Truman zwei **Atombomben** auf die japanischen Städte **Nagasaki** und **Hiroshima** abwerfen. Dabei starben 250.000 Menschen.

PHYSIK

AUSWIRKUNGEN AUF DIE UMWELT

- Das indigene Volk der **Diné** baute zwischen den 1940er- und 1980er-Jahren **Uran** ab. Unter den Diné gab es eine hohe Anzahl von **Krebserkrankungen**. Erst im Jahr 1990 erließ die US-Regierung ein **Gesetz für die Entschädigung von Strahlungsopfern**.
- Die Weltmächte entwickelten weitere Atomwaffen, **die im Meer getestet wurden** und **im Pazifikraum bleibende ökologische Schäden verursachten**.
- Im Jahr 1986 gab es **70.300 einsatzfähige Atomwaffen**.
- Im Jahr 1996 wurde der **Kernwaffenteststopp-Vertrag** (**CTBT**) von 184 Staaten unterzeichnet und von 164 ratifiziert.

HEUTIGE LAGE

- Im Jahr 2018 gab es ca. **3750 einsatzfähige Atomsprengköpfe** und **14.485 Atomwaffen**.
- Über **90 Prozent** aller Atomwaffen der Welt befindet sich im Besitz der **USA** und **Russland**.

DAS STANDARDMODELL

Das Standardmodell beschreibt den heutigen Stand unseres Wissens über die Elementarteilchen, aus denen die bekannte Materie besteht, und enthüllt den innersten Aufbau der Materie.

ELEMENTARTEILCHEN BESTEHEN AUS KEINEN ANDEREN SUBATOMAREN TEILCHEN

- **Hadronen** sind Teilchen, die aus **subatomaren Teilchen** bestehen. Protonen und Neutronen sind keine **Elementarteilchen**. Sie bestehen aus **Quarks**, die von **Gluonen** zusammengehalten werden, und sind Hadronen.
- Das **Elektron** ist ein Elementarteilchen, da es nicht aus kleineren Teilchen besteht.
- Elektronen sind **Fermionen**.
- Elementarteilchen können entweder Bosonen oder Fermionen sein.

FERMIONEN

Sie haben einen halbzahligen Spin. **Elektronen** sind Fermionen. Es gibt zwei Arten von Fermionen: **Leptonen** und **Quarks**. Fermionen werden in drei „Generationen" unterteilt: **Elektronen**, **Myonen** und **Tauonen**.

STANDARDMODELL DER ELEMENTARTEILCHEN

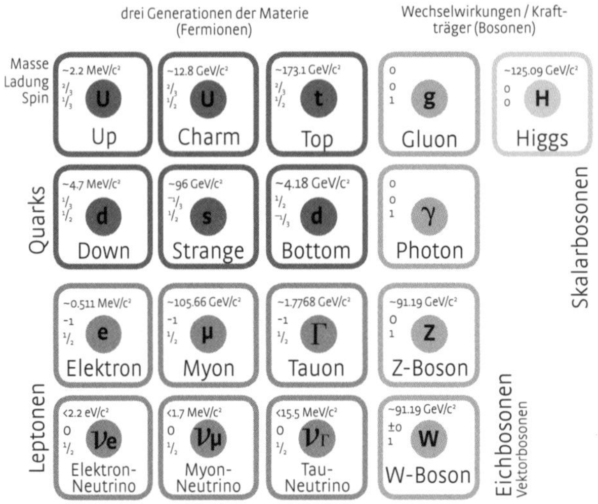

BOSONEN

- Sie übertragen die **fundamentalen Kräfte der Natur**. Photonen sind zum Beispiel die Träger der elektromagnetischen Kraft.
- **Eichbosonen** sind die „Austauschteilchen" in den Wechselwirkungen und haben einen Spin von 1 (siehe auch Elektronen und Quantenzahlen, Seite 58).
- **Elektromagnetismus** entsteht durch den Austausch von **Photonen**.
- Die **starke Wechselwirkung** hält die Atomkerne zusammen und entsteht durch den Austausch von **Gluonen**.
- Die **schwache Wechselwirkung** ermöglicht **Kernfusion** und entsteht durch den Austausch von **W- und Z-Bosonen**.

LEPTONEN

Leptonen haben keine **„starken Wechselwirkungen"**, es kommt nicht zum **Gluonenaustausch**:

- **Geladene Leptonen** haben die Ladung $+\frac{2}{3}$ eines Elektrons.
- **Neutrinos** haben keine Ladung und eine geringe Masse.

QUARKS

Quarks verbinden sich und bilden **Hadronen**, also **Protonen** und **Neutronen**.

- **Quarks vom Up-Typ** (**Up**, **Charm** und **Top**) haben eine Ladung $+\frac{2}{3}$.
- **Quarks vom Down-Typ** (**Down**, **Strange** und **Bottom**) haben eine Ladung von $-\frac{1}{3}$.

DAS WU-EXPERIMENT

Chien-Shiung Wu entwickelte dieses Experiment und bewies damit, dass die schwache Wechselwirkung der Teilchenphysik das Gesetz der Paritätserhaltung verletzte.

Die Atomphysikerin Chien-Shiung Wu (1912–1997) wurde in einer Kleinstadt in der **chinesischen Provinz Jiangsu** geboren. Im Jahr 1936 zog sie in die USA, wo sie leider **Rassismus** und **Diskriminierung** am Arbeitsplatz ausgesetzt war. Sie arbeitete am **Manhattan-Projekt** und erforschte den **Beta-Zerfall**.

DIE SCHWACHE WECHSELWIRKUNG

Die chinesischen Physiker **Tsung-Dao Lee** und **Yang Chen-Ning** vermuteten, dass bei der **schwachen Wechselwirkung die Parität nicht erhalten blieb**. Im Jahr 1956 arbeiteten sie zusammen mit **Chien-Shiung Wu** an ihrem Experiment und entdeckten, dass die schwache Wechselwirkung die gängige Vorstellung von **symmetrischen Prozessen** veränderte. Lee und Yang erhielten **1957** den **Nobelpreis**. Viele finden es **ungerecht**, das Wu keinen Preis erhielt, obwohl ihr Versuch **unser Verständnis der Teilchenphysik revolutionierte**.

PARITÄT

- Paritätssymmetrie (P): **Paritätstransformationen** betreffen Veränderungen in der **räumlichen Ausrichtung des Spins**.
- Bleibt P erhalten, ergeben Beobachtungen **die gleichen Ergebnisse**, unabhängig von der Ausrichtung des Spins. Spiegelteilchen (Teilchen mit entgegengesetztem Spin) haben dann die gleichen Eigenschaften, das heißt, **bei Zerfall emittierte Teilchen haben den gleichen Spin wie der Kern**.

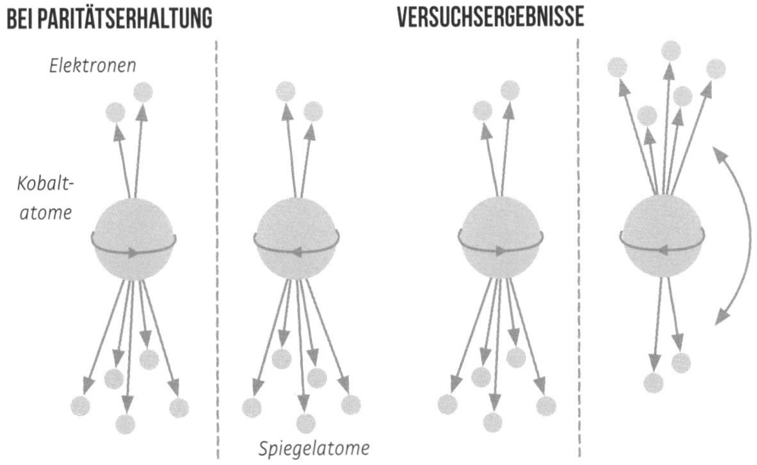

DAS WU-EXPERIMENT

Mit einem starken Magneten richtete Wu **die Spins von Kobalt-60-Atomen** (Co-60) **aus und maß ihren Zerfall**. Sie fand Folgendes heraus:

- Die **Richtung der zerfallenden Teilchen** hing von der **Spinrichtung der Co-60-Atome** ab.
- Die **schwache Wechselwirkung** betraf nur **linkshändige Materieteilchen** und **rechtshändige Antimaterieteilchen**.
- Die schwache Wechselwirkung **wirkte unterschiedlich auf Materie und Antimaterie**.
- Der **Spin** (**die Parität**) **blieb in schwachen Wechselwirkungen nicht erhalten**, was die Paritätssymmetrie verletzte.

NEUTRINO-OSZILLATION

Neutrinos sind Leptonen, also Elementarteilchen. Sie haben eine sehr geringe Masse, aber ihr genauer Wert wurde noch nicht nachgewiesen. Neutrinos nehmen nur an der schwachen Wechselwirkung teil.

GEISTERTEILCHEN

Neutrinos interagieren nicht mit **Masse**, **Elektromagnetismus** oder **Gravitation**. Sie **durchqueren die Erde und andere Planeten**. Jede Sekunde bewegen sich Milliarden von Neutrinos durch uns und die Erde hindurch. Sie fliegen **durch massives Blei genauso mühelos wie ein Photon durch die Luft**. Aufgrund dieser Eigenschaft sind Neutrinos nur **schwer nachzuweisen**.

NEUTRINOS AUFSPÜREN

Gelegentlich stoßen Neutrinos in einer schwachen Wechselwirkung mit einem **Chloratom** zusammen. Dabei wird **ein W+-Boson mit einem Down-Quark ausgetauscht** und **ein Neutron in ein Proton umgewandelt**, sodass **Chlor** zu **Argon** wird. Neutrinos können das auch mit **Germanium** und **Gallium**.

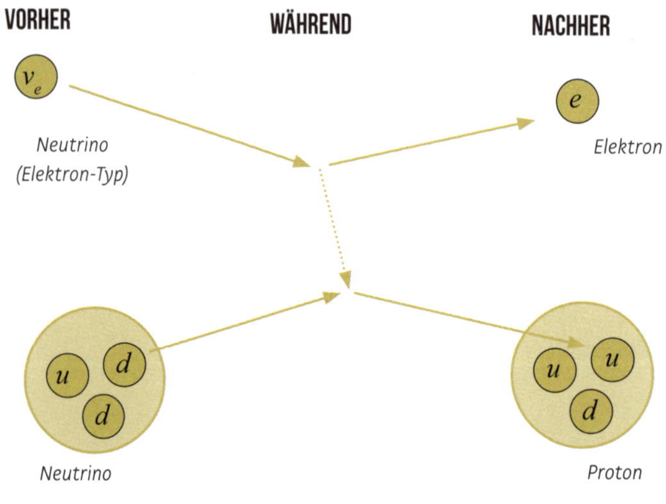

SUPERNOVA (SN) 1987A

Im Jahr 1987 beobachteten drei Neutrino-Observatorien einen **Neutrinoblitz**, der aus der **Explosion einer Supernova** hervorging und nach 68.000 Jahren die Erde erreichte.

NEUTRINO-OSZILLATION

Es gibt drei Arten von Neutrinos: den **Elektron-Typ**, den **Myon-Typ** und den **Tau-Typ**. Auf seinem Weg durch das All kann sich ein **Neutrino in die verschiedenen Typen verwandeln**.

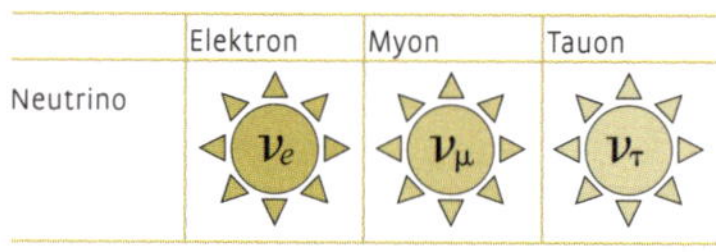

TSCHERENKOW-STRAHLUNG

Nichts bewegt sich so schnell wie das **Licht in einem Vakuum**. Aber **Neutrinos können sich in Wasser schneller bewegen als Photonen**. Stößt ein Neutrino mit einem Wassermolekül zusammen, entsteht ein **blaues Leuchten**, die **Tscherenkow-Strahlung**. Wissenschaftler in Neutrino-Observatorien in Japan und Kanada verwenden große Mengen **hochreines „schweres" Deuteriumwasser** (Wasser aus Wasserstoff-Isotopen mit einem Neutron).

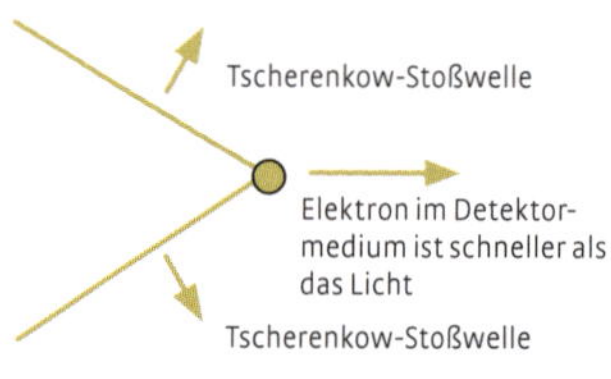

Elektronen, die in Neutrino-Observatorien erzeugt werden, geben blaues Licht ab: die Tscherenkow-Strahlung.

DAS HIGGS-BOSON

Das Higgs-Teilchen verleiht anderen Teilchen ihre Masse. Masse ist eine intrinsische Eigenschaft. Je stärker die Wechselwirkung eines Teilchens mit dem Higgs-Feld ist, desto größer ist seine Masse.

KRAFTFELDER UND BOSONEN

- Die vier Grundkräfte der Physik sind der **Elektromagnetismus**, die **Gravitation**, die **starke Wechselwirkung** und die **schwache Wechselwirkung**.
- Die **Quantenmechanik** zeigt, dass die **Stärke einer Kraft** durch die **Verteilung der Teilchen** bestimmt wird: je **dichter die Verteilung, desto stärker die Wechselwirkung**.
- **Feld** = Gesamtheit des **Bosonen-Austauschs**.
- In den 1960er-Jahren wurde nachgewiesen, dass **sich die elektromagnetische und die schwache Wechselwirkung ähneln** und sie zusammen die **elektroschwache Wechselwirkung** bilden. Das Higgs-Boson liefert die Erklärung für ihre **Unterschiede und Gemeinsamkeiten**.

DAS HIGGS-BOSON

Das Higgs-Boson ist eine **Schwingung im Higgs-Feld** – so wie das **Photon eine Anregung des elektromagnetischen Felds** ist.

BEOBACHTUNG DES HIGGS-ZERFALLS

- Das Higgs-Boson zerfällt in: die **W- und Z-Bosonen**, ein **Photon der Gammastrahlung** und **Quarks (Fermionen)**. Diese **Zerfallsarten** belegen die Existenz des Higgs-Boson.
- Elektron-Quarks, Myon-Quarks und Tau-Quarks **interagieren mit dem Higgs-Feld auf etwas unterschiedliche Weise**.

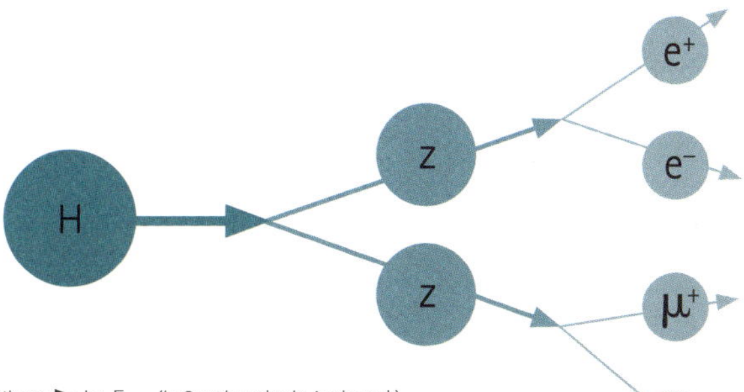

Higgs → $b + \bar{b}$ (b-Quark und sein Antiquark)
Higgs → $\tau^+ + \tau^-$ (τ-Quark und sein Antiteilchen)
Higgs → $\gamma + \gamma$ (zwei Photonen, auch Gammas genannt)
Higgs → $W^+ + W^-$ (W-Boson und sein Antiteilchen)
Higgs → $Z^0 + Z^0$ (zwei Z-Bosonen)

MASSE

Die Masse gibt an, **wie stark etwas einer Bewegung entgegenwirkt**.

DAS HIGGS-FELD

Es existiert im ganzen Universum. Je **stärker ein Teilchen damit interagiert**, desto **größer ist seine Masse** und desto **träger wird es**. **Photonen** interagieren nicht mit dem Higgs-Feld, haben **keine Masse** und **bewegen sich mit Lichtgeschwindigkeit**.

Peter Higgs (* 1929) und **François Englert** (* 1932) erwähnten das Higgs-Boson erstmals in den 1960er-Jahren und erhielten 2013 den **Nobelpreis** für ihre Arbeit. Mehr als 3000 Wissenschaftler von 174 Instituten aus 38 Ländern wirkten am ATLAS-Experiment mit, und rund 5000 Menschen (Physiker, Ingenieure, Techniker, Administratoren, Studenten u. a.) arbeiteten am CMS-Detektor des CERN, der 2012 das Higgs-Boson nachwies.

QUANTENELEKTRODYNAMIK (QED)

Die Quantenelektrodynamik ist die Quantenfeldtheorie des Elektromagnetismus und beschreibt die Wechselwirkungen zwischen geladenen Teilchen.

FELDER

- Wenn Kräfte wirken, kommte es **zwischen Teilchen zu einem Bosonen-Austausch**. Ein Feld ist der **Gesamteffekt des Bosonenaustauschs**.
- **Elektronen** sind Teilchen; **Teilchen verhalten sich wie Wellen**.
- Elektronen sind eine **Anregung des elektromagnetischen Felds**, das im gesamten Universum allgegenwärtig ist.

VIRTUELLE TEILCHEN

Sie sind **flüchtige** Teilchen, die **spontan erscheinen und verschwinden**. Die **Unschärferelation** besagt, dass das auf der **Planck-Skala** geschieht. In der **QED** wird zwischen **geladenen Teilchen** ein **virtuelles Photon** ausgetauscht.

ELEKTRONENSTREUUNG

Gleiche Ladungen stoßen sich ab. Ein Elektron stößt ein anderes, sich näherndes Elektron ab. **Darum kollabiert die Materie nicht in den leeren Raum der Atome**. Auf Quantenebene geschieht Folgendes:

- Zwei Elektronen nähern sich einander.
- Sie tauschen ein virtuelles Photon aus (ein Elektron gibt eines ab, das andere nimmt eines auf).
- Dabei stoßen sie einander ab.

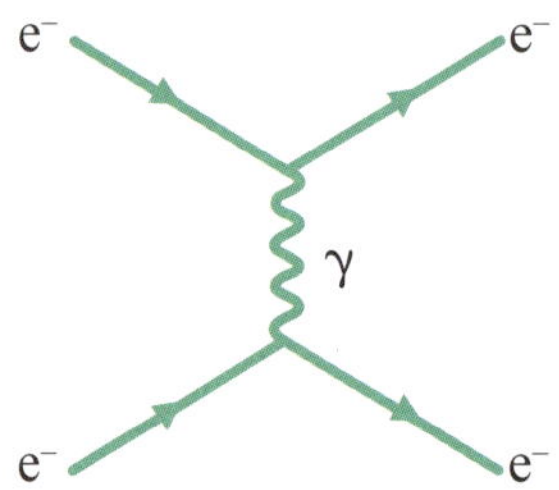

QED

Die QED ist eine **relativistische Quantentheorie**, die **den diskreten Quantenaustausch von virtuellen Photonen in elektromagnetischen Feldern beschreibt** und für alle elektromagnetische Phänomene relevant ist, u. a. für **Magnetismus**, **Licht**, **Elektronik** und **Positron-Elektron-Annihilation**. Entwickelt wurde sie von **Richard Feynman** (1918–1988), **Shin'ichiro Tomonaga** (1906–1979) und **Julian Schwinger** (1918–1994) die dafür **1965** den **Nobelpreis** erhielten.

FELDSTÄRKE

Das **elektromagnetische Feld und die Gravitation verhalten sich ähnlich**: Sie haben eine **unendliche Reichweite** und unterliegen dem **Abstandsgesetz** – das heißt, ihre **Stärke nimmt mit dem Quadrat des Abstands ab** (verdoppelt man den Abstand, vervierfacht sich die Fläche der wirkenden Kraft).

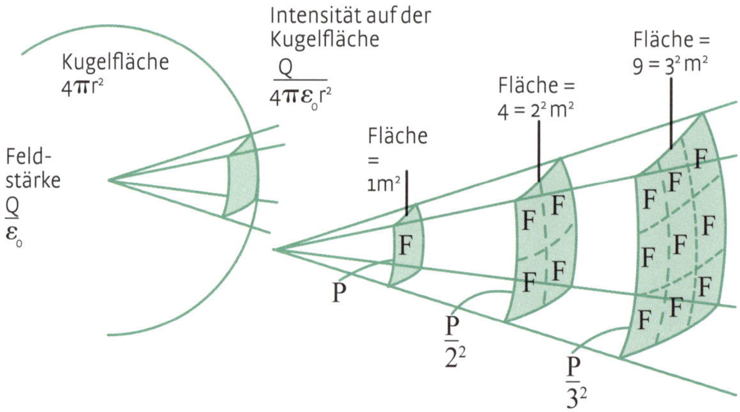

QUANTENCHROMODYNAMIK (QCD)

Protonen und Neutronen sind Nukleonen. Nukleonen bestehen aus Quarks. Die starke Wechselwirkung wird durch Gluonen erzeugt (so wie der Elektromagnetismus von Photonen erzeugt wird) und sorgt für die Bindung zwischen den Quarks. Wenn Quarks miteinander interagieren, tauschen sie ein Gluon aus.

QUANTENFARBE

Quarks sind nicht wie Elektronen geladen, sondern haben eine **„Ladung der starken Wechselwirkung“**, auch **„Farbladung“** genannt. Die **„Quantenfarbe“** hat aber nichts mit den sichtbaren Farben zu tun. Die Farbe drückt nur aus, wie die **Quarks und Gluonen interagieren**. **Gluonen** haben auch eine Farbladung.

DIE STARKE WECHSELWIRKUNG WIRKT AUF KURZEN ABSTÄNDEN

Die starke Wechselwirkung ermöglicht die **Kernfusion in Sternen** und **lässt Protonen** miteinander verschmelzen, wenn ihre **Geschwindigkeit** ihren **Abstand voneinander so weit verringert, dass die Abstoßung durch ihre positiven Ladungen überwunden wird** – bei dieser geringen Distanz von 10^{-15} m kommt die **starke Wechselwirkung** ins Spiel. Um ein **Quark aus einem Nukleon zu lösen**, werden Unmengen von **Energie** benötigt, die **Materie in Antimaterie umwandeln**, sodass Quarks entstehen.

AUFBAU EINES NUKLEONS

- **Proton**: besteht aus zwei **Up-Quarks** (einem mit **blauer**, einem mit **roter Ladung**) und einem **Down-Quark** mit **grüner Ladung**.
- **Neutron**: besteht aus zwei **Down-Quarks** (einem mit **grüner**, einem mit **roter Ladung**) und einem **Up-Quark** mit **blauer Ladung**.

Proton

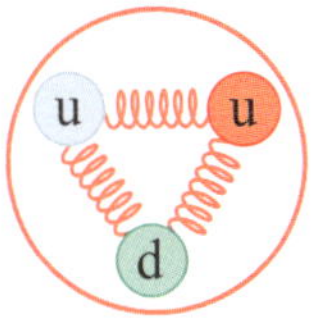

Neutron

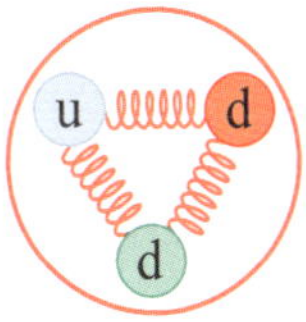

QUARK-FLAVOURS UND GENERATIONEN

- **Flavours**: **Up, Down**; **Charm, Strange**; **Top, Bottom**; und ihre **Antiquarks** (die einen anderen **Spin** und andere **Quantenzahlen** haben).
- **Generation**: 1 (**Elektron-Typ**), 2 (**Myon-Typ**) und 3 (**Tau-Typ**). Sie gibt die **Größe eines Quarks** an.

Antiquarks haben auch eine Farbladung = cyan, magenta und gelb.

- **Antiprotonen** bestehen aus **gelb geladenen Anti-Up-**, **cyan geladenen Anti-Up-** und **magenta geladenen Anti-Down-**Quarks.
- **Antineutronen** bestehen aus **cyan geladenen Anti-Up-**, **grün geladenen Strange-** und **rot geladenen Down-**Quarks.

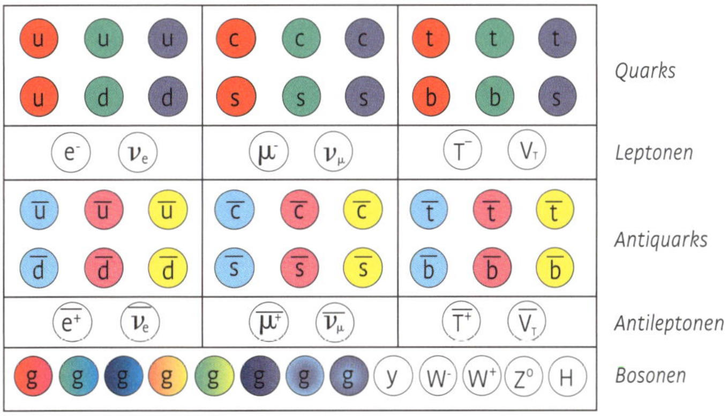

KERNREAKTOREN

Kernspaltung (die Zerlegung von Atomkernen) ist ein Prozess des radioaktiven Zerfalls, der in der Natur und in Atomkraftwerken abläuft. Der radioaktive Zerfall ist eine Folge der schwachen Wechselwirkung.

DIE SCHWACHE WECHSELWIRKUNG

Die schwache Wechselwirkung wirkt zwischen **Quarks** und **Leptonen** (**Elektronen** und **Neutrinos**) und beinhaltet den **Austausch von W- und Z-Bosonen**.

- Die schwache Wechselwirkung **verändert die Teilcheneigenschaften** und wandelt Protonen in Neutronen um.
- W-Bosonen sind **positiv** oder **negativ geladen**, Z-Bosonen sind **neutral**; beide sind sehr große Teilchen.
- Die schwache Wechselwirkung wurde 1983 am **CERN-Institut** entdeckt.

DIE SCHWACHE WECHSELWIRKUNG IN AKTION

- Ein **Neutron** besteht aus **zwei Down-Quarks** und einem **Up-Quark**: $d + d + u$
- Ein **Proton** besteht aus **zwei Up-Quarks** und einem **Down-Quark**: $u + u + d$

Die folgenden Feynman-Diagramme zeigen:

- **BETA-ZERFALL**: ein Neutron (udd) tauscht ein **W⁻-Boson** aus und zerfällt in ein **Proton (udu)**, ein **Elektron** und ein **Neutrino**. Das W⁻-Boson nimmt dabei **die negative Ladung mit**.
- **BETA-PLUS-ZERFALL**: ein Proton (udu) zerfällt in ein **Neutron (udd)** und den Austausch eines **W⁺-Bosons** und **erzeugt ein Positron und ein Elektron-Neutrino**.

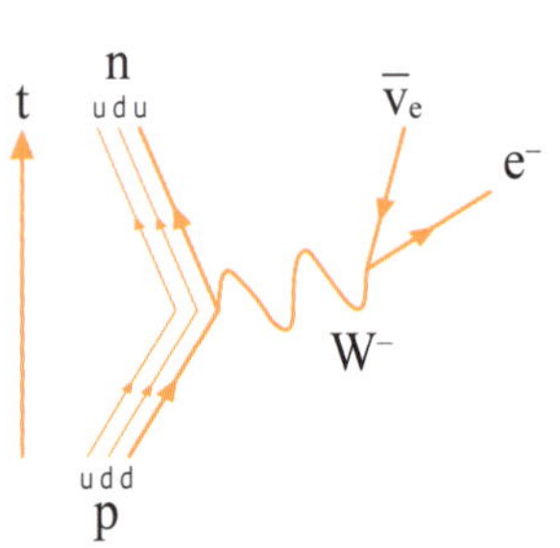

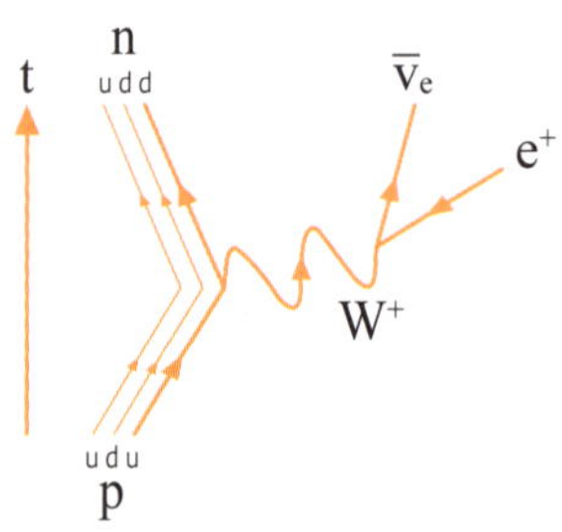

Bei der **Kernspaltung** gibt es **fünf Arten des radioaktiven Zerfalls**, die **radioaktive Teilchen abgeben** und **Elemente** in andere Elemente **umwandeln**:

- Alpha-Zerfall
- Beta-Minus-Zerfall
- Beta-Plus-Zerfall (Positronen-Abgabe)
- Gamma-Zerfall
- Elektroneneinfang

UMWANDLUNGSKETTE VON EINEM RADIONUKLID IN EIN ANDERES

Für **Atomwaffen** werden **die Radionuklide von Uran und Plutonium** verwendet. Wenn **Uran-235** ein Neutron absorbiert, teilt es sich in **zwei neue Atome** und gibt **Energie** und **drei neue Neutronen** ab.

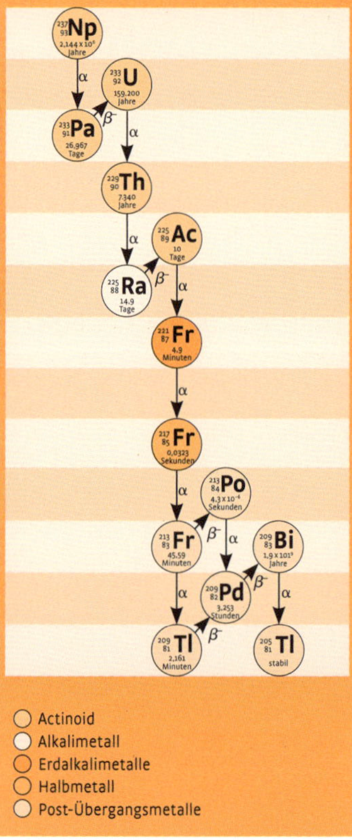

PHYSIK

TEILCHENBESCHLEUNIGER

Im Weltraum, in den Sternen und in der Erdatmosphäre prallen Teilchen mit unvorstellbarer Geschwindigkeit aufeinander. Mithilfe von Magneten und Teilchenstrahlen replizieren Wissenschaftler diese Zusammenstöße in einer Vakuumkammer und beobachten, was geschieht. Die Geräte dafür nennt man Teilchenbeschleuniger.

DIE NEBELKAMMER

Carl Anderson und seine Kollegen erfanden im Jahr **1932 die Nebelkammer**, in der das Positron (Antielektron) entdeckt wurde. Eine **Nebelkammer ist ein versiegelter Behälter, der mit Dampf aus Wasser oder Alkohol gefüllt ist**. Bewegt sich ein Teilchen durch die Kammer, löst es Elektronen von den Molekülen darin und ein **Kondensstreifen aus ionisierten Gasteilchen** entsteht. Man kann eine Nebelkammer selbst bauen und kosmische Strahlung nachweisen.

ARTEN VON TEILCHENBESCHLEUNIGERN

BESCHLEUNIGER MIT EINEM STRAHL

- Zyklotrone
- Linearbeschleuniger
- Synchrotrone
- Beschleuniger mit festem Ziel
- starke Hadronenbeschleuniger (Mesonen- und Neutronenquellen)
- Elektronenbeschleuniger

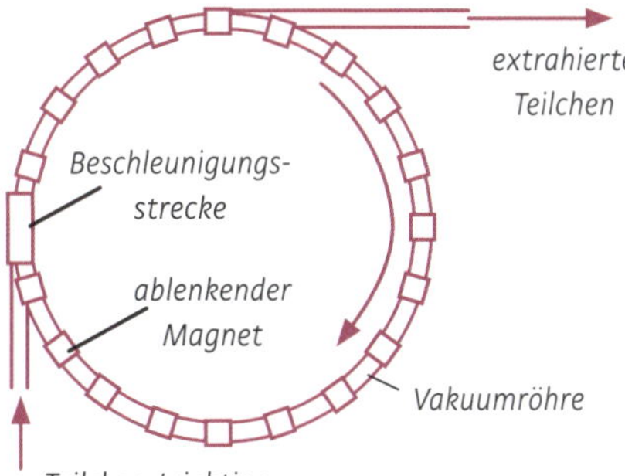

BESCHLEUNIGER MIT ZWEI STRAHLEN

- Collider
- Elektron-Positron-Collider
- Hadron-Collider
- Elektron-Proton-Collider
- Lichtquellen

CERN

CERN ist die europäische Organisation für Kernforschung und der zur Zeit **weltweit größte Forschungskomplex für Teilchenphysik**. Die wichtigste Entdeckung: das Higgs-Boson. Die wichtigste Erfindung: das Internet.

BESCHLEUNIGER AUF DER GANZEN WELT

Teilchen, also Elektronen, können durch **elektromagnetische Felder beschleunigt** werden. In einem Teilchenbeschleuniger gelingt das mithilfe von Magneten und einem Vakuum. Auf der ganzen Welt sind über 30.000 Teilchenbeschleuniger in Betrieb. Hier sind einige davon:

- Raja Ramanna Center for Advanced Technology, Indien.
- Synchrotron Light Facility (ALBA), Spanien.
- European Synchrotron Radiation Facility (ESRF), Frankreich.
- Centro Atómico Bariloche (LINAC), Argentinien.
- Center for Ion Beam Applications (CIBA), Singapur.
- High Energy Accelerator Research Organization (KEK), Japan.
- Diamond Light Source und die ISIS Neutronen- und Myonenquelle, Großbritannien.
- Der Circular Electron Positron Collider (CEPC) befindet sich gegenwärtig in Bau.

STERNE, SONNE UND RADIOAKTIVITÄT

Die Entstehung von Sternen und ihre Entwicklung unterliegen den Gesetzen der Quantenmechanik und der Gravitation.

EIN STERN ENTSTEHT

- Sterne entstehen aus **Molekülwolken**.
- **Protonen** (H^+-Kerne) **werden durch die Gravitation angezogen, aber ihre positiven Ladungen stoßen einander ab**.
- Diese Bewegung erhöht die **kinetische Energie**.
- Ihre **Masse zieht mehr H^+ an**.
- Die **Temperatur** steigt auf 100 Millionen Kelvin.
- H^+ kollidieren mit solcher Kraft, dass es **zu einer Fusionsreaktion kommt**.
- H^+ wird **Deuterium** und gibt ein **Positron, Gammastrahlung** und ein **Neutrino** ab – die **Kernfusion** beginnt mit der **Proton-Proton-Reaktion**.

PROTON-PROTON-REAKTION

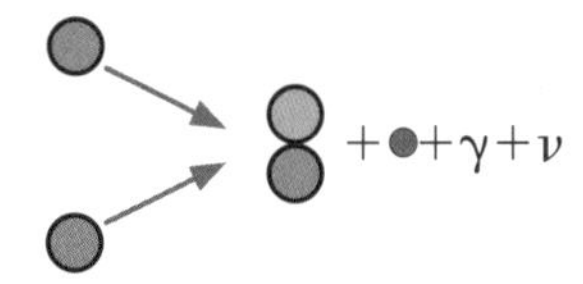

Zwei Protonen fusionieren und bilden einen Deuteriumkern, ein Positron, Gammastrahlung und ein Neutrino.

KRÄFTE IN DEN STERNEN

- Sterne erreichen ein **hydrostatisches Gleichgewicht: die Gravitation übt Druck nach innen aus, der Fusionsdruck wirkt ihr entgegen**.
- Es kommt zu **Fusionsreaktionen**: **Elemente** bis zur Schwere von **Eisen** (Fe) entstehen; **größere Atome als Fe zerfallen**.
- Wenn alle H^+ verbraucht sind, verändert sich das **hydrostatische Gleichgewicht**. Der **Stern dehnt sich aus, kühlt ab** und wird ein **roter Riese**.
- Die **Oberflächentemperatur** eines roten Riesen beträgt rund 5000 K.

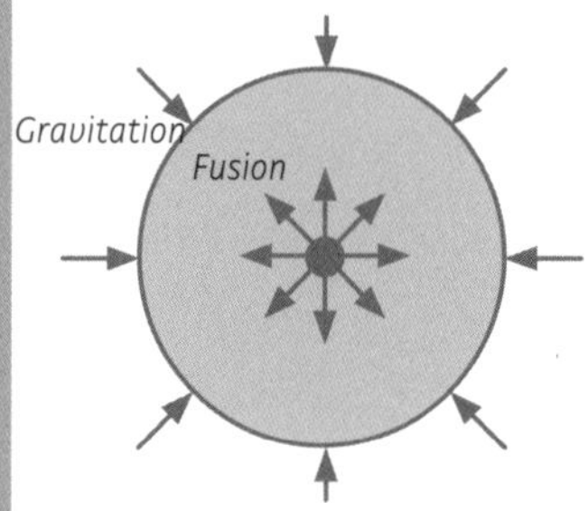

DIE HAUPTREIHE

- Die meisten Sterne (auch unsere Sonne) sind Hauptreihensterne.
- Rote Riesen geben mit der Zeit Gasschichten ab und schrumpfen zu weißen Zwergen.
- Dann kühlen sie ab und werden zu braunen Zwergen.

MASSEREICHE STERNE

- Wird kein Wasserstoff mehr verbrannt, kollabiert die Masse.
- Die Masse fällt in sich zusammen und explodiert in einer Supernova. Die freigesetzte Energie ist so stark, dass Atome schwerer als Eisen entstehen.
- Dieses Ereignis kann zur Bildung eines Neutronensterns führen.
- Bei schweren Sternen bildet der Kollaps ein schwarzes Loch.

PROTON-PROTON-KETTE

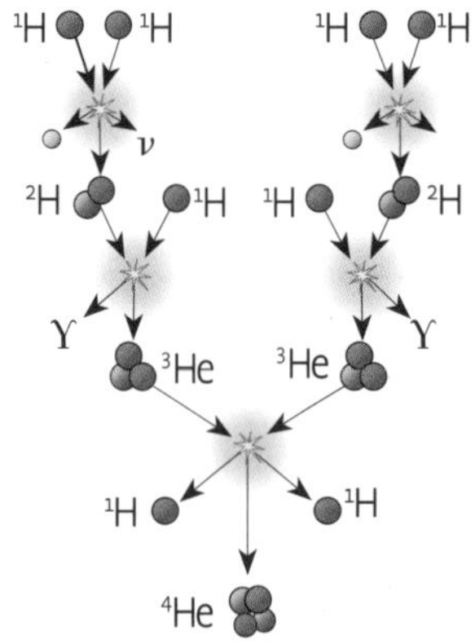

ν Gammastrahlung
γ Neutrino
● Proton
● Neutron
● Positron

UND DANN?

- Große Sterne verbrennen Wasserstoff schnell.
- Kleine Sterne verbrennen Wasserstoff langsam.

SONNENSYSTEME

Sonnensysteme bestehen aus Sternen, die von Planeten und anderen Objekten umkreist werden. In manchen bewegen sich Gasriesen schnell und eng um den Stern. Ein System mit zwei Sonnen nennt man Binärsystem.

Die **Erde dreht sich um die Sonne** – mit durchschnittlich 108.000 km/h. Die Sonne bewegt sich zusammen mit unserem Sonnensystem mit über 210 km/s um das Zentrum der Galaxie. Die Planeten sind **gravitativ an die Sonne gebunden**. Aufgrund der Kräfte der Gravitation bewegen sich alle Planeten auf einer **Bahnebene**:

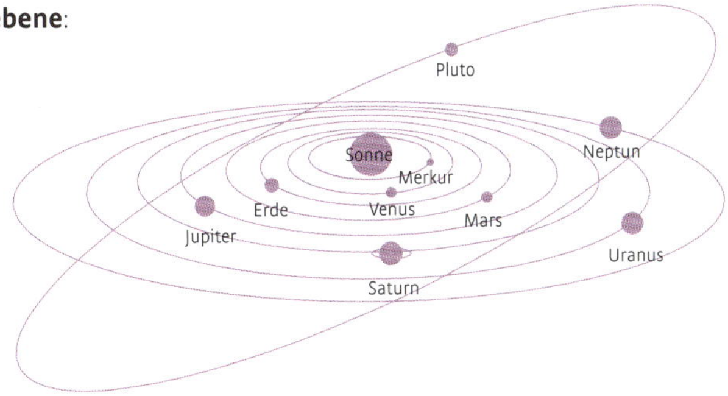

WAS IST EIN PLANET?

Die **Definition des Begriffs „Planet"** ist **umstritten**. Manchen Experten zufolge muss ein Planet folgende Bedingungen erfüllen:

- Er muss einen **Stern** oder eine **Sternleiche umkreisen**.
- Er muss **massereich genug** sein, um durch seine **Eigengravitation** eine runde Form zu erhalten.
- Es darf keine **thermonukleare Fusion** stattfinden.
- **Seine Bahn muss bereinigt sein**.

PHYSIK

OBJEKTE IM SONNENSYSTEM

Objekte in Sonnennähe sind kleiner und bestehen aus Staub und Stein, während die entfernteren Objekte von Gas und Eis dominiert werden. Der Kuipergürtel ist ein Ring aus eisigen Zwergplaneten am äußeren Rand des Sonnensystems.

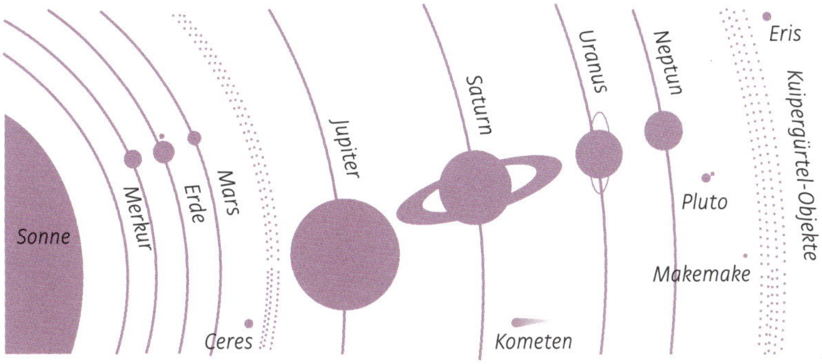

DIE ZUKUNFT DES SONNENSYSTEMS

Mit zunehmender **Entropie** nimmt die **Energie** ab – laut dem **zweiten Gesetz der Thermodynamik**. In fünf Milliarden Jahren hat die Sonne den **Wasserstoff** verbraucht, wird zu einem **roten Riesen** und verschlingt die inneren Planeten.

ENTSTEHUNG

Alle Sonnensysteme entstehen aus **Sternenstaub**. Unser Sonnensystem bildete sich aus den **Überresten einer Supernova** (**schwerere Elemente** wie etwa **Eisen** entstehen in Sternen nur durch **Kernfusion**).

1. Die Molekülwolke verdichtet sich.
2. Der dichte Debel dreht sich, wird flach, sein Zentrum erhitzt sich.
3. Staubteilchen verbinden sich zu Planetesimalen.
4. Die größten Planetesimale wachsen. Die zunehmende Gravitation zieht weitere Materie an.
5. Kleine Planetesimale stoßen zusammen; es bilden sich Planeten.
6. Im Zentrum des Nebels kommt es zur Kernspaltung. Die freigesetzte Energie vertreibt den Staub. Ein Sonnensystem ist entstanden.

WELTRAUMTELESKOPE

Nur ein winziger Anteil des elektromagnetischen (EM) Spektrums ist für menschliche Augen sichtbar. Der Großteil der Vorgänge im Universum entzieht sich unseren Blicken. Astrophysiker messen und beobachten die nicht sichtbaren Bereiche des EM-Spektrums, etwa die Röntgen-, UV- und Mikrowellenstrahlung.

BEOBACHTUNGSZIELE

- Gammastrahlung
- Röntgenstrahlung
- Ultraviolettstrahlung
- sichtbares Licht
- Infrarot- und Submillimeterstrahlung
- Mikrowellen
- Radiowellen
- Aufspüren von Teilchen
- Gravitationswellen

Das **Hubble-Weltraumteleskop** (HST), benannt nach dem US-Astronomen **Edwin Hubble** (1889–1953), ist seit 1990 in Betrieb. Es besteht aus vier wesentlichen Komponenten, die **ultraviolette**, **sichtbare** und **Nahinfrarotstrahlung** erfassen können.

Astrosat ist **Indiens erstes Weltraumteleskop für mehrere Wellenlängen** und wurde 2015 von der **indischen Raumfahrtagentur ISRO** ins All gebracht.

Röntgenstrahlung aus Objekten wie **schwarzen Löchern** und **galaktischen Zentren** wird von der Atmosphäre absorbiert und kann daher **nur weit oben in der Atmosphäre oder im Weltall gemessen werden**. Auch **Supernovae**, **Hauptreihensterne**, **Doppelsterne** und **Neutronensterne** geben Röntgenstrahlung ab.

Das **Chandra-Röntgenteleskop** wurde 1999 von der **NASA** aktiviert.

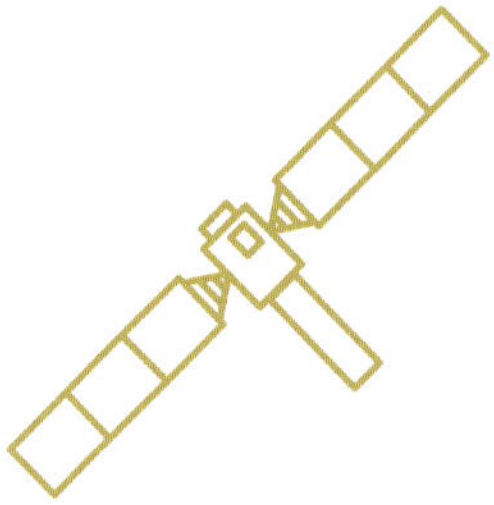

Gammastrahlung (**γ-Strahlung**) entsteht bei der **Explosion von Supernovae** und wird von **Neutronensternen**, **Pulsaren** und **schwarzen Löchern** ausgesendet. Sie kann in der Atmosphäre von Ballon- oder Satellitendetektoren nachgewiesen werden.

Der **Dark Matter Particle Explorer** (DAMPE) wurde 2015 von der **chinesischen Akademie der Wissenschaften** (CAS) ins All gebracht. Er spürt auf der Suche nach **dunkler Materie** auch **Elektronen** sowie **Gamma- und kosmische Strahlung** auf.

HUBBLE-WELTRAUMTELESKOP

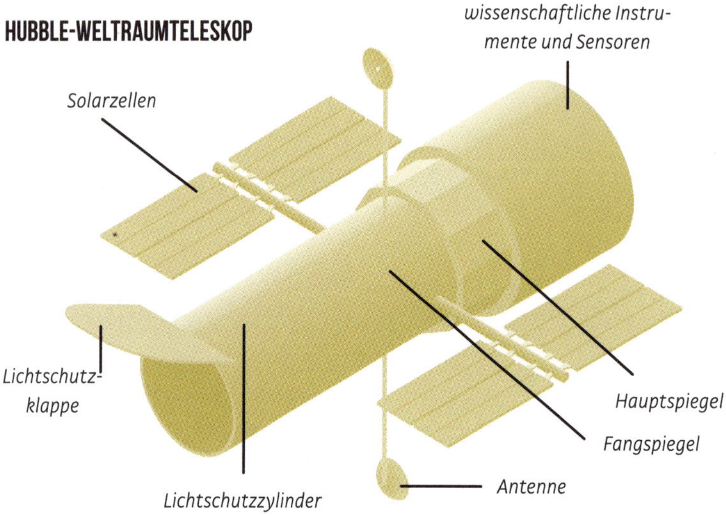

Ultraviolette (UV) Strahlen kommen **außer von der Sonne** auch von **Sternen** und **Galaxien**. Die Untersuchung der UV-Strahlung lieferte wichtige Erkenntnisse über unsere Sonne.

Photonen im Infrarotbereich (IR) haben weniger Energie als sichtbares Licht. Viele IR-Quellen sind **kühler oder bewegen sich von uns weg**, z. B. **braune Zwerge**, **Sternennebel** und **Galaxien mit Rotverschiebung**.

Mikrowellen-Teleskope messen die **kosmische Hintergrundstrahlung** und die Energie aus den Staubteilchen **unserer Galaxie**.

GALAXIEN

Eine Galaxie ist eine Ansammlung von Millionen oder Milliarden von Sternen, Molekülwolken und Staubteilchen, die durch die Gravitation aneinander gebunden werden. Wissenschaftler beobachteten, dass sich im Zentrum von riesigen Galaxien ein supermassereiches schwarzes Loch befindet.

GALAXIEN

Die **Ausrichtung** einer Galaxie **im Verhältnis zur Position der Erde** verändert sich. Manchmal ist für uns nur ein Teil der Galaxie sichtbar.

HUBBLE-SEQUENZ

Edwin Hubble entwickelte 1926 ein **Ordnungsschema für Galaxien** (unten).

ORDNUNGSSCHEMA

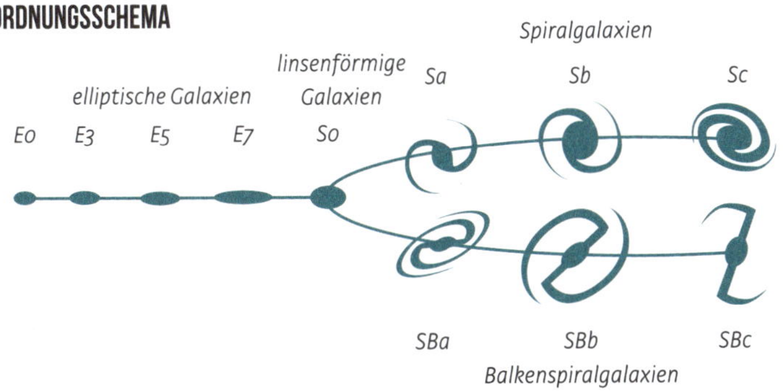

SPIRALGALAXIE

- Flache **spiralförmige Scheibe**.
- Von der Seite breit und schmal, von oben erkennt man die **Spiralarme**.
- Hat **alte und junge Sterne**.
- Manche haben einen großen **Zentralbereich („Bulge“)**.
- Umgeben von einem **Halo aus alten Sternen und Gas**.

ELLIPTISCHE GALAXIE

- **Ellipsoide** Form (abgeflachte Kugel).
- Besteht aus geringen Mengen von **Staub** und **Gas** und vielen **älteren Sternen**.

IRREGULÄRE GALAXIE

- **Unstrukturiert**.
- Enthält **Zwergsterne, junge Sterne** und **Staubwolken**.
- Manche sind zu klein und ihre **Gravitation** reicht nicht aus, um eine **Struktur** zu bilden.
- Manche entstanden aus der **Kollision anderer Galaxien**.

KOLLISION/VERSCHMELZUNG MIT ANDROMEDA

In vier Milliarden Jahren kollidiert unsere Galaxie mit der **Andromedagalaxie**.

UNSERE GALAXIE, DIE MILCHSTRASSE

- Sie ist 13,51 Milliarden Jahre alt.
- **Scheibenförmige Spiralgalaxie** mit **zwei Hauptarmen**.
- Besteht aus **hunderten Milliarden** von **Sternen**.
- Die Sonne ist **26.000 Lichtjahre** vom **galaktischen Zentrum** entfernt.
- **100.000 Lichtjahre** im Durchmesser, tausende Lichtjahre hoch.
- **Balkenstruktur im Zentrum**, viele **alte rote Riesen**.
- Im Zentrum ist ein **supermassereiches schwarzes Loch**.

ENTSTEHUNG

- Galaxien **sind anfangs klein**.
- Im Laufe der Zeit zieht die **Gravitation** mehr **Materie** an.
- Die Gravitation wirkt der **kosmischen Ausdehnung** entgegen.
- Aufgrund der Gravitation binden sich Atome zu **Molekülwolken**.
- Durch die **Rotation** entsteht eine **flache Scheibenform**.
- **Elliptische Galaxien** entstehen durch **Störungen der Rotation**.
- **Große Verschmelzung**: Galaxien von gleicher Masse **kollidieren**.
- **Kleine Verschmelzung**: eine Galaxie ist kleiner als die andere.
- Sie bilden zusammen **Filamente**, **Superhaufen**, **Haufen** und **Galaxiengruppen**.

SPEKTROMETRIE

Das elektromagnetische Spektrum wird für die wissenschaftliche und medizinische Analyse von Materialien genutzt. Licht ist elektromagnetische Energie: je kleiner die Wellenlänge, desto größer die Energie.

Der Großteil des Universums ist **für unsere Augen unsichtbar: Moleküle, Atome und die nicht sichtbaren Frequenzen des EM-Spektrums**. Die Elektronen eines Atoms belegen verschiedene Energieniveaus – in Abständen zum Atomkern. Wenn Elektronen bestimmte Energiefrequenzen absorbieren, **werden sie angeregt, auf ein anderes Energieniveau zu wechseln**. Die umgebenden Elektronen jedes Elements, z. B. von **Wasserstoff, Helium oder Eisen**, brauchen bestimmte Frequenzen, um das Energieniveau wechseln zu können. Durch die Analyse des Lichts, das von entfernten Planeten und Sternen abgegeben wird, kann man daher bestimmen, woraus sie bestehen. Elemente und Moleküle **absorbieren Photonen, deren Energie der Differenz zwischen zwei Energieniveaus im betreffenden Atom entspricht**.

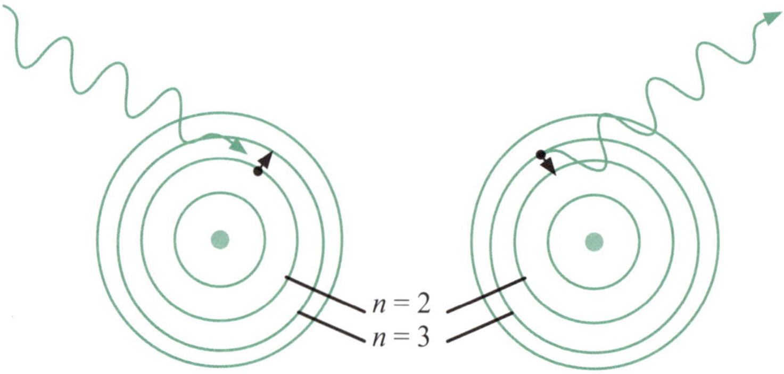

ABSORPTION **EMISSION**

ÄNDERUNGEN DER ENERGIENIVEAUS BERECHNEN

Energiedifferenz zwischen zwei Energieniveaus

Frequenz des abgegebenen Lichts

$$\Delta E = +h\nu$$

Planck-Konstante

ABSORPTIONSSPEKTRUM

Absorbiert ein Atom **ein Photon**, dessen Energie der Differenz zwischen zwei Energieniveaus entspricht, enthält das daraus entstehende reflektierte Spektrum **Absorptionslinien**.

EMISSIONSSPEKTRUM

Die Energie des einfallenden Lichts **kann die Elektronen nicht lange im angeregten Zustand halten**. Fällt das Elektron wieder auf das tiefere Energieniveau zurück, wird das Photon wieder emittiert.

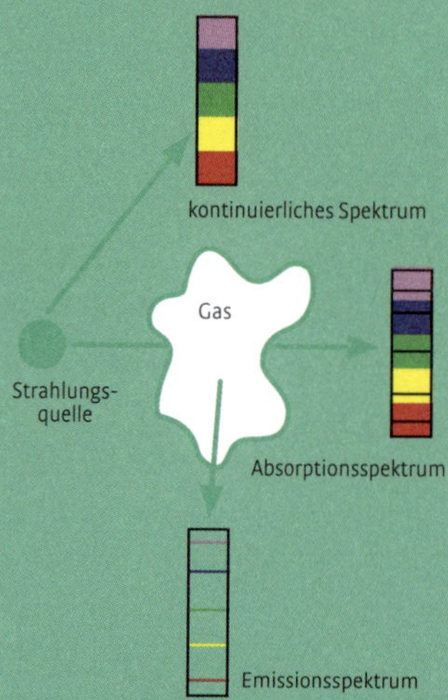

(EINIGE) ANWENDUNGEN

Die Spektrometrie wird eingesetzt, um astronomische Entfernungen und die Zusammensetzung von Sternen sowie der Atmosphäre der Erde und anderer Planeten zu bestimmen. Auch in der Medizin und Chemie wird sie in bildgebenden und anderen Analyseverfahren angewandt.

EXOPLANETEN

Exoplaneten sind Planeten, die um die Sterne anderer Sonnensysteme kreisen. Tausende Exoplaneten wurden bereits entdeckt, aber vermutlich gibt es noch Millionen weitere.

Einige der entdeckten Exoplaneten sind **erdähnlich**, manche sind **Gasriesen** wie der **Jupiter**. Der im Jahr 2004 entdeckte Exoplanet **Janssen (55 Cancri e)** ist extrem **heiß**. Seine Oberfläche besteht aus **Graphit**, sein Inneres aus **Diamant**.

NACHWEISMETHODEN

TRANSITMETHODE

Sie misst **zyklische Veränderungen des emittierten Lichts eines Sterns**. Nimmt die **Helligkeit** regelmäßig ab, wird der Stern von einem Exoplaneten umkreist.

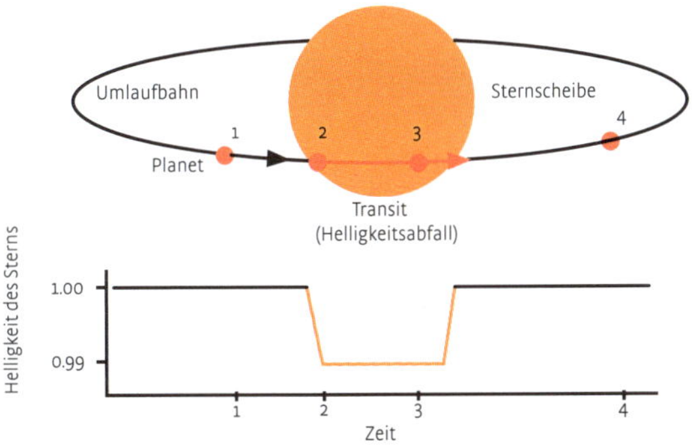

DOPPLER-SPEKTROSKOPIE

Die meisten Gravitationssysteme haben ein **Gravitationszentrum**, das sich nicht genau in der Mitte eines Sterns befindet. Ist die **Masse** eines Planeten im Vergleich zu seinem Stern groß genug, bringt sie den Stern ins Schlingern. Das kann als leichte **Doppler-Verschiebung** im emittierten Licht des Sterns beobachtet werden. (Siehe auch Schall und Akustik, Seite 36.)

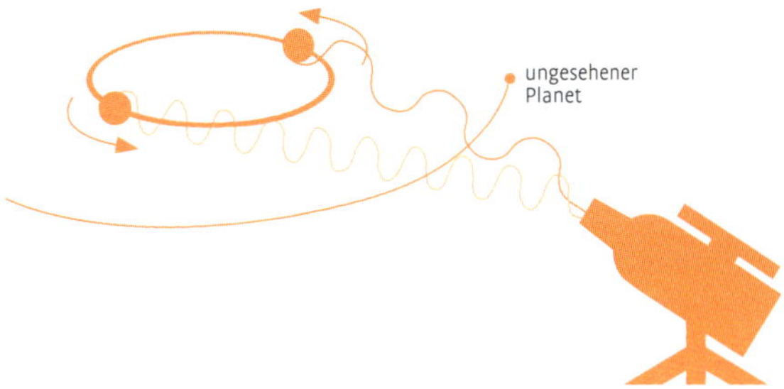

PHYSIK

DIREKTE BEOBACHTUNG

Bei dieser Methode wird der Exoplanet **direkt** durch **Teleskope** und **fotografische Geräte beobachtet**. Damit können jedoch nur relativ **nahe Exoplaneten** aufgespürt werden. Außerdem kann der schwächer sichtbare Planet in der Helligkeit des Sterns verschwinden.

MIKROLINSENEFFEKT

Kleinere Exoplaneten können mithilfe des **Mikrolinseneffekts** gefunden werden. Diese Methode basiert auf **Einsteins allgemeiner Relativitätstheorie**, die besagt, dass ein Objekt die **Raumzeit krümmt** und damit den Weg, auf dem sich Photonen bewegen. Bei der Mikrolinsenmethode wird die Krümmung der Raumzeit gemessen, um die Masse von Objekten zu ermitteln.

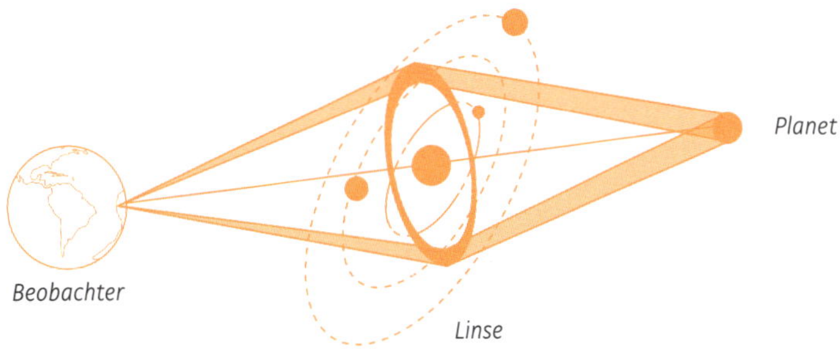

METEORE, ASTEROIDEN UND KOMETEN

Kleine Objekte im Sonnensystem, etwa Kometen, Asteroiden und Meteore, bestehen aus Materialien, die uns eine ganze Menge über die Frühzeit des Universums verraten.

METEORE

Meteore sind kleine **Festkörper** aus dem **Weltraum**, oft Überbleibsel von Kometen. Beim Eintritt dieser Objekte in die Atmosphäre eines Planeten, etwa in jene der **Erde**, entsteht **Reibung** und die Gesteinsteilchen **leuchten als Sternschnuppen auf**.

ASTEROIDEN

Asteroiden sind **Gesteinskörper** in allen Formen und Größen, die **um die Sonne kreisen**. Man fand Asteroiden zwischen den Umlaufbahnen von **Mars** und **Jupiter** sowie auf exzentrischen (sehr ovalen) Umlaufbahnen überall in unserem Sonnensystem. Die meisten bekannten Asteroiden befinden sich im **Asteroidengürtel** zwischen **Mars** und **Jupiter**, aber sie sind weit verteilt. Ungefähr 1,1–1,9 Millionen Asteroiden mit einem Durchmesser von über einem Kilometer sind bekannt und es gibt Millionen kleinere Exemplare.

DER KUIPERGÜRTEL

Der **Kuipergürtel** ist eine zirkumstellare Scheibe, das heißt, er bewegt sich um einen Stern (unsere Sonne). Er befindet sich am äußeren Rand unseres Sonnensystems und reicht vom **Neptun** bis zu einer Entfernung von **50 astronomischen Einheiten (AE)** zur Sonne. Eine AE misst 150 Millionen Kilometer. Der Kuipergürtel ähnelt dem **Mars-Jupiter-Asteroidengürtel**, ist aber 20-mal so breit und hat die 20- bis 200-fache Masse.

KOMETEN

Kometen sind Himmelskörper aus **Eis und Staub** auf **elliptischen Umlaufbahnen**. Wenn sie sich auf ihrer Bahn der **Sonne** nähern, erhitzen sie sich und erzeugen einen **„Schweif" aus Staub und Gas**, der von der Sonne wegströmt.

DER GROSSE KOMET

Der **große Komet von 1577** wurde von **Johannes Kepler** gesehen, als der spätere Astronom noch ein kleiner Junge war.

HALLEYSCHER KOMET

Der Halleysche Komet ist ein **periodischer Komet**, der etwa alle 75 Jahre wieder in Erdnähe kommt. Er hat eine **exzentrische** (**ovale**) **Umlaufbahn**, wie unten gezeigt. Sein nächstes Auftauchen wird 2061 erwartet.

großer Komet von 1577

Halleyscher Komet

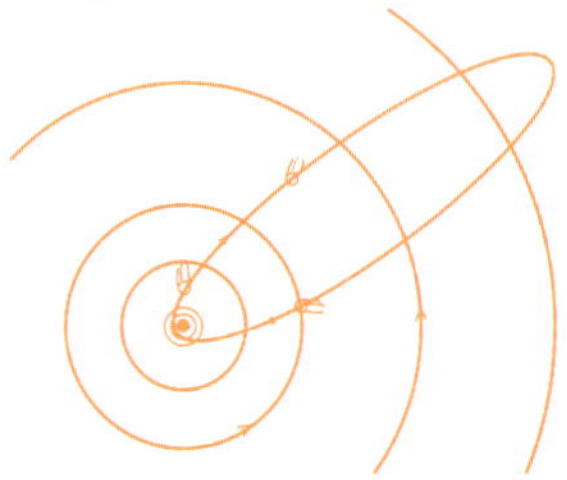

ROSETTA-MISSION

Bei der außergewöhnlichen **Rosetta-Mission** der **europäischen Weltraumorganisation ESA** landete 2014 eine Sonde auf dem **Kometen 67P/Tschurjumow–Gerassimenko**. Die Mission begann am 2. März 2004. Zuerst führte der Lander **Philae** Messungen auf der Oberfläche des Kometen durch. Rosetta und Philae sammelten mithilfe von **Spektrografen** wissenschaftliche Daten über den Kometen.

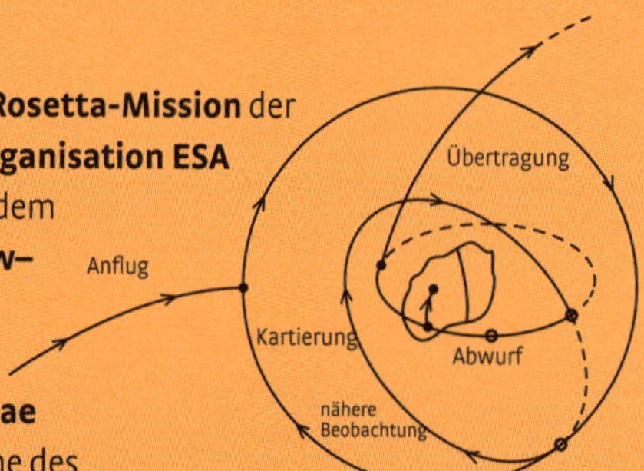

PULSARE UND JOCELYN BELL BURNELL

Jocelyn Bell Burnell ist eine Astrophysikerin und Mitentdeckerin des ersten Pulsars.

BELL BURNELLS RADIOTELESKOP-ARRAY

Im Jahr 1965 begann Bell Burnell mit ihrem Promotionsstudium in Cambridge. Ihr Betreuer war **Antony Hewish**. Sie half beim Bau eines **Radioteleskop-Arrays** auf einem Feld außerhalb der Stadt, um dort **Quasare** zu beobachten.

QUASARE

Quasare (**quasi-stellare Objekte**) sind massereich und weit entfernt. Von ihren beiden Polen geben sie **enorme hochfrequente Energiemengen** ab.

PULSARE

Pulsare sind hochmagnetische, sich drehende **Neutronensterne**. Sie rotieren sehr schnell und senden pulsierende **elektromagnetische Wellen** im **Hochfrequenzbereich** aus. Man kann diese Wellen nur messen, wenn die Pulsare auf unseren Beobachtungspunkt auf der Erde ausgerichtet sind.

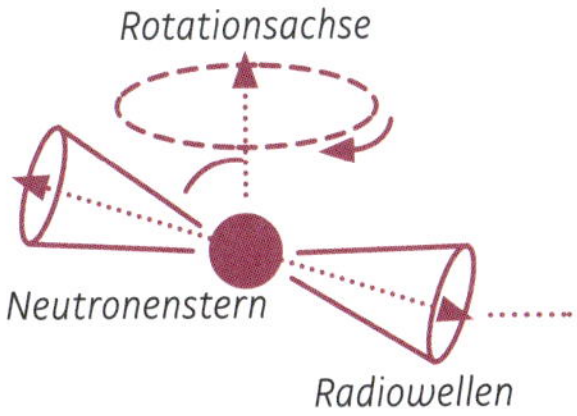

DIE SIGNALE DES PULSARS PSR B1919+21

Bell Burnell bemerkte **ungewöhnliche Änderungen** in den Signalen, die alle 1,337 Sekunden auftauchten. Hewish hielt sie für Störungen durch menschliche Quellen. Bell Burnell schloss das aber aus und erkannte, dass sie **eine neue Art von Himmelsobjekt** entdeckt hatte.

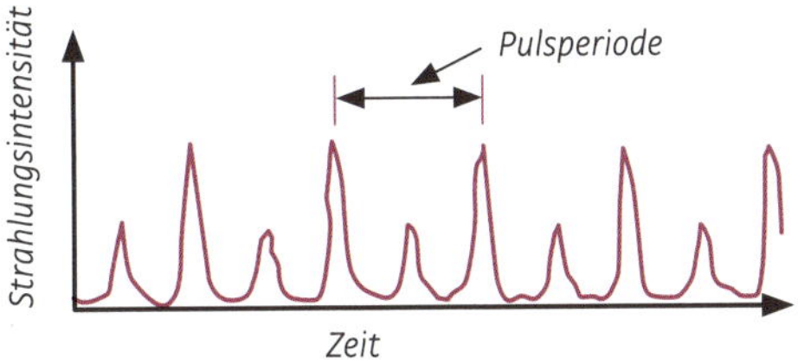

NOBELPREIS-KONTROVERSE

Im Jahr **1974** wurde der **Nobelpreis für Physik** für die Entdeckung der Pulsare vergeben. Allerdings befand sich Bell Burnell nicht unter den Preisträgern – nur ihr Doktorvater Hewish und **ein anderer männlicher Wissenschaftler**. Dieses Versäumnis wurde von vielen Astronomen kritisiert, da **Bell Burnell zwar nur eine Studentin war, aber als erste Person einen Pulsar beobachtet** und die fremden Signale analysiert hatte.

UNKNOWN PLEASURES VON JOY DIVISION

Der Designer **Peter Saville** kreierte aus Bell Burnells Daten eine grafische Darstellung der Pulse als Cover für das Album ***Unknown Pleasures*** der britischen Band **Joy Division**, das im Jahr 1979 erschien.

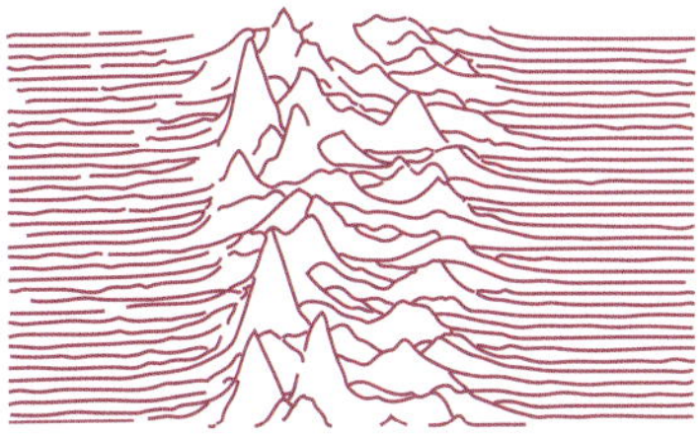

JÜNGSTE AUSZEICHNUNGEN

- 2002–2004: Präsidentin der Royal Astronomical Society.
- 2008–2010: Präsidentin des Institute of Physics.
- 2018: Verleihung des Breakthrough Prize in Fundamental Physics; **spendete die gesamten 2,3 Millionen Pfund, um Frauen, ethnischen Minderheiten und Flüchtlingen ein Physikstudium zu ermöglichen**.

PHYSIK

VERMESSUNG DES UNIVERSUMS

Wie vermessen Astronomen eigentlich das Universum? Woher wissen wir, dass es sich ausdehnt?

ASTRONOMISCHE EINHEIT

Sie bezeichnet den **durchschnittlichen Abstand zwischen Erde und Sonne**. Astronomen messen damit große Entfernungen. Eine AE misst 150 Millionen Kilometer.

PARALLAXE

Eine Parallaxe entsteht, wenn man **ein nahes Objekt von unterschiedlichen Positionen aus im Vergleich zu einem entfernten Objekt beobachtet**.

Von Position B aus gesehen scheint sich der Baum vor dem Berg (auf den der Pfeil zeigt) zu befinden.

Von Position A aus gesehen, scheint sich der Baum vor dem Berg (auf den der Pfeil zeigt) zu befinden.

Position A *Position B*

Mit der Parallaxe wird **die Distanz zu Sternen ermittelt**, indem man ihre Richtung im Abstand von 6 Monaten (und 300 Kilometern) von **gegenüberliegenden Positionen auf der Erdumlaufbahn** misst. Ein Stern, der 3,26 Lichtjahre entfernt ist, hätte einen **Parallaxenwinkel** von 1/3600 Grad. Die Parallaxe echter Sterne ist sogar noch geringer.

CEPHEIDEN UND STANDARDKERZEN

Cepheiden sind **leuchtkräftige, pulsationsveränderliche Sterne**. Sie sind **heller als die Sonne** und werden **zur Distanzmessung verwendet**.

Die amerikanische Astronomin **Henrietta Swan Leavitt** (1868–1912) katalogisierte 25 **Cepheiden** der **Magellanschen Wolke** (ein **Nebel**, der die **Milchstraße** umkreist). Da alle Cepheiden ungefähr den gleichen Abstand zur Erde aufwiesen, erkannte sie ein Muster: **Je heller sie waren, desto länger war ihre Pulsationsperiode**. Aufgrund dieser Eigenschaft verwendete Edwin Hubble die Cepheiden als „Standardkerzen" – Objekte mit vorhersehbarer Helligkeit – zur Messung von Entfernungen im Universum.

HUBBLE-KONSTANTE

Edwin Hubble beobachtete einen **Zusammenhang zwischen dem Abstand von Galaxien zur Erde und ihrer Geschwindigkeit**: Je weiter sie von uns entfernt sind, desto schneller bewegen sie sich. Mithilfe einer Konstante, die heute die **Hubble-Konstante** genannt wird, berechnete Hubble die **Expansionsrate des Universums**.

AUSDEHNUNG

Wir beobachten **die Expansion des Universums von unserer Position auf der Erde aus**, aber sie gilt **für jeden Beobachtungspunkt** im Universum, da sich der **Weltraum selbst ausdehnt**.

DOPPLER-VERSCHIEBUNG

Photonen von entfernten Sternen sind von der **Doppler-Verschiebung** betroffen. Bei einer Messung kann man folgendes beobachten:

- Das Licht der Sterne wird in das **untere Spektrum verschoben**. Die **Rotverschiebung** zeigt an, dass sich Sterne und Galaxien **von uns und voneinander entfernen**.
- Je größer die Entfernung der Galaxie, desto größer die **Verschiebung**.

PHYSIK

SCHWARZE LÖCHER

Ein schwarzes Loch verhält sich wie andere Objekte mit einer Masse – bis man den Ereignishorizont erreicht. Im Zentrum unserer Galaxie befindet sich ein schwarzes Loch, das von Sternen umkreist wird.

STERNENTWICKLUNG

- Hat der **Kern** eines Sterns weniger als die 1,4-fache Sonnenmasse, wird er zu einem **weißen Zwerg**.
- Zwischen 1,4 und 2,8 kollabiert er zu einem **Neutronenstern** mit nur 20 km Durchmesser.
- Bei mehr als 2,8-facher Masse entsteht ein **schwarzes Loch**.

SCHWARZE LÖCHER

- Die **Kernfusion** hört auf.
- Der Stern zieht sich unter der **Gravitation** zusammen. In diesem Stadium **leuchtet** er noch.
- Wenn die **Masse kollabiert**, **nimmt die Gravitation zu** und durch die verstärkte **Raum-Zeit-Krümmung kann das Licht nicht mehr entkommen**.
- Der **Ereignishorizont** ist eine Grenze, die das Licht nicht überqueren kann.
- Innerhalb des Ereignishorizonts **kollabieren** das schwarze Loch, **die Masse** und **das Licht zu einem Punkt ohne Volumen**.
- **Wechselwirkungen zwischen Teilchen** finden am Ereignishorizont eines schwarzen Lochs statt.

SCHWARZSCHILD-RADIUS

Wenn die **Masse eines Objekts** auf ein Volumen, auf seinen **Schwarzschild-Radius komprimiert** wird, kommt es zum **Gravitationskollaps**.

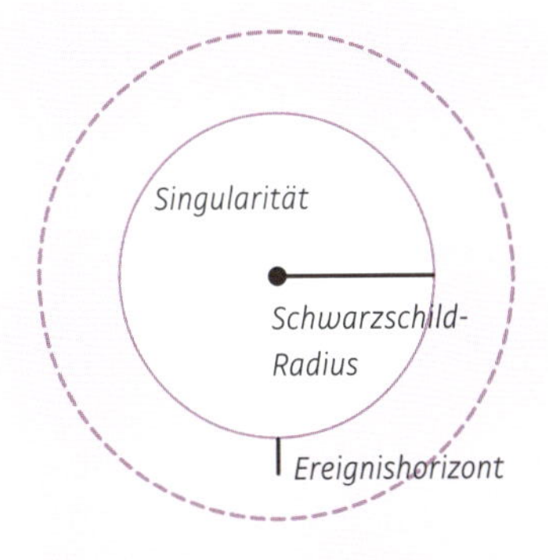

FLUCHTGESCHWINDIGKEIT

Die **benötigte Geschwindigkeit, um der Gravitation eines Objekts zu entkommen**. Die **Fluchtgeschwindigkeit eines schwarzen Lochs ist die Lichtgeschwindigkeit**.

BEOBACHTUNG

Cygnus X-1 ist ein heller Stern mit der 23-fachen Masse unserer Sonne. Man kann ihn am Ereignishorizont eines schwarzen Lochs beobachten.

RAUM-ZEIT-KRÜMMUNG

Alle massereichen Objekte **krümmen die Raumzeit** – ein extrem massereiches schwarzes Loch ganz besonders. **Am Ereignishorizont verläuft die Zeit langsamer**.

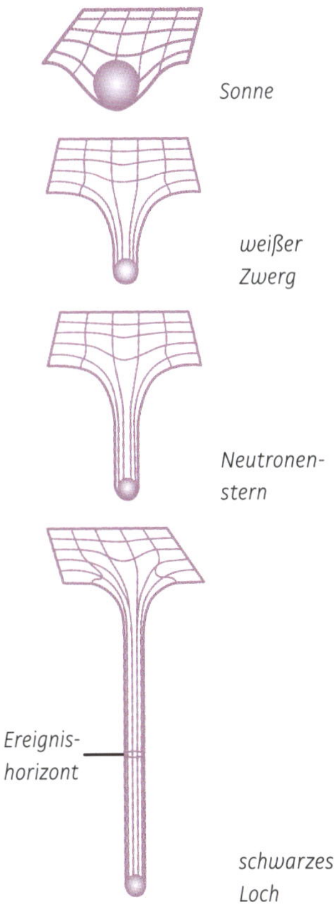

PHYSIK

STEPHEN HAWKING

Der britische Physiker **Stephen Hawking** (1942–2018) verband in seiner Arbeit zu den schwarzen Löchern die Konzepte der **Quantenmechanik**, der **allgemeinen Relativitätsheorie** und der **Thermodynamik**.

ZEITDILATATION

Zeitdilatation entsteht, wenn die Lichtgeschwindigkeit in allen Bezugssystemen konstant ist. Dieses Phänomen ist messbar. Je weiter sich ein Objekt dem Punkt c annähert, desto langsamer vergeht die Zeit.

- Wenn ein Raumschiff auf dem Mond mit 100 km/h unterwegs ist und eine Rakete mit 200 km/h abschießt, sieht ein Beobachter auf dem Mond die Rakete mit 300 km/h fliegen – mit der Summe beider Geschwindigkeiten.
- Schießt das Raumschiff aber einen Laser mit der Lichtgeschwindigkeit „*c*“ ab, kommt der Strahl dem Beobachter nicht um 100 km/h schneller vor, denn **Licht bewegt sich immer mit Lichtgeschwindigkeit**, und zwar in jedem Bezugssystem.

Zwei parallele Spiegel, A und B, befinden sich in einem Bezugssystem:

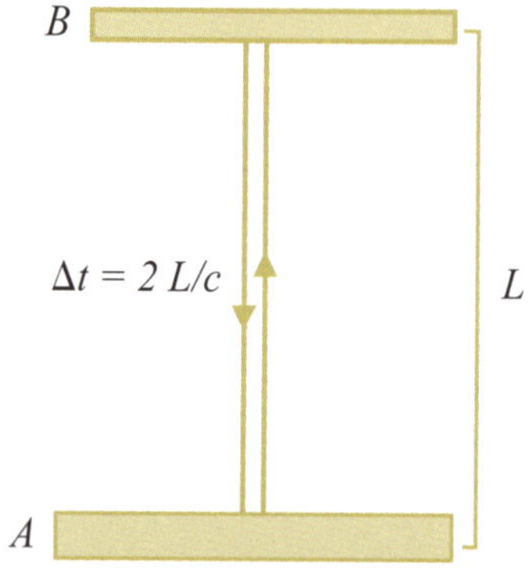

Ein stationärer Beobachter sieht, wie der Lichtstrahl von A ausgeht, vom Spiegel B reflektiert wird und dann zu Spiegel A zurückkehrt. Er hat eine Länge von $2L$ zurückgelegt. Die Veränderung der Zeit, Δa, wird als $2L/c$ gemessen.

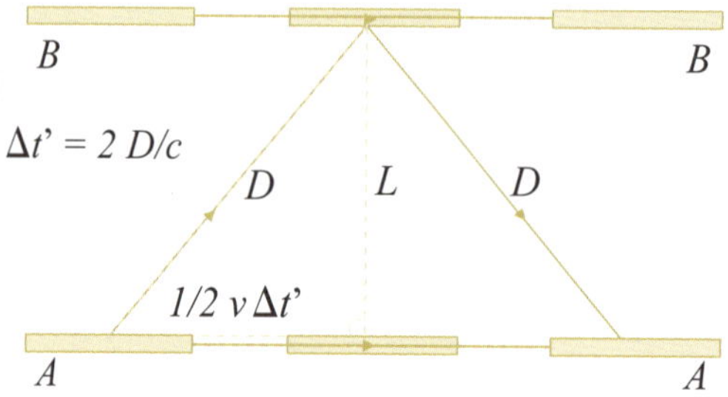

$$t' = \frac{t}{\sqrt{1 - \frac{v^2}{c^2}}}$$

t' = Veränderung der Zeit
t = Ruhezeit
v = Geschwindigkeit
c = Lichtgeschwindigkeit

Einsteins Formel für die Zeitdilatation

Licht (das sich von rechts nach links bewegt) verlässt A zur Zeit $t' = 0$, erreicht B zur Zeit $t' = D/c$ und wird zur Zeit $t' = 2D/c$ nach A reflektiert (t' ist hier eine andere Zeit als im ursprünglichen Experiment). Im bewegten Bezugssystem breitet sich das Licht weiter aus und es kommt zur **Zeitdilatation**, denn die **Lichtgeschwindigkeit in einem Vakuum ist immer gleich**. Je **weiter sich die Geschwindigkeit jener des Lichts annähert**, desto **langsamer wird die Zeit**. Die Konstanten bestimmen, was um sie herum geschieht.

Zeitdilatation

$$T_0 = \sqrt{1 - \frac{v^2}{c^2}}\, T$$

Längenkontraktion

$$L = \sqrt{1 - \frac{v^2}{c^2}}\, L_0$$

relativistische Massenzunahme

$$m\,(v) = \sqrt{1 - \frac{v^2}{c^2}}\, m_0$$

ZWILLINGSPARADOXON

Ein Zwilling reist mit einer Rakete, der andere bleibt auf der Erde. Der erste Zwilling bewegt sich fast mit Lichtgeschwindigkeit durchs All und kehrt zur Erde zurück. **Gemäß der relativistischen Definition von Raum und Zeit** müsste er nun **jünger** sein als der Zwilling auf der Erde.

KOSMISCHE HINTERGRUNDSTRAHLUNG

Jedes Objekt über dem absoluten Nullpunkt strahlt elektromagnetische Wellen in Form von Wärme aus. Die Temperatur des Weltalls liegt knapp über dem absoluten Nullpunkt (bei ca. 2,7 Kelvin) und strahlt Wärme aus. Das ist die kosmische Mikrowellenhintergrundstrahlung (CMB).

- Im Jahr 1927 vermutete der belgische Astronom **Georges Lemaître**, dass das **Universum in seiner Anfangszeit** heiß und dicht war und erst **mit der Zeit abkühlte**.
- Im Jahr 1964 **wurde Mikrowellenstrahlung im Weltall gemessen**. Die **kosmische Hintergrundstrahlung** ist die **verbleibende Strahlung aus dem Urknall**.

COBE

Der **COBE-Satellit** wurde 1989 in Umlauf gebracht, um die **kosmische Hintergrundstrahlung** zu messen. Im Jahr 1992 wurden **geringe Abweichungen in der Temperatur** der kosmischen Hintergrundstrahlung nachgewiesen. Diese feinen Veränderungen der CMB deuteten auf **„Quantenfluktuationen“** hin – **virtuelle Teilchen im Vakuum des Weltalls**.

WMAP

Die Raumsonde **Wilkinson Microwave Anisotropy Probe** (WMAP) wurde 2001 von der **NASA** in Umlauf gebracht. Sie maß **Veränderungen in der CMB und der Zusammensetzung des Universums**, das aus Folgendem besteht:

- 5 Prozent Atome
- 27 Prozent Materie, die über die Gravitation wirkt, aber kein Licht aussendet (**dunkle Materie**)
- 68 Prozent Energie, die **das Universum auseinanderdrückt** (**dunkle Energie**).

ALTES LICHT

Das Licht von entfernten Sternen und Galaxien ist **sehr alt** und hat bereits **immense Entfernungen zurückgelegt**. Wir **können nicht beobachten, was in entfernten Gebieten des Weltalls „gerade jetzt“ geschieht**, sondern nur so weit wie es dauert, bis uns das Licht erreicht. Das Licht der **Andromedagalaxie** ist 2,5 Millionen Jahre alt. Die kosmische Hintergrundstrahlung wurde erstmals vor 13,7 Milliarden Jahren ausgesendet – **lange bevor es Sterne und Galaxien gab**.

CMB IM FERNSEHEN

Die CMB ist der thermische Überrest des Urknalls. Die Frequenz der Hintergrundstrahlung kann mit einem alten Röhrenfernseher empfangen werden, sodass man auf den „Zwischenkanälen“ (das „weiße Rauschen“) sieht. Auch atmosphärische Quellen tragen zu diesem Rauschen bei.

QUANTENSCHAUM

Im Jahr 2012 beobachteten Astronomen – dank des Gravitationslinseneffekts eines galaktischen Superhaufens – die von den Hubble- und Spitzer-Weltraumteleskopen entdeckte Galaxie MACS0647-JD, eine massereiche Struktur aus Milliarden von Galaxien.

- MACS0647-JD ist die **fernste Galaxie, die gegenwärtig beobachtet wird:** 13,3 Milliarden Lichtjahre entfernt.
- Sie **wirkt sehr jung und klein**, weil ihr **Licht so alt ist**.
- Die **Sterne in dieser Galaxie** haben **ihren Brennstoff bereits verbraucht**.
- Der Gravitationslinseneffekt des galaktischen Superhaufens zeigt **Strukturen, die Filamenten ähneln**, und die von **Galaxiengruppen** gebildet wurden.

KOSMISCHES NETZ

Damit wird die **enorme Struktur des Universums** bezeichnet. Man vermutet, dass sie von **dunkler Materie** erzeugt wird. **Staubwolken**, **Teilchen**, **Überbleibsel von Supernovae** sowie **Sterne** bilden **Filamente aus Materie**, die die **Galaxien** des Universums miteinander **verbinden**. Dieses kosmische Netz besteht aus Milliarden und Abermilliarden von Galaxien.

PHYSIK

DER HORIZONT DES UNIVERSUMS

- Der **Rand** des von der Erde aus **beobachtbaren Universums**.
- Die Sterne und Galaxien an diesem Rand sind **unerreichbar**.
- Das **Licht jenseits dieses Rands** wird uns **nie erreichen**.

GRAVITATIONSWELLEN

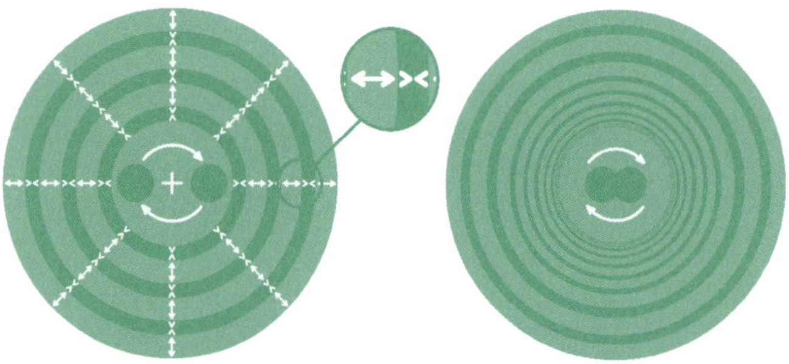

QUANTENSCHAUM

Der **Quantenmechanik** zufolge können **virtuelle Teilchen** als kurze **Fluktuationen in der Raumzeit** existieren – aufgrund des **Casimir-Effekts**. Das **Vakuum des Weltalls ist voller virtueller Teilchen**.

NACHWEIS VON GRAVITATIONSWELLEN

Bereits **Einstein** vermutete schon 1916 ihre Existenz: Gravitationswellen sind **Krümmungen der „Raumzeit"**, verursacht durch **große bewegte Massen**. Das **LIGO-Observatorium** entdeckte die **kosmischen Gravitationswellen** durch Messung der **Wellen**, die bei der Verschmelzung von **schwarzen Löchern** entstanden. Die LIGO-Astronomen erhielten dafür **2017 den Nobelpreis**.

Das LIGO-Interferometer spürt durch die Messung geringer Veränderungen seiner Reflexionsspiegel **Krümmungen der Raumzeit auf**.

DER URKNALL

Der Urknall geschah vor 13,8 Milliarden Jahren.

EXPANSION DES UNIVERSUMS

Auf einer Kugeloberfläche gibt es keinen Mittelpunkt. Auch im **Universum gibt es kein Zentrum**; **alle Punkte entfernen sich voneinander weg**. Das ist schwer zu begreifen, denn wir beobachten und messen das Universum immer von einem fixen Punkt aus – von der Erde.

DIE GESCHICHTE DES UNIVERSUMS

ÄRA	ZEIT	TEMPERATUR in Kelvin	BEDINGUNGEN
Planck-Ära	10^{-43} Sekunden nach dem Urknall		Elektromagnetismus, Gravitation und die starke und schwache Wechselwirkung sind zu einer Kraft vereint.
GUT-Ära (Grand Unified Theory)	10^{-43} bis 10^{-38} Sekunden nach dem Urknall		Die Gravitation entwickelt sich zu einer separaten Kraft. Große Energiemengen werden freigesetzt. Der Weltraum expandiert von der Größe eines Atoms zu jener eines Sonnensystems.
elektroschwache Ära	10^{-10} Sekunden nach dem Urknall		Die starke Wechselwirkung zwischen Gluonen und Quarks wird zu einer eigenen Kraft. Elektromagnetismus und Kernkraft sind noch vereint. Es entstehen subatomare Teilchen und Photonen.
Teilchen-Ära	0,001 Sekunde (eine Millisekunde)	Das Universum dehnt sich aus und kühlt auf 10^{12} K ab.	Teilchen bilden sich. Die vier Grundkräfte sind nun separate Kräfte. Materie und Antimaterie bilden sich aus Photonen und werden wieder zu Photonen.
Ära der Nukleosynthese	0,001 Sekunden bis 3 Minuten	10^{9} K	Durch Kernfusion bilden sich Atome. Schwerere Elemente entstehen: 75 Prozent Wasserstoff, 25 Prozent Helium. Es gibt Neutrinos, Protonen, Neutronen, Elektronen. Wenig Antimaterie.
Ära der Atomkerne	3 Sekunden bis 500.000 Jahre	kühlt schließlich auf 3000 K ab	Das Universe ist ein Plasma aus Teilchen mit freien Elektronen. Die Photonen entkoppeln sich von der Materie; Licht breitet sich im Weltraum aus. Dieses Licht ist die kosmische Hintergrundstrahlung.
Ära der Atome	500.000 bis 1 Milliarde Jahre	kühlt von 3000 K auf 2,73 K ab	Die ersten Sterne entstehen. Elektronen verbinden sich mit Atomkernen und bilden Atome.
Ära der Galaxien	bis heute	2,73 K	Es bilden sich weitere Strukturen. Galaxien entstehen und entwickeln sich.

CP-VERLETZUNG

Die CP- (Charge-Parity-/Ladungs-Paritäts-) Verletzung ist eine Verletzung der CP-Invarianz, wobei die C-Invarianz die Ladungssymmetrie bezeichnet und P für die Paritätssymmetrie steht. Die Verletzung entsteht aus der Tatsache, dass es im Universum mehr Materie als Antimaterie gibt.

TEILCHEN UND ANTITEILCHEN

Zu jedem Teilchen gibt es ein Antiteilchen. Manche **sind ihre eigenen Antiteilchen**, z. B. **Photonen** und **Higgs-Bosonen**. Alles **besteht aus Materie**. Kosmologen stellen sich die Frage, warum es **von einer Art der Materie mehr gibt als von der anderen**. **Antimaterie** ist in jeder Hinsicht **das Gegenteil von Materie** – man könnte sagen ihr Spiegelbild. Materie- und Antimaterieteilchen haben die **gleiche Masse, aber Ladung und Spin sind entgegengesetzt**. Laut den **Gesetzen der Physik** sollten diese **Eigenschaften erhalten bleiben**:

- **Ladungssymmetrie: Interaktionen** zwischen **Materie und Antimaterie** sind **gleich, auch bei entgegengesetzter Ladung**.
- **Paritätssymmetrie: Interaktionen** zwischen **Materie und Antimaterie werden von der „Händigkeit" des Teilchens** – der Richtung des Spins – **nicht beeinflusst**.
- **Zeitsymmetrie**: **Interaktionen** sind gleich und **unabhängig von der Richtung des Zeitverlaufs**.

Symmetrie

Grundlegende Symmetrietransformation

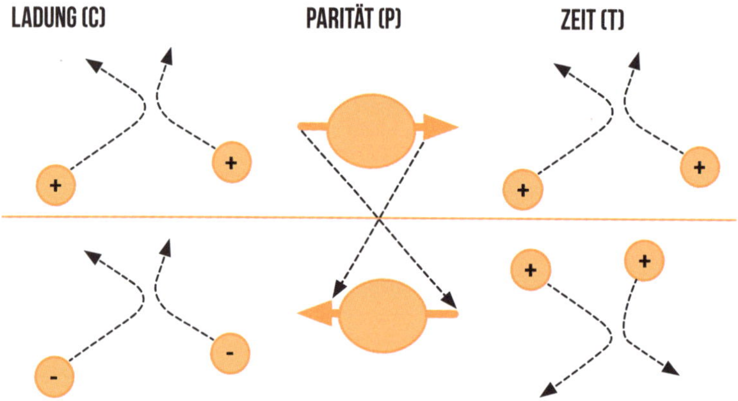

Verletzung der einzelnen Symmetrien
Ergebnis aller drei – „CPT-Symmetrien" – bleibt erhalten

CP-VERLETZUNG

Eine subtile, **unbekannte Asymmetrie zwischen Materie und Antimaterie** wird als Ursache für **das Ungleichgewicht zwischen Materie und Antimaterie im Universum vermutet**.

CPT- UND CP-SYMMETRIE

Wenn die **starke Wechselwirkung ein Paar Quarks aneinander bindet**, **wechseln sie** aufgrund der **schwachen Wechselwirkung** (Beta-Zerfall) **zwischen roter und blauer Farbladung**. Der Wechsel **von Blau zu Rot dauert länger** als **von Rot zu Blau** – das ist die **Verletzung der Zeitsymmetrie**. Außerdem läuft **die Zeit vorwärts, nicht rückwärts**.

DUNKLE ENERGIE UND DUNKLE MATERIE

Messungen zufolge bestehen nur fünf Prozent des Universums aus Atomen und Materie, die wir nachweisen können – das ist die baryonische Materie. Der Rest besteht aus einer geheimnisvollen Art von Materie und Energie. Sie geht keine Wechselwirkungen mit Photonen oder Materie ein, aber mit der Gravitation.

- 26,8 Prozent der gravitativen Materie **gibt kein Licht ab** (dunkle Materie).
- 68 Prozent besteht aus einer Kraft, die das **das Universum auseinanderdrückt** (dunkle Energie).

GRAVITATION

Beobachtungen von Galaxien und Galaxienhaufen haben ergeben, dass ihre **Masse und Gravitation nicht ausreichen, um solche Strukturen zu bilden. Etwas anderes muss für zusätzliche Gravitation sorgen.**

DUNKLE MATERIE

Dunkle Materie **liefert die zusätzliche Gravitation**, die Galaxien ihre Struktur verleiht. Man **kann sie nicht direkt beobachten**, aber man kann **ihre Auswirkungen mithilfe des Gravitationslinseneffekts** (Masse krümmt den Raum) **nachweisen**.

DUNKLE ENERGIE

So nennt man die **unbekannte Kraft**, die **das Universum ausdehnt**. Manchmal spricht man auch von **„Antigravitation"**.

ENERGIEVERTEILUNG IM UNIVERSUM

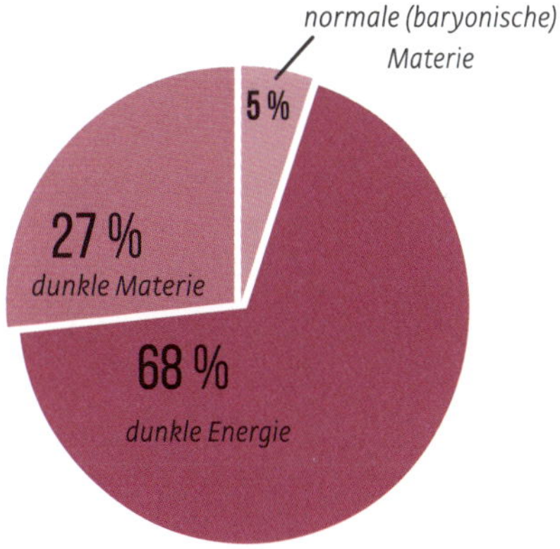

EXPANSION DES UNIVERSUMS

- Galaxien im Universum **bewegen sich voneinander weg**.
- Je **entfernter die Galaxie**, desto **größer die Rotverschiebung**.
- **Entferntere Galaxien beschleunigen schneller**.
- Astronomern glauben, dass **dunkle Materie und dunkle Energie** den **Urknall verursacht** haben und für die Struktur und Ausdehnung des Universums verantwortlich sind.

DUNKLE MATERIE – MÖGLICHE KANDIDATEN

- Dunkle Materie ist **keine Antimaterie und kein schwarzes Loch**.
- Sie ist **gleichmäßig im Universum verteilt** und es gibt viel davon.
- Man vermutet, dass dunkle Materie möglicherweise aus **WIMPS (weakly interacting massive particles)** besteht. Diese Teilchen wechselwirken schwach untereinander und mit der **baryonischen Materie**. Falls sie **existieren**, besitzen sie eine **große Masse**.
- Sie erscheinen auch in anderen **Theorien, die Quantenphysik und Gravitation vereinen**.

MYSTERIEN (MULTIVERSUM, SUPERSYMMETRIE UND STRINGTHEORIE)

Es gibt noch vieles, was wir über das Universum nicht wissen.

SUPERSYMMETRIE

Bei der hypothetischen Supersymmetrie **werden Kraft und Materie in einer Formel gleichgestellt**. Das **Standardmodell** bietet viele Erklärungen, ist jedoch **noch unvollständig**. Die Supersymmetrie könnte das Standardmodell ergänzen.

GUT: Grand Unified Theory (große vereinheitlichte Theorie)

TOE: Theory of Everything („Theorie von Allem", die Weltformel)

VERBINDENDE KRÄFTE

- Bei **sehr hoher Energie** nähern sich die Kräfte der Natur einander an.
- Die Entdeckung des **Higgs-Boson** zeigte, dass die **elektromagnetische und die schwache Wechselwirkung zwei Aspekte einer elektroschwachen Wechselwirkung sind**.
- Eine **GUT** muss beschreiben, **wie die elektroschwache und die starke Wechselwirkung vereinigt werden können**.
- Vielleicht sind alle vier Grundkräfte nur **unterschiedliche Manifestationen einer einzelnen, alles umfassenden Kraft**.

QUANTENGRAVITATION

Gegenwärtig wird die Gravitation als **geometrische Theorie des Raums** betrachtet. Ihre Wirkung auf **Quantenebene** fehlt aber noch im **Standardmodell**. Das noch unbewiesene **Graviton** soll ihr **Kraftträger** sein.

GUT- UND TOE-ENERGIEDIAGRAMM

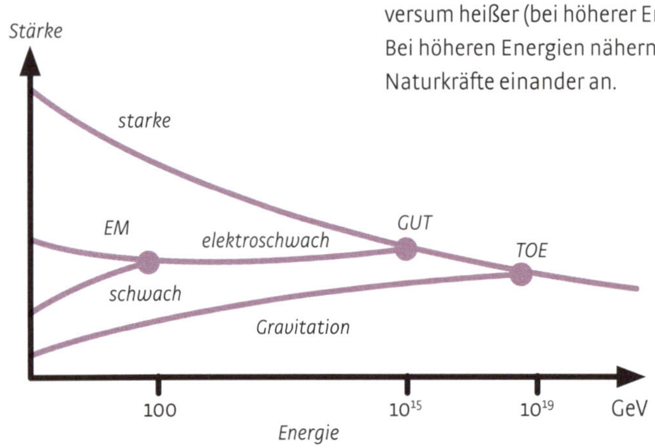

In der Vergangenheit war das Universum heißer (bei höherer Energie). Bei höheren Energien nähern sich die Naturkräfte einander an.

MODIFIZIERTE THEORIE DER GRAVITATION

Einsteins Theorien erklären die kosmologischen Phänomene recht genau, aber die **Expansion des Universums und die dunkle Energie sind noch ein Rätsel**. Manche Astronomen glauben, dass **die allgemeine Relativitätstheorie einiger kleiner Veränderungen bedarf**.

MULTIVERSUM

Die **Viele-Welten-Interpretation der Quantenmechanik** vermutet, dass beim **Kollaps der Wellenfunktion mehrere Welten gebildet werden**.

STRINGTHEORIE

Diese Theorie ist unbeweisbar, aber sie ist ein **Versuch, alle Naturkräfte zu vereinen**. Sie besagt, dass die **Realität aus Schwingungen – genannt Strings – besteht**.

DAS PERIODENSYSTEM

Das Periodensystem ist eine Darstellung aller derzeit bekannten chemischen Elemente und ihrer Ordnungszahlen, Elektronenkonfigurationen und chemischen Eigenschaften.

- Die **Ordnungszahl** ist die **Anzahl der Protonen** im **Atomkern**.
- Sie gibt auch die **Anzahl der Elektronen** in einem **Atom** an, da diese der Anzahl der Protonen entspricht.
- Die **Atommasse** gibt die **Summe der Protonen und Neutronen** an.
- Die Elemente werden durch ein **Elementsymbol** dargestellt.

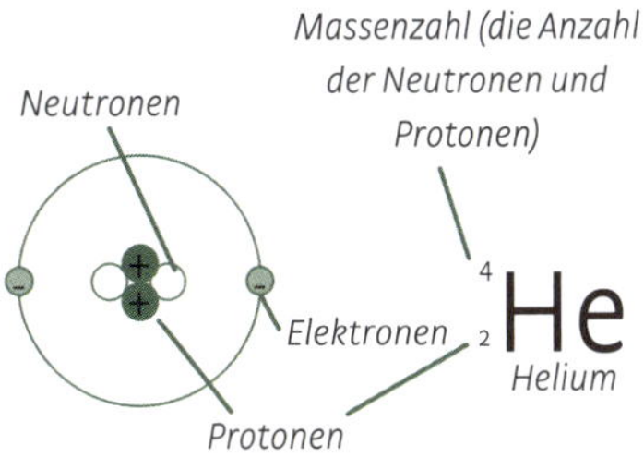

DIE ELEKTRONENHÜLLE

Elektronen sind um den **Atomkern** in **Orbitalen** angeordnet. **Schrödingers Wellengleichung** besagt, dass die **Position eines Elektrons** mittels einer **probabilistischen Gleichung** bestimmt werden kann. Die Wellenfunktion sagt uns, wo sich Elektronen befinden *könnten* und wie sie den Kern **„besetzen“**. Man kann sich Elektronen als **„stehende Wellen“** vorstellen (siehe auch Schall und Akustik, Seite 36).

DAS AUFBAUPRINZIP

Die **Orbitale**, in denen sich Elektronen anordnen, werden mit s, p, d und f bezeichnet. Das Aufbauprinzip sagt uns **die Reihenfolge, in der die Orbitale besetzt werden**, beginnend bei 1s (wo nur zwei Elektronen Platz finden) und weiter: 2s, 2p, 3s, 3p, 4s ...

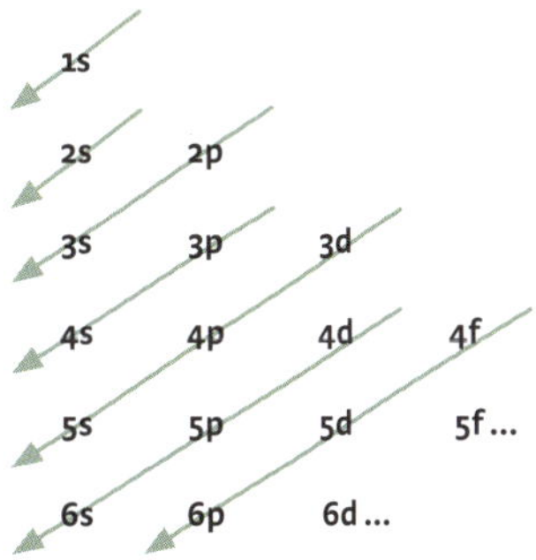

Valenzelektronen besetzen die äußersten Elektronenhüllen des Atoms und beteiligen sich an **chemischen Reaktionen**.

AUFBAU DES PERIODENSYSTEMS

- Die **senkrechten Gruppen** des Periodensystems geben **die Anzahl der Valenzelektronen jedes Elements** an. Die Elemente der 1. Hauptgruppe haben eines, jene der 2. Hauptgruppe zwei usw.
- Die s-Orbitale werden zuerst besetzt, dann p usw. Die Tabelle zeigt, **wie die Orbitale besetzt werden**.
- Die **Ordnungszahlen** sind von links nach rechts angeordnet.
- Die **Edelgase** der 8. Hauptgruppe **haben eine voll besetzte Außenhülle von acht Elektronen**. Sie sind **chemisch inert**.

Nichtmetalle
Alkalimetalle
Erdalkalimetalle
Übergangsmetalle
Metalle
Halbmetalle
Halogene
Edelgase
Lanthanoide
Actinoide

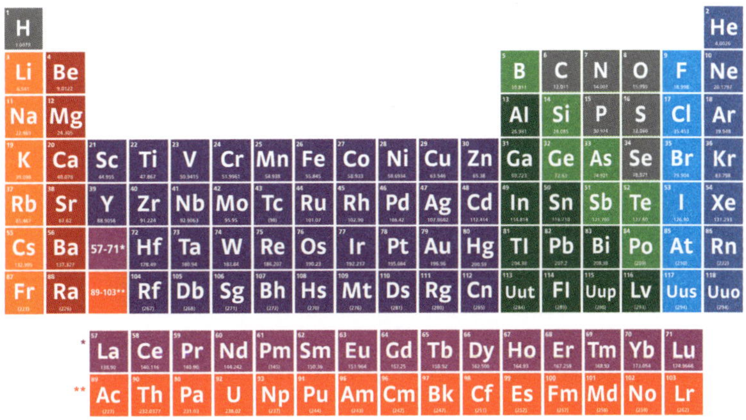

CHEMIE

KOHLENSTOFFDATIERUNG

Die Radiokarbonmethode wird in vielen verschiedenen Analysebereichen zur Altersbestimmung verwendet.

RADIOAKTIVITÄT entsteht, wenn ein radioaktiver Atomkern **spontan Strahlung aussendet**.

ISOTOPE

Die Atomkerne mancher Elemente enthalten eine unterschiedliche Anzahl von Neutronen. **Isotope** sind jene Atome eines Elements, die unterschiedlich viele Neutronen enthalten, was sie schwerer oder leichter machen kann. Die **Atommasse** gibt den durchschnittlichen Wert dieser Massen an. Darum beträgt die Atommasse von C 12,011 und es gibt die Kohlenstoff-Isotope C12, C13 und C14.

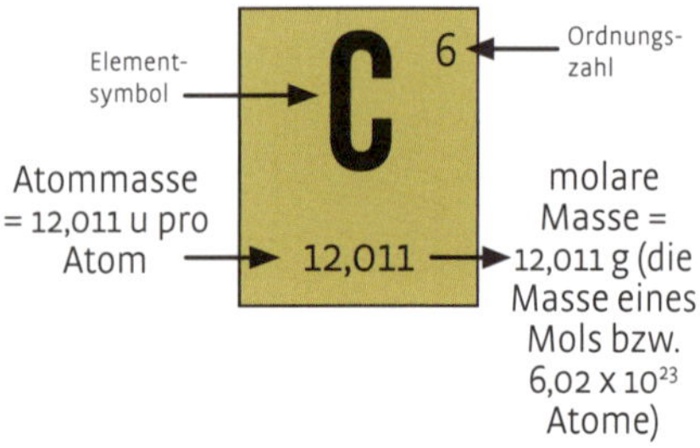

WASSERSTOFF-ISOTOPE

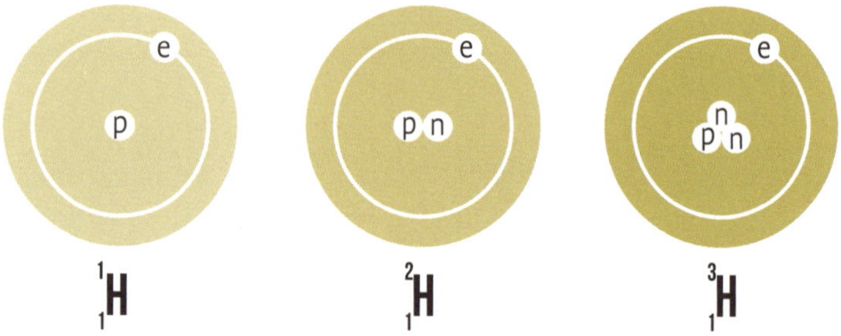

Wasserstoff *Deuterium* *Tritium*

HALBWERTSZEIT

Radionuklide haben eine eigene **Zerfallsrate**. Die **Halbwertszeit** ist die Zeitspanne, nach der die Hälfte der Radionuklide einer Ausgangsmenge zerfallen sind.

ZERFALLSKURVE

Eine Zerfallskurve zeigt die **Zerfallsrate eines Nuklids** – hier am Beispiel von **Tritium**:

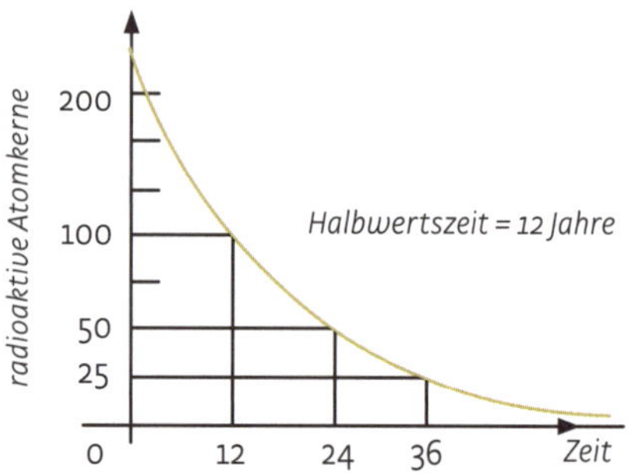

KOHLENSTOFF C14

In allen **Lebewesen** kommt eine kleine Menge des **Radionuklids C14** vor. Der Prozentsatz von C14 bleibt in einem lebenden Organismus **konstant**, da er durch Essen und Atmen ständig ersetzt wird. Stirbt ein Organismus, wird das **C14 nicht mehr ersetzt** und der Organismus beginnt zu **zerfallen**. Aus der Menge des verbleibenden C14 können Wissenschaftler berechnen, wann der Organismus starb.

INTRAMOLEKULARE KRÄFTE

Intramolekulare Kräfte sind die Wechselwirkungen zwischen Atomen, die sich zu Molekülen verbinden. Diese Bindungen entstehen durch den Elektronenaustausch zwischen Atomen oder durch überlappende Orbitale.

Elektronen sind Quantenobjekte, die als probabilistische Überlagerungen von Wellenfunktionen existieren.

Die **Lewis-Struktur** ist ein **Diagramm** zur Darstellung der **Bindungen in einem Molekül**. Einzelne (freie, nichtbindende) Elektronenpaare im Molekül sind als Punkte dargestellt. Als Beispiel wird hier die Lewis-Struktur von Ammoniak (NH_3) gezeigt:

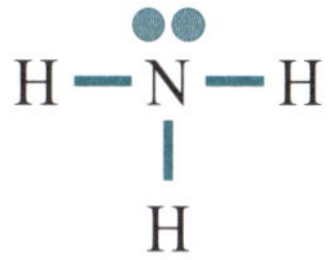

DIE OKTETTREGEL

In den meisten* Fällen ist ein Atom **stabiler**, wenn seine Außenschale mit **acht Valenzelektronen besetzt** ist. Bei einer **kovalenten** oder **ionischen Bindung** wird idealerweise das gesamte Oktett aus acht Valenzelektronen gebildet.

Am Beispiel $\mathbf{H_2O}$ (unten) wird gezeigt, wie sich die Außenelektronen des Wasserstoffs mit den sechs Außenelektronen des Sauerstoffs verbinden: Das s-Orbital des Wasserstoffs bekommt zwei Elektronen, das p-Orbital des Sauerstoffs acht.

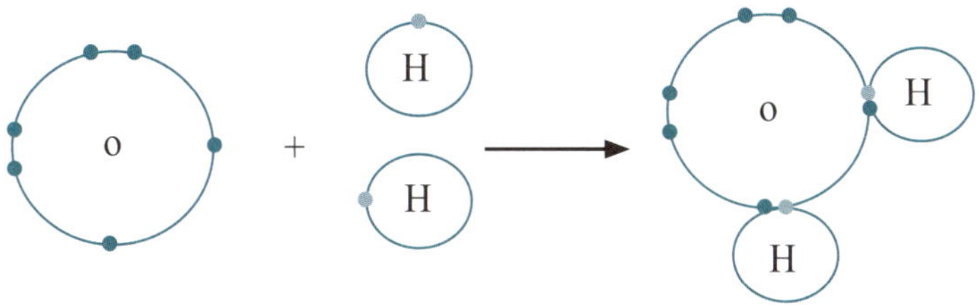

* s-Orbitale sind mit zwei Elektronen stabil; p-, d- und f-Orbitale mit acht.

Metallische Bindungen entstehen durch die **elektrostatische Anziehungskraft** zwischen **positiv geladenen Metallionen** und **freien Elektronen**, die sich unter dem Einfluss einer **Spannung** bewegen.

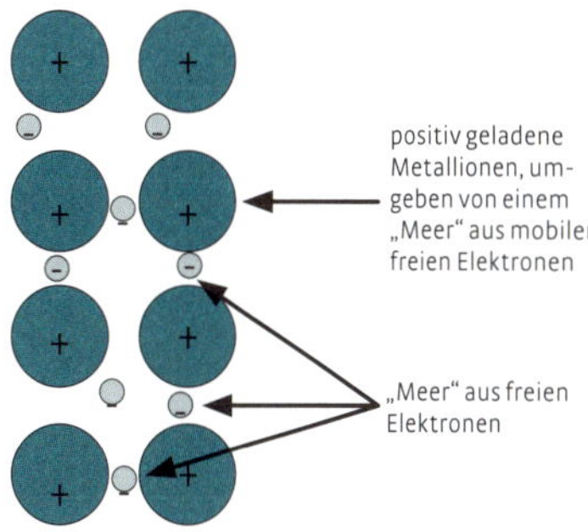

CHEMIE

Kovalente Bindungen entstehen durch die **Überlappung der Orbitale („Elektronenschalen")** und bilden bindende Elektronenpaare.

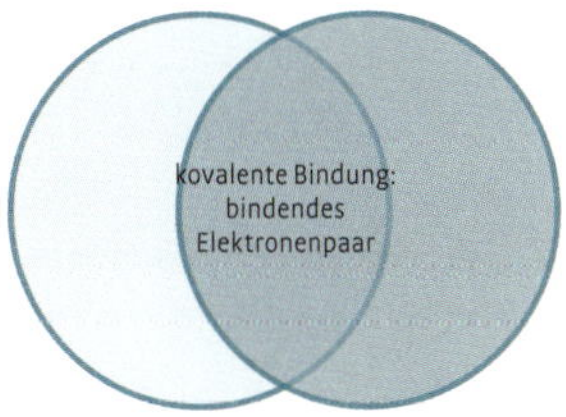

Ionische Bindungen entstehen aus der **elektrostatischen Wechselwirkung** zwischen positiv und negativ geladenen **Ionen**. Bei einer ionischen Bindung kommt es zu einem **Elektronentransfer** zwischen den Atomen.

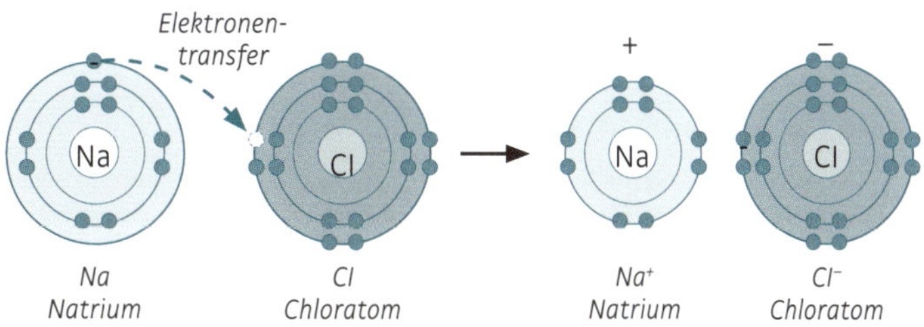

INTERMOLEKULARE KRÄFTE

Intermolekulare Kräfte (oder Bindungen) sind die Wechselwirkungen zwischen den Molekülen. Zu ihnen gehören die Kräfte der Anziehung und Abstoßung. Es gibt drei Arten dieser Kräfte:

1. Wasserstoffbrücken
2. Dipol-Dipol-Kräfte
3. Van-der-Waals-Kräfte

WASSERSTOFFBRÜCKEN

Das Wasserstoffatom ist winzig klein und kann aufgrund seiner **asymmetrischen Elektronenverteilung um ein Molekül** leicht positiv geladen sein und die Elektronen anderer polarer Moleküle anziehen. **Wasserstoffbrückenbindungen** sind der **Grund für die Wasserlöslichkeit vieler Substanzen** und für die im Vergleich zu Wasser geringere Dichte von Eis, die es **auf Wasser schwimmen lässt**.

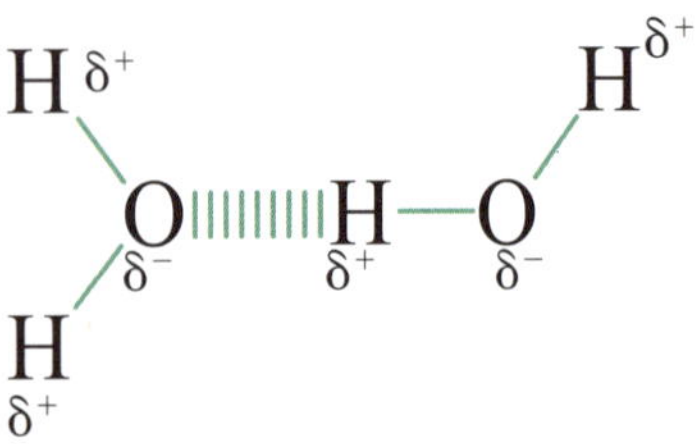

DIPOL-DIPOL-KRÄFTE

Sie entstehen durch eine **asymmetrische Elektronenverteilung in einem Molekül**. Zu ihnen gehören die Kräfte der Anziehung und Abstoßung.

- Ein **Chlorwasserstoff-Molekül** (HCl) ist um das H-Atom leicht positiv geladen, da die geteilten Elektronen des Moleküls von der **größeren Protonenanzahl** des Cl-Atoms **angezogen** werden.
- Die leicht positive Ladung der H-Seite des HCl zieht die leicht negative Ladung der Cl-Seite des Atoms an. Diese **Wechselwirkung** ist ein **Dipolmoment**.

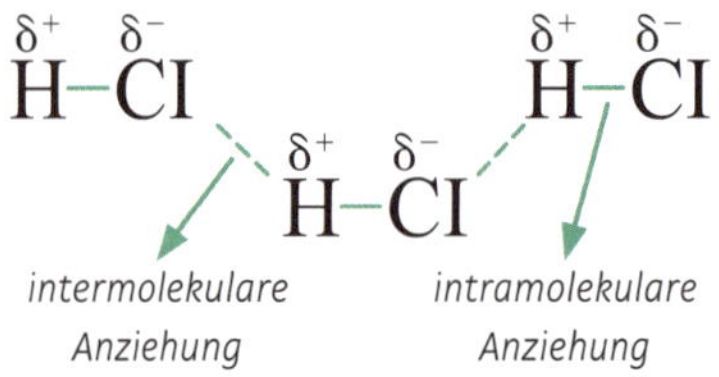

VAN-DER-WAALS-KRÄFTE

Diese entfernungsabhängigen Wechselwirkungen zwischen Atomen oder Molekülen entstehen durch die **Polarisierung eines Moleküls**. Sie sind eine Art Dipolmoment und eine **schwache Bindung**.

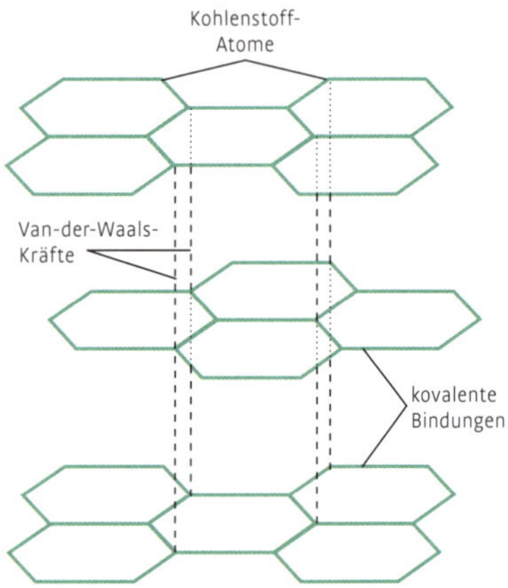

ALLOTROPIE

Eine **Allotropie** entsteht, wenn **Elemente in zwei oder mehr Strukturformen auftreten**. Dazu kommt es, weil die Atome mancher Elemente **verschiedene Arten von Bindungen eingehen** können. Es gibt zum Beispiel viele Allotrope des **Kohlenstoffs**:

ALLOTROPE DES KOHLENSTOFFS

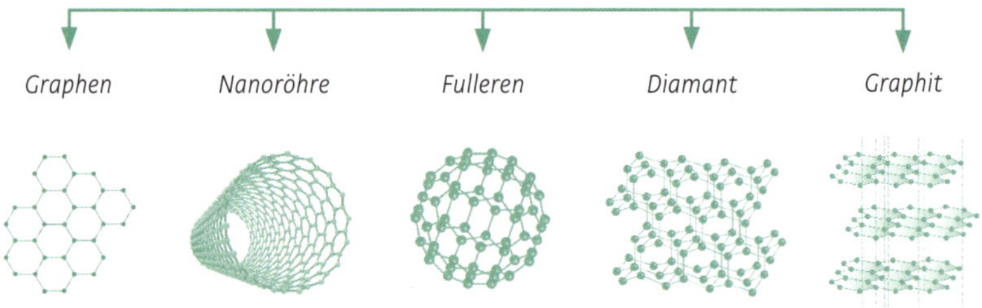

CHEMISCHE REAKTIONEN

Ohne chemische Reaktionen gäbe es kein Leben. Chemische Reaktionen finden statt, wenn die Bindungen zwischen Atomen aufgelöst oder verändert werden.

REAKTIONSGLEICHUNGEN

Reaktionsgleichungen sind eine Darstellung von **chemischen Reaktionen**. Bei ihrer Aufstellung gelten die vier folgenden Regeln:

1. Die **Reaktanten** sind die **Ausgangsstoffe einer Reaktion**; die **Produkte** sind die **entstehenden Stoffe**. Zuerst werden sie ausgeschrieben: Wasserstoff + Sauerstoff → Wasser
2. Dann werden **die Wörter durch die chemischen Formeln ersetzt**: $H_2 + O_2 \rightarrow H_2O$
3. **Beide Seiten ausgleichen**! Auf jeder Seite der Gleichung muss die **Anzahl** der Atome von Reaktanten und Produkten **gleich** sein: $2H_2 + O_2 \rightarrow 2H_2O$
4. Die **Aggregatzustände** der Reaktanten und Produkte angeben: $2H_2(g) + O_2(g) \rightarrow 2H_2O(l)$

AGGREGATZUSTÄNDE

- gasförmig (g, *gaseous*)
- flüssig (l, *liquid*)
- fest (s, *solid*)
- in Wasser gelöst (aq, *aqueous*)

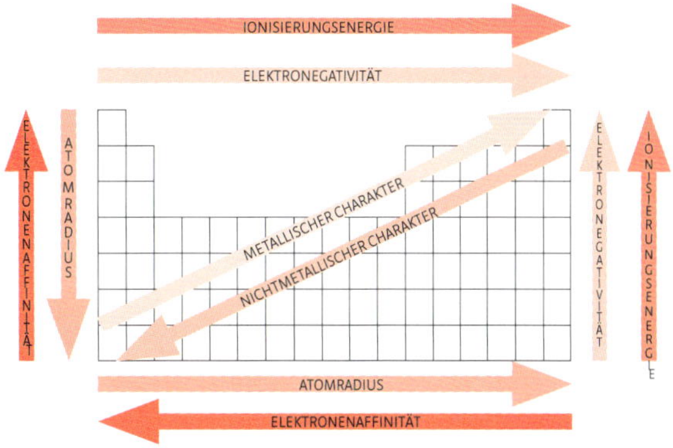

GRUNDBEGRIFFE – CHEMISCHE REAKTIONEN

- **Addition**: Zwei oder mehr Atome bilden ein einzelnes Molekül.
- **Dehydrierung**: Wasser wird entzogen.
- **Elektrolyse**: Eine Reaktion mit den Ionen in einer stromleitenden Flüssigkeit (Elektrolyt). Die Reaktion erfolgt an der Kathode und an der Anode.
- **endotherme Reaktion**: Wärme wird absorbiert.
- **exotherme Reaktion**: Wärme wird abgegeben.
- **Fällung**: Flüssigkeiten bilden einen Feststoff.
- **Fermentation**: Zucker zerfällt zu Alkohol und Kohlenstoffdioxid.
- **Hydrolyse**: Die Spaltung einer chemischen Verbindung durch Wasser.
- **Ionenassoziation**: Entgegengesetzt geladene Ionen bilden eine Einheit.
- **Ionisation**: Ein Vorgang, bei dem geladene Ionen entstehen.
- **Katalyse**: Katalysatoren beschleunigen eine Reaktion, ohne dabei verbraucht zu werden.
- **Oxidation**: Reaktion eines Stoffes mit Sauerstoff.
- **Polymerisation**: Moleküle verbinden sich zu einem langkettigen Molekül.
- **Redoxreaktion**: Wenn Oxidation und Reduktion stattfinden.
- **Reduktion**: Wenn Sauerstoff abgegeben wird.
- **reversible Reaktion**: Dabei reagieren Reaktanten zu Produkten, aber die Produkte können auch wieder zu Reaktanten reagieren.
- **Substitution**: Ein Atom/Molekül wird durch ein anderes ersetzt.
- **thermische Dissoziation**: Die umkehrbare Spaltung einer chemischen Verbindung durch Erhitzen.
- **Thermolyse**: Die unumkehrbare Spaltung einer chemischen Verbindung durch Erhitzen.
- **Veresterung**: Eine Reaktion zwischen einem Alkohol und einer organischen Säure, bei der ein Ester entsteht.

ORGANISCHE CHEMIE

Die organische Chemie beschäftigt sich mit der Erforschung der geometrischen Struktur, der Reaktivität sowie den physikalischen und chemischen Eigenschaften kohlenstoffbasierter (organischer) Moleküle.

LEBEN

Kohlenstoffverbindungen sind **die Grundlage des Lebens**.

KOHLENWASSERSTOFFE

Ein Kohlenstoffatom besitzt vier **Valenzelektronen** – die Außenhülle ist also halbgefüllt. Das gezeigte Beispiel ist **Methan**. Es hat **ein Kohlenstoffatom** in einer kovalenten Bindung mit **vier Wasserstoffatomen**.

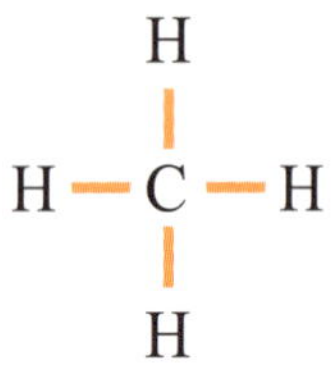

Kohlenstoffatome **können auch untereinander Bindungen eingehen**. Sie können mit anderen Kohlenstoffatomen **Einfach-**, **Doppel-** oder **Dreifachbindungen** bilden.

Einfachbindung

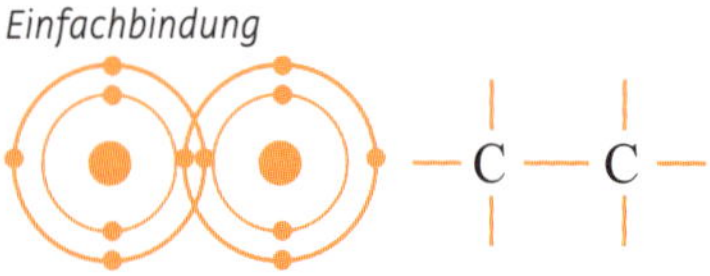

Doppelbindung

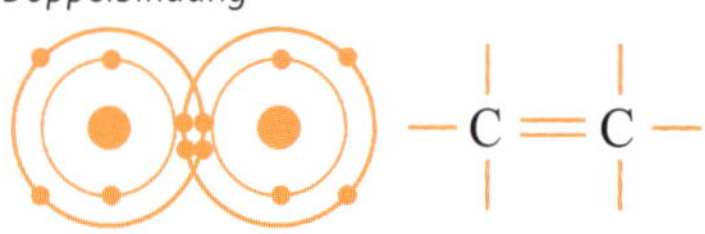

Dreifachbindung

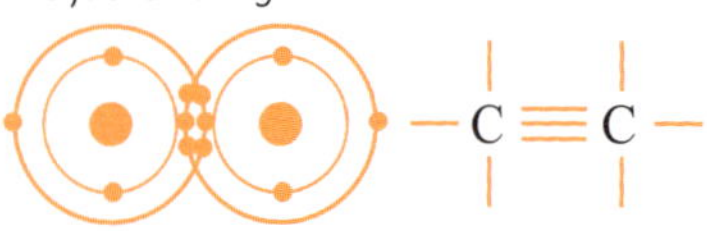

POLYMERE

Kohlenstoff geht leicht **Kohlenstoff-Kohlenstoff-Verbindungen** ein und bildet durch **Polymerisation lange Molekülketten**. Die langen Moleküle bezeichnet man als **Polymere**, ihre Bausteine als **Monomere**.

NAMENSBILDUNG BEI KOHLENWASSERSTOFFEN

Die Namen der Kohlenwasserstoffe **sagen aus, wie viele Kohlenstoffatome jede Verbindung besitzt und welcher funktionellen Gruppe sie angehören**.

Anzahl der Kohlenstoffatome	Vorsilbe	Summenformel	Name
1	Meth	CH_4	Methan
2	Eth	C_2H_6	Ethan
3	Prop	C_3H_8	Propan
4	But	C_4H_{10}	Butan
5	Pent	C_5H_{12}	Pentan
6	Hex	C_6H_{14}	Hexan
7	Hept	C_7H_{16}	Heptan
8	Oct	C_8H_{18}	Octan

FUNKTIONELLE GRUPPEN

Ähnliche Atome werden in funktionelle Gruppen eingeteilt, wodurch **Struktur und Reaktionsverhalten besser eingeschätzt** werden können. **Alkohole** bilden eine funktionelle Gruppe mit einer COH-Bindung.

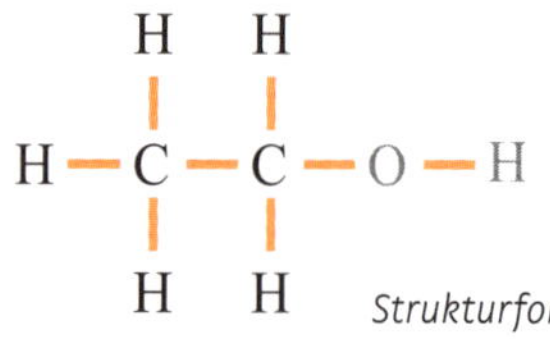

Strukturformel

C_2H_2OH *Summenformel*

Andere funktionelle Gruppen sind zum Beispiel die **Alkene** (mit einer Doppelbindung), die **Alkine** (mit einer Dreifachbindung) und die **Amine** (mit einer funktionellen Gruppe C–NH_2), wie hier gezeigt:

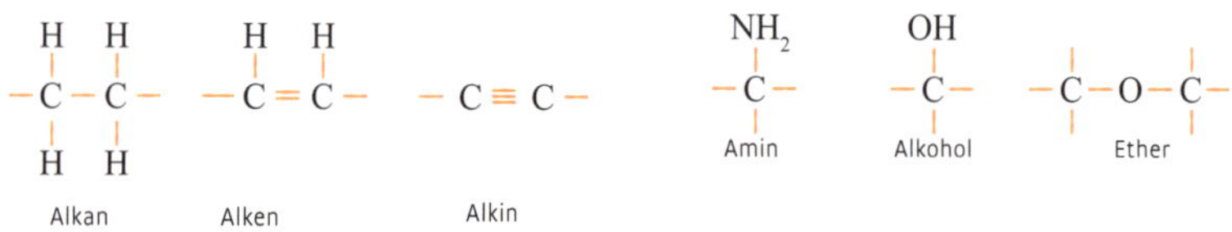

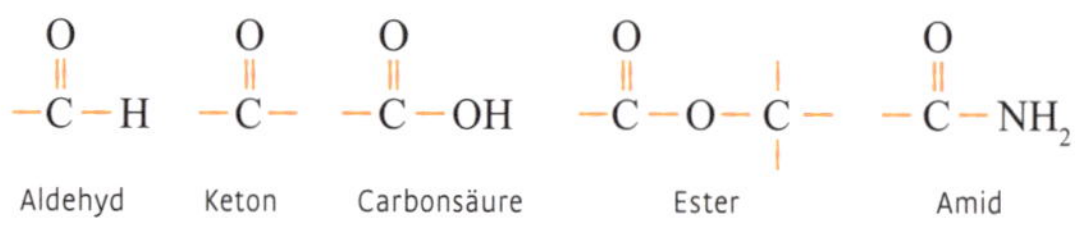

ANORGANISCHE CHEMIE

Die anorganische Chemie beschäftigt sich mit der Struktur, den Eigenschaften und dem Reaktionsverhalten von chemischen Elementen und Verbindungen, die keine Kohlenwasserstoffe enthalten.

IONISIERUNGSENERGIE

Die Ionisierungsenergie (E^I) ist die **benötigte Energie, um ein Valenzelektron von einem gasförmigen Atom oder Molekül zu trennen.**

OXIDATIONSZAHL (VALENZZAHL)

Die Oxidationszahl ist **die Anzahl der in einem Atom oder Molekül verfügbaren Elektronen, die chemisch reagieren können**.

Gruppe 1: Alkalimetalle: Valenz: +1
Gruppe 2: Erdalkalimetalle: +2
Gruppe 3–6: Übergangsmetalle: haben mehrere Oxidationszahlen.
Gruppe 7: Halogene: –1

ALKALIMETALLE

- Metallionen mit **+1-Ladung**.
- **Bilden in Reaktion mit Wasser Metallhydroxid-Ionen**, also: $M \rightarrow M^+ + e^-$.
- Die Reaktivität nimmt in der Gruppe 1 von oben nach unten zu, da die **Valenzelektronen weiter vom Kern entfernt sind und leichter abgegeben werden**.
- Reagieren leicht mit **Wasser und Luft und geben dabei Licht und Hitze ab**.
- Sind **weich** und **leicht zu schneiden**.

ERDALKALIMETALLE

- Metallionen mit **+2-Ladung**.
- **Bilden in Reaktion mit Wasser** Metallhydroxid-Ionen – außer **Beryllium**. Ionische Formel: $Mg \rightarrow Mg^{2+} + 2e^-$.
- Reaktionsgleichung: $Ca + 2H_2O(l) \rightarrow Ca(OH)_2 + H_2$.
- Die Reaktivität nimmt in der Gruppe 2 von oben nach unten zu, da die **Valenzelektronen immer weiter vom Kern entfernt sind**.
- Reagieren mit **Halogen** und bilden dabei **Metallhalogenide**.
- Die **Reaktivität der Metallsulfate** nimmt innerhalb der Gruppe 2 von oben nach unten ab.
- Die **Reaktivität der Hydroxide nimmt** von unten nach oben **zu**.
- Sind **eher weich**.

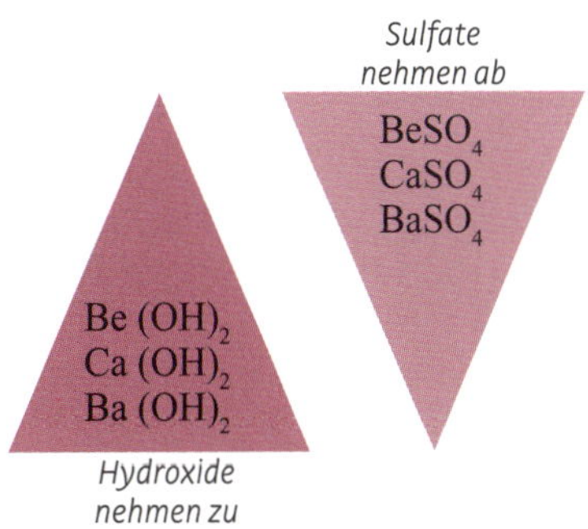

ÜBERGANGSMETALLE

- Ein einzelnes Element hat **mehrere Oxidationszahlen**.
- Die **Reaktivität nimmt** quer durch das Periodensystem **ab**.
- Bilden **farbige wässrige Lösungen**.
- Haben **hohe Schmelz- und Siedepunkte**.
- Sind bei Raumtemperatur **fest, außer Quecksilber** (Hg).
- Sind **dicht** und **hart**.

Sc	Ti	V	Cr	Mn	Fe	Co	Ni	Cu	Zn

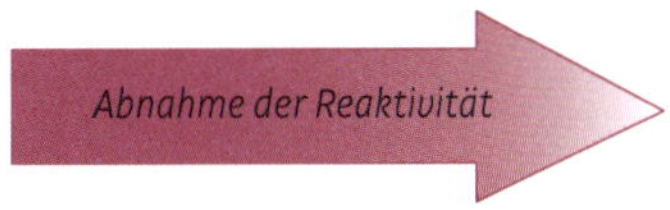

HALOGENE

- Nichtmetallische Elemente der Gruppe 7.
- Die **Reaktivität nimmt** in der Gruppe von oben nach unten ab.
- Halogene **ionisieren zu einem -1-Ion**.
- Ein **ionisiertes** Halogen **erhält das Suffix -id**.
- **Elementare Halogene** sind Substanzen, die nur aus Halogenen bestehen, etwa **Chlor** oder **Fluor**, die im gasförmigen Zustand **zweiatomige** Moleküle sind.

DER PH-WERT

Der pH-Wert misst die Anzahl der H^+-Ionen in einer wässrigen Lösung.

SÄUREN

Eine **Säure** ist **eine Substanz, die Wasserstoff-Ionen** (H^+) **bildet**. In chemischen Reaktionen sind Säuren **Protonenspender**:

- Säuren bilden **mit Wasser saure Lösungen**.
- Sie besitzen **Wasserstoff-Ionen** (H^+).
- Zum Beispiel bildet **Salzsäure** Wasserstoff-Ionen:
  $HCl(aq) \rightarrow H^+(aq) + Cl^-(aq)$.
- Der **pH-Wert** einer sauren Lösung liegt **unter 7**.

BASEN

Eine **Base** bildet Hydroxid-Ionen (OH^-) und **bildet in Reaktion mit einer Säure ein Salz**. Basen sind **Protonenakzeptoren**.

- Basen bilden **mit Wasser basische Lösungen**.
- Basen besitzen **Hydroxid-Ionen** (OH^-).
- Zum Beispiel bildet **Natriumhydroxid** Hydroxid-Ionen:
  $NaOH(aq) \rightarrow Na^+(aq) + OH^-(aq)$.
- Der **pH-Wert** einer basischen Lösung liegt **über 7**.

SÄURE-REAKTIONEN

Säure + Metall → Salz + Wasserstoff
z. B. Salzsäure + Magnesium → Magnesiumchlorid + Wasserstoff
$2HCl(aq) + Mg(s) \rightarrow MgCl_2(aq) + H_2(g)$

Säure + Metalloxid → Salz + Wasser
z. B. Schwefelsäure + Kupferoxid → Kupfersulfat + Wasser
$H_2SO_4(aq) + CuO(s) \rightarrow CuSO_4(aq) + H_2O(l)$

Säure + Carbonat → Salz + Wasser + Kohlendioxid
z. B. Salzsäure + Kupfercarbonat → Kupferchlorid + Wasser + Kohlendioxid
$2HCl(aq) + CuCO_3(s) \rightarrow CuCl_2(aq) + H_2O(l) + CO_2(g)$

BASEN-REAKTIONEN

z. B. Natrium + Wasser → Natriumhydroxid + Wasserstoff
$2Na(s) + 2H_2O(l) \rightarrow 2NaOH(aq) + H_2(g)$

NEUTRALISATIONSREAKTIONEN

Säure + Base = Salz + Wasser
$H^+(aq) + OH^-(aq) \rightarrow H_2O(l)$

Säure + Metallhydroxid → Salz + Wasser
z. B. Salpetersäure + Natriumhydroxid → Natriumnitrat + Wasser
$HNO_3(aq) + NaOH(s) \rightarrow 2NaNO_3(aq) + H_2O(l)$

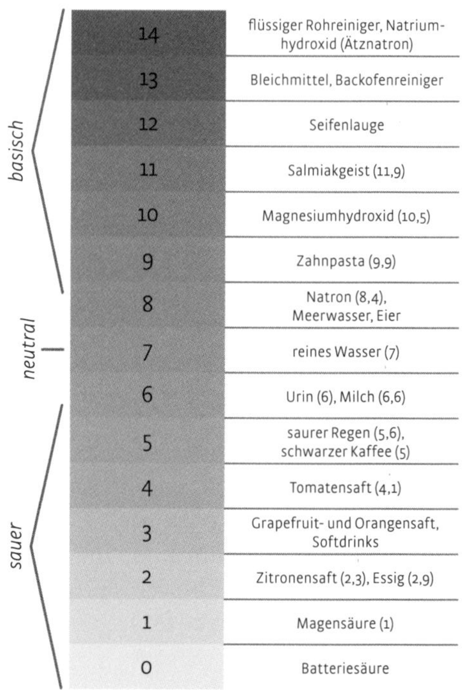

WASSER UND WASSERSTOFFBRÜCKEN

Wasser hat das Leben auf der Erde ermöglicht. Die Erdoberfläche ist zu 71 Prozent von Wasser bedeckt, lebende Organismen bestehen zwischen 60 und 90 Prozent aus Wasser.

POLARITÄT

Sie entsteht durch die **asymmetrische Elektronenverteilung** um ein Molekül sowie durch die **Elektronegativität**. Ein Molekül ist polar, wenn es ein **Dipolmoment** hat, also **eine Trennung der elektrischen Ladungen eines Moleküls zwischen einer positiv δ^+ und einer negativ geladenen Seite** δ^-.

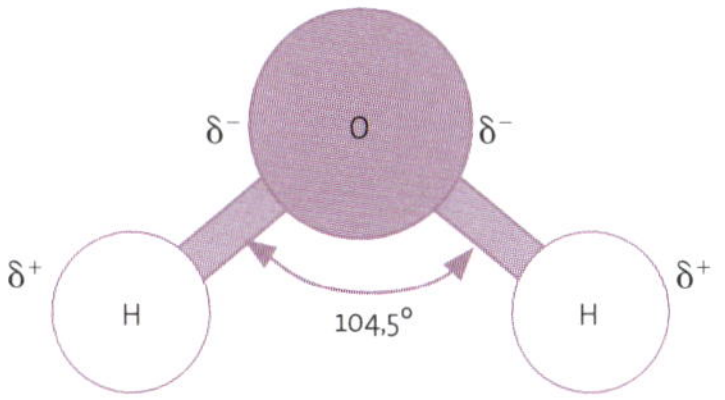

ELEKTRONEGATIVITÄT

Die Elektronegativität **misst die Anziehung, die ein Atom auf die Elektronen in einer Bindung ausübt**.

- Die Elektronegativität wird auf der **Pauling-Skala** gemessen.
- Im **Periodensystem nimmt die Elektronegativität von links nach rechts zu**.
- Im Periodensystem **nimmt** die Elektronegativität von oben nach unten **ab**, **da die Elemente mit mehr Elektronenschalen die positive Ladung der Protonen abschirmen**.
- **Fluor** ist das Element mit der **stärksten Elektronegativität**.
- **Ionische Bindungen** haben in der Regel eine stärkere Elektronegativität als kovalente Bindungen, mit Ausnahme der **asymmetrischen Ladungsverteilung** mancher **Moleküle, die Wasserstoffbrückenbindungen bilden**, wie etwa Wasser.

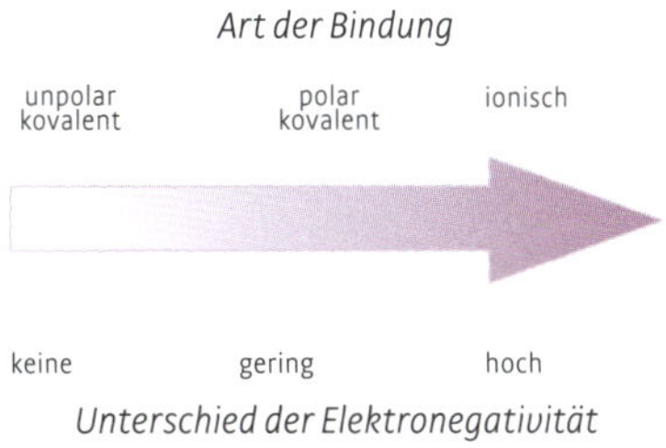

DIE POLARITÄT VON WASSER

In Lösungsmitteln, die polare Moleküle enthalten (z. B. Wasser) **lösen sich gelöste Stoffe sehr gut auf**. **In Wasser lassen sich die meisten Stoffe lösen.**

WASSER IM WELTALL

- Im Jahr 2011 entdeckten Astronomen um ein schwarzes Loch **eine Wolke aus gefrorenem Wasser**. Sie enthält die 140-billionenfache Wassermenge der Erde.
- **Europa**, einer der **Eismonde des Jupiters**, ist von einer Kruste aus **Salzwassereis** bedeckt.
- Auf dem **Saturnmond Enceladus** gibt es einen eisbedeckten Ozean.
- **Kometen** bestehen aus Gestein und Wasser.

GEOMETRIE DER WASSERMOLEKÜLE

Sauerstoff besitzt sechs **Valenzelektronen** und benötigt für ein vollständiges Oktett zwei weitere Elektronen von **Wasserstoffatomen**. Die **kovalente Bindung mit Wasserstoff** macht das möglich. Die Sauerstoffatome enthalten mehr **Protonen**, aber das Wasserstoffatom nur eines. Darum sammeln sich die Elektronen im Molekül **um das Sauerstoffatom und erzeugen ein Dipolmoment**.

BEGRIFFSERKLÄRUNG

- **Lösungsmittel**: Ein wässriger oder nicht wässriger Stoff, der Feststoffe, Flüssigkeiten oder Gase lösen kann.
- **Gelöster Stoff**: Ein Stoff, der von einem Lösungsmittel gelöst wurde.
- **Lösung**: Ein Stoff, der in einem Lösungsmittel gelöst wurde.

KOHÄSION

In einer Lösung **ordnen sich polare Moleküle nach ihrer Ladung an**; das **Dipolmoment** des Moleküls **erzeugt eine Bindung zwischen den Molekülen**. Darum bildet **Wasser perlenförmige Tropfen**.

AGGREGATZUSTÄNDE

Stoffe werden durch ihre Eigenschaften unterschieden. Es gibt physiologische, chemische und physikalische Eigenschaften. Eine Änderung des Aggregatzustands ist eine physikalische Stoffeigenschaft.

PHYSIKALISCHE STOFFEIGENSCHAFTEN:

- Dichte
- Molekülstruktur
- relative Dichte
- Geruch
- Farbe
- Zufällige Eigenschaften, wie **Beschaffenheit**, **Form**, **Volumen** und andere sensorische Eigenschaften, die für Materialwissenschaftler und Designer von Bedeutung sind.

PHASENÜBERGÄNGE

Die **thermische Energie** eines Systems bringt die Moleküle eines Systems zum **Schwingen**, sodass sie die **intermolekularen oder intramolekularen Kräfte, die sie in einem festen Zustand halten, überwinden** und ihren **Aggregatzustand wechseln** können.

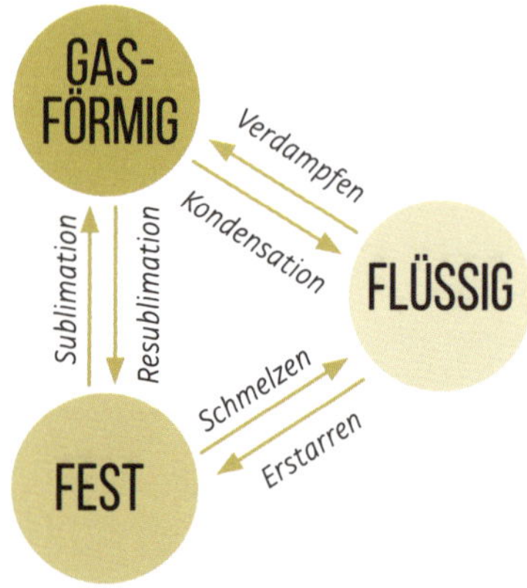

Führt man einem System Wärme zu, steigt die **kinetische Energie** der Atome oder Moleküle, sodass sie sich mit zunehmender **kinetischer Geschwindigkeit** bewegen. Erhöht man die Wärme- oder Energiezufuhr, **kann sich der Aggregatzustand ändern**.

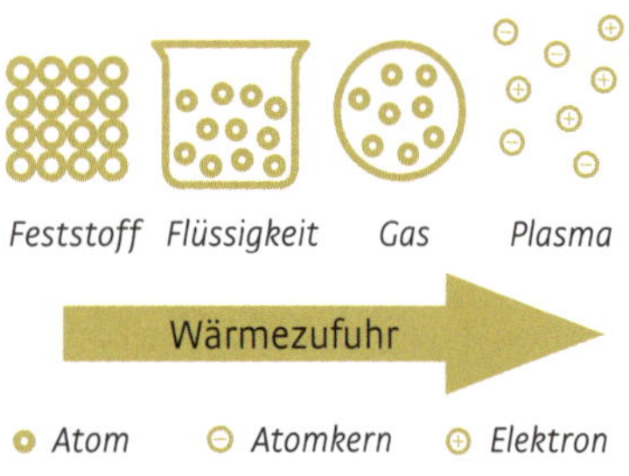

BROWNSCHE BEWEGUNG

In einem Fluid (flüssig oder gasförmig) **bewegen sich** Teilchen **zufällig und unregelmäßig** und **stoßen ständig gegen andere Moleküle**. Das entdeckte der schottische Botaniker **Robert Brown** im Jahr 1827.

ZUFÄLLIGE BEWEGUNG EINES TEILCHENS IN EINEM FLUID

Die **brownsche Bewegung** sorgt für die **Diffusion der Teilchen in einem Fluid**: Durch die **Zufallsbewegung werden die Teilchen gleichmäßig im Fluid verteilt**, sodass sich ein **Gleichgewicht** einstellt.

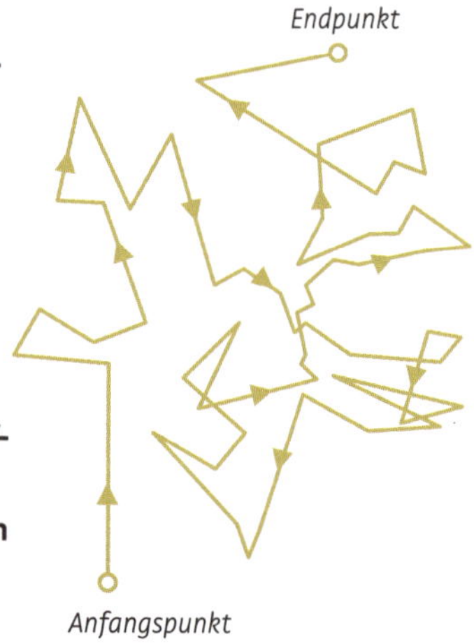

ANDERE ZUSTÄNDE

Der Plasmazustand entsteht, wenn Materie fast auf den absoluten Nullpunkt (0 K, −273,15 °C) abgekühlt wird, sodass sie sich wie eine quantenmechanische Einheit verhält und durch die Wellenfunktion beschrieben werden kann.

PLASMA

Plasma enthält große Mengen an Energie – **so viel, dass sich die Elektronen von den positiv geladenen Atomkernen lösen und ein Gebilde aus frei fließenden Ionen erzeugen**. Plasma ist der **häufigste Aggregatzustand der Materie im Universum**. **Sterne** und **Supernovae** befinden sich im Plasmazustand.

CHIRALITÄT

Chiralität ist eine geometrische Eigenschaft mancher Moleküle und Ionen. Chirale Moleküle sind nicht deckungsgleiche Spiegelbilder ihrer selbst. Sie haben dieselbe Summenformel, aber unterschiedliche chemische Eigenschaften.

Isomere: Verbindungen mit gleicher Summenformel, aber einer **unterschiedlichen Atomanordnung** und unterschiedlichen Eigenschaften.

Stereoisomere: Moleküle mit der gleichen Summenformel, aber einer **unterschiedlichen räumlichen Anordnung** ihrer Atome.

Diastereomere: Stereoisomere, die untereinander **nicht deckungsgleich** sind – also **Spiegelbilder** voneinander sind.

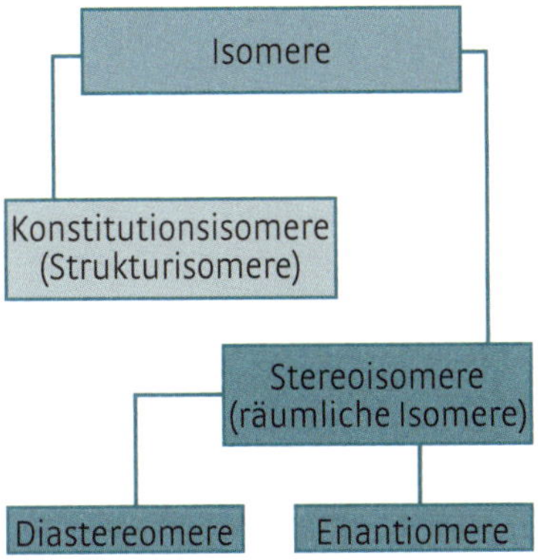

Chirale Verbindungen

- Haben dieselbe Summenformel;
- haben unterschiedliche geometrische Formeln;
- haben unterschiedliche chemische Eigenschaften.

Cis-trans-Isomere sind eine Art Stereoisomer:

cis-2-Buten | *trans*-2-Buten

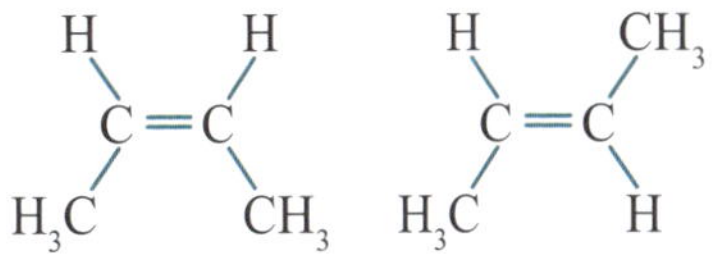

Die Methylgruppen liegen auf der gleichen Seite der Doppelbindung | Die Methylgruppen liegen auf entgegengesetzten Seiten der Doppelbindung

S- UND R-ENANTIOMERE

Asymmetrisch substituierte Kohlenstoffatome erzeugen bei organischen Molekülen Chiralität. Als Enantiomere bezeichnet man **Molekülpaare, die Spiegelbilder voneinander sind**.

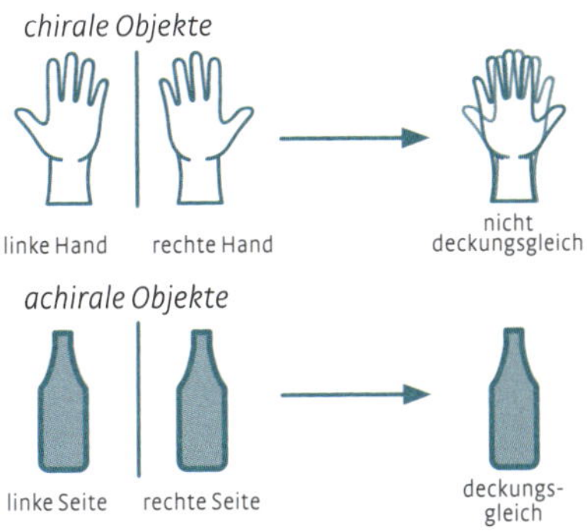

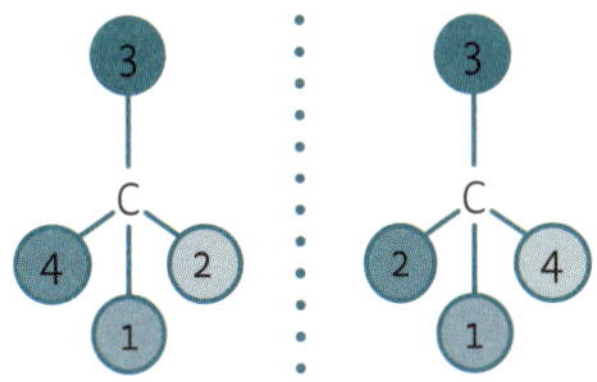

(S)-Enantiomer | *(R)-Enantiomer*

ZUCKER-ENANTIOMERE

In biologischen Organismen reagieren Enantiomere oft anders, da sich die Moleküle häufig an **chirale Rezeptoren im Körper binden**. Die Enantiomere von **Glucose** (D-Glucose und L-Glucose) verhalten sich unterschiedlich. Der Körper kann aus **D-Glucose** Energie erzeugen, aber nicht aus **L-Glucose**, die in der Natur nicht vorkommt und nur im Labor synthetisiert werden kann.

CHIRALITÄT VON DNA

Die **Doppelhelix** der DNA windet sich im Uhrzeigersinn. Die Moleküle der DNA besitzen **chirale Zentren**, sodass sich die intramolekularen Bindungen in bestimmte Richtungen drehen. DNA ist **„rechtshändig gedreht"**.

MAKROMOLEKÜLE

Makromoleküle sind riesige Moleküle, die aus tausenden Atomen bestehen. Biopolymere und große nichtpolymere Moleküle gehören zu den häufigsten Makromolekülen.

MOLEKÜLSTRUKTUREN

Kennt man die **dreidimensionale Form**, **Geometrie** oder **Konfiguration** der **kleineren Untereinheiten aus Molekülen**, kann man ihre Struktur und chemischen Eigenschaften besser verstehen. **Die Geometrie aller Moleküle wird durch die Interaktion zwischen ihren Elektronenhüllen bestimmt.**

MOLEKÜLGEOMETRIE

Kleine Moleküle sind unterschiedlich angeordnet:

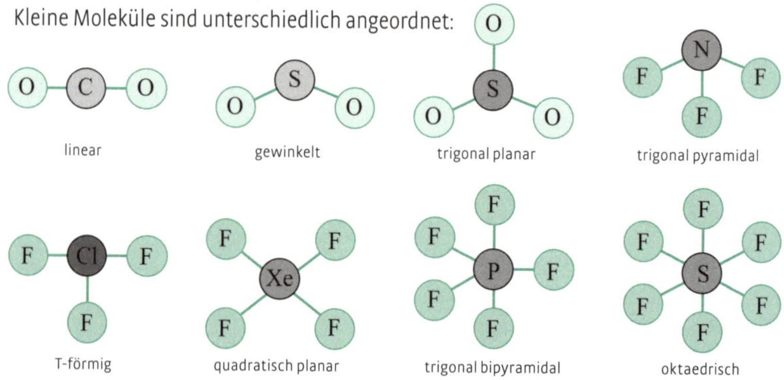

AMINOSÄUREN

Es gibt **20 Aminosäuren – die Bausteine der Proteine**. Verschiedene Proteine haben je nach ihren enthaltenen Aminosäuren unterschiedliche Eigenschaften. Man nennt sie auch die **„R-Gruppe"**. Das Diagramm zeigt die Grundstruktur einer Aminosäure. Die R-Gruppe ist das Molekül, das die Aminosäuren voneinander unterscheidet.

AMINOSÄUREN-STRUKTUR

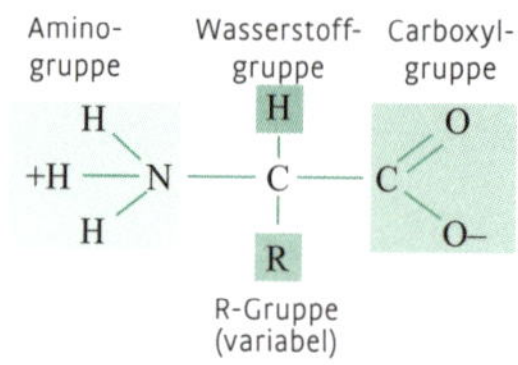

PROTEINE

Proteine bestehen aus **Aminosäureketten**. Jede Aminosäure eines Proteins beginnt als einzelnes kleines Molekül. **Polypeptide** sind Ketten aus Aminosäuren.

- **Primärstruktur**: Polypeptidketten.
- **Sekundärstruktur**: Erreicht eine **Polypeptidkette** eine bestimmte Größe, dreht oder faltet sie sich und bildet eine **Alpha-Helix** oder ein **Beta-Faltblatt**. Dieses Drehen oder Falten entsteht durch die Wechselwirkungen zwischen den intermolekularen Bindungen.
- **Tertiärstruktur**: Sie bildet sich aus der **Kombination mehrerer Sekundärstrukturen**. Ihr Aufbau wird von den intermolekularen Bindungen bestimmt.
- **Quartärstruktur**: Manche Proteine sind sehr **komplex** und bestehen aus zwei oder mehr gefalteten Tertiärstrukturen. Ein Beispiel für eine Quartärstruktur ist das **Hämoglobin**.

PROTEINFALTUNG

Die Faltung eines Proteins ist sehr **schwer vorherzusagen**, da es **unzählige Wechselwirkungen** zwischen den intermolekularen Bindungen der unterschiedlichen Aminosäuren gibt. Faktoren wie **Wasserstoffbrücken** oder **hydrophobe und hydrophile Zentren** beeinflussen die Proteinbildung. Eine **Disulfidbrücke** in einer Polypeptidkette **kann Tertiärstrukturen stabilisieren**.

POLYMERE

Polymere sind große Moleküle, die aus wiederholten Monomer-Untereinheiten gebildet werden. Als Polymerisation bezeichnet man das synthetische Verbinden von Monomeren, um Polymere zu erzeugen.

Polyaddition: Mithilfe eines Katalysators werden Monomere **wie die Perlen einer Kette** miteinander verbunden.

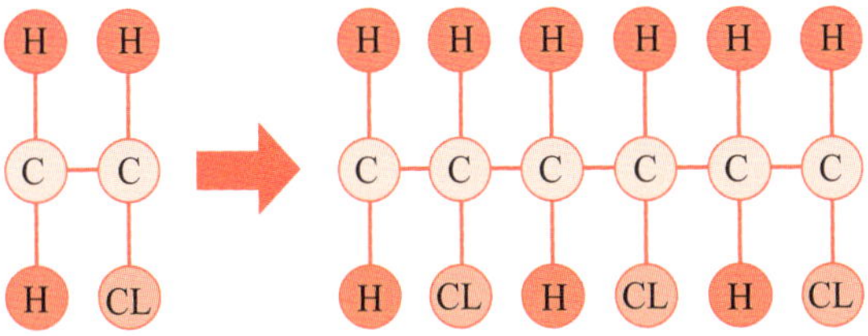

Polykondensation: Monomere polymerisieren und erzeugen dabei **Wasser**, **Kohlendioxid** oder **Ammoniak**.

Aminosäuren

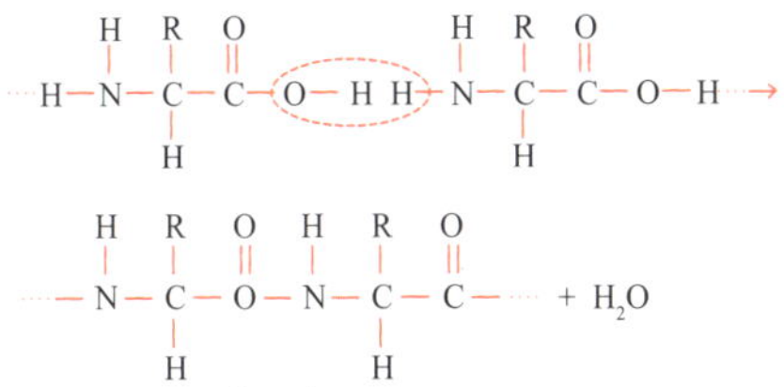

Protein

NATÜRLICHE POLYMERE

- **Polysaccharide** – Kohlenhydrate wie **Stärke**, **Cellulose**, **Glycogen** und **Pektine**.
- **Cellulose** – ein **pflanzliches Polysaccharid**, das aus **Zuckermolekülen** besteht. Aus ihren **langen**, **biegsamen Fasern** werden **Textilien** hergestellt.
- **Pektine** – **Polysaccharide** mit **gelatinöser Struktur**.
- **Seide** – wird von **Seidenraupen** beim Spinnen ihrer Kokons erzeugt.
- **Spinnenseide** – ein sehr **belastbares** Polymer aus **Protein**, das von **Spinnen** erzeugt wird.
- **Wolle** – besteht aus dem Protein **Keratin**. Schafe werden geschoren und ihre Wolle wird zur Herstellung von **Textilien** verwendet.
- **DNA** – besteht aus Zucker und **Nukleotiden**.
- **Proteine** – bestehen aus **Aminosäuremonomeren**.
- **Kollagene** – **Polymerfasern**, die im **Muskel- und Bindegewebe** von **Menschen** und **Tieren** vorkommen.

PLASTIK

Plastik kann **erhitzt**, **geschmolzen** und **geformt** werden. Oft wird es aus **Erdöl** hergestellt. Plastik **belastet** die Umwelt. Es zerfällt zu **Mikroplastik**, das **schädlich** für alle Lebewesen ist. **Einwegplastik** sollte weitestgehend vermieden werden. Plastik KANN **recycelt** werden und ist **nicht biologisch abbaubar**.

ARTEN VON PLASTIK

- Polyethylenterephthalat (PET)
- High-Density-Polyethylen (HDPE)
- Polyvinylchlorid (PVC)
- Low-Density-Polyethylen (LDPE)
- Polypropylen (PP)
- Polystyrol oder Styropor (PS)

BIOKUNSTSTOFF

Plastik kann auch aus **biologischen Rohstoffen** hergestellt werden, etwa aus **Zucker**, aus **Stärke aus Holzspänen** und aus **Lebensmittelresten**. Biokunststoff ist **biologisch abbaubar**, manche Arten aber nur durch industrielle Kompostierung bei einer Temperatur von 70° C.

ARTEN VON BIOKUNSTSTOFF

- auf Proteinbasis
- auf Stärkebasis
- auf Cellulosebasis
- Polylactide (PLA)
- Casein (Milchprotein)
- Polymere aus Fettderivaten

HYDROPHILIE UND HYDROPHOBIE

Hydrophil bedeutet wörtlich „wasserliebend" und hydrophob „wassermeidend".

Hydrophilie + geringe Haftung + Wasser leicht entfernbar – rasche Eisbildung

hydrophile Oberfläche

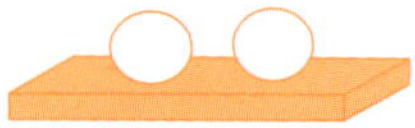

Hydrophobie + geringe Haftung + langsame Eisbildung – Tropfen perlen ab

hydrophobe Oberfläche

- **Hydrophile** Substanzen sind **wasserlöslich**. Zu ihnen zählen **ionische Verbindungen**, wie etwa **Salze**, oder **polare Moleküle**, wie etwa **Alkohole**.
- **Hydrophobe** Substanzen sind **nicht wasserlöslich**. **Öle** und **Fette** sind **wasserabweisend** und **unpolar**.

WASSER UND ÖL

Öltropfen schwimmen auf Wasser und **verbinden sich nicht**. Sie sind also **nicht mischbar**.

- **Polare Lösungsmittel**: besitzen eine **asymmetrische Elektronenverteilung**.
- **Unpolare Lösungsmittel**: die **Elektronen** sind **gleichmäßig verteilt** und **symmetrisch angeordnet**.

ZELLMEMBRAN

Die Zellmembran (eine **Doppellipidschicht**) wird durch ihre **hydrophilen und hydrophoben Eigenschaften** gebildet. Sie besteht aus zwei Schichten – einer **polaren, nach außen gerichteten Kopfgruppe**, die sie vom Rest des Körpers abgrenzt, und einer **hydrophoben Schwanzgruppe**, die nach innen gerichtet ist.

INSULIN

Das Protein Insulin **reguliert den Blutzuckerspiegel**. Es **hilft Zellen dabei**, **Glucose (Energie) aufzunehmen (zu metabolisieren)**. Haben die Zellen genügend Glucose aufgenommen, speichert die **Leber** den Rest in Form von **Glycogen** (damit der Blutzuckerspiegel nicht zu tief fallen kann). **Insulin** kann die Zellen nicht direkt erreichen, da es **hydrophil** ist und nicht durch die **innere hydrophobe Doppelschicht** gelangt. Es sendet **Signale** aus, damit die **Rezeptoren** wissen, wie viel von der Glucose, die **nicht mehr metabolisiert werden kann**, noch im Blut ist.

AMINOSÄUREN

Für die Bildung sämtlicher **Proteine**, die unseren Körper **aufbauen** und **erhalten**, werden 20 Aminosäuren benötigt (siehe untere Grafik). Das vorwiegend **wässrige Milieu** des Körpers macht hydrophobe und hydrophile Aminosäuren erforderlich.

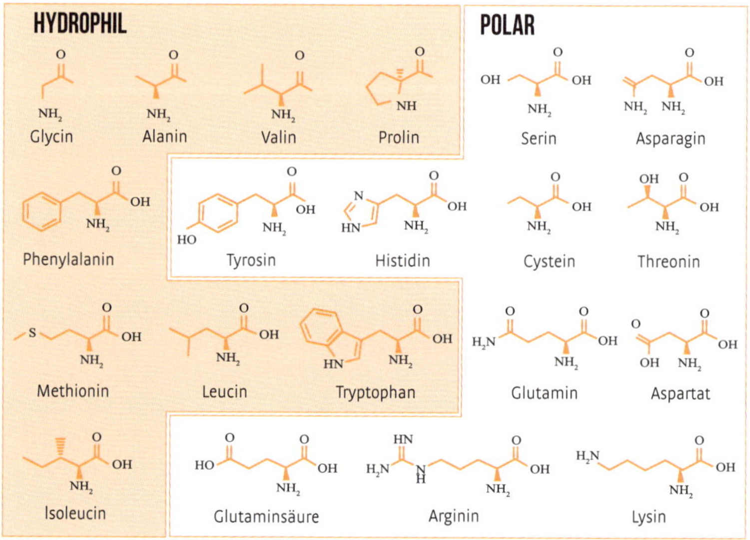

PROTEINKRISTALLOGRAFIE

Mithilfe der Proteinkristallografie wird der atomare Aufbau von Molekülen in einer Kristallstruktur bestimmt. Diese Methode wird in der Chemie, der Physik und zur Analyse biologischer Moleküle wie Proteine und DNA eingesetzt.

DOROTHY HODGKIN

Die britische Biochemikerin **Dorothy Hodgkin** (1910–1994) untersuchte **Proteinstrukturen** mithilfe der **Kristallstrukturanalyse**. Für ihre Entdeckung der Struktur des **Vitamins B12** erhielt sie **1964** den **Nobelpreis für Chemie**. Sie entwickelte innovative Methoden zur **Darstellung der dreidimensionalen Strukturen von Molekülen** und arbeitete an der Lösung der Strukturen von **Penicillin**, **Insulin** und **Steroiden**.

DIE KOMPLEXE STRUKTUR DES VITAMINS B12

Vitamine sind vom Körper benötigte **Moleküle**. Die meisten von ihnen **kann der Körper nicht selbst herstellen**. **Vitamin B12** ist ein wasserlösliches Molekül, das für **den Erhalt und den Aufbau von Nervenzellen, Blutzellen und DNA** benötigt wird.

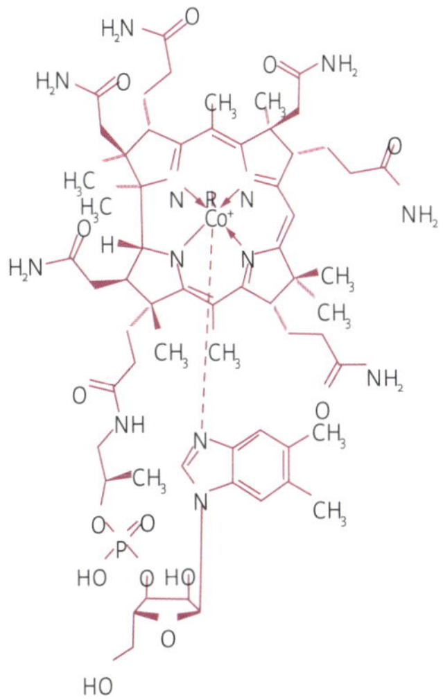

PROTEIN-KRISTALLISATION

Proteine haben einen sehr **komplexen Aufbau**. Ihre **Struktur hilft uns dabei, ihre Funktion im Körper zu verstehen**. **Das Wissen, wie Insulin aufgebaut ist**, ermöglichte es Wissenschaftlern, diesen Stoff **im Labor synthetisch herzustellen** und damit Menschen mit **Typ-1-Diabetes** zu helfen. Diese Methode ist also sehr nützlich, um die Struktur komplexer biologischer Moleküle zu verstehen.

RÖNTGENKRISTALLOGRAFIE

Mithilfe dieser Technik kann man die **Strukturen von Kristallen** bestimmen. **Röntgenstrahlen** haben eine sehr kurze **Wellenlänge** und können einen Kristall durchdringen. Dabei entsteht ein **Beugungsmuster**, das uns verrät, **wie und in welchen Abständen die Atome im Kristallgitter angeordnet sind** und **wie groß das Kristallgitter ist**.

KRISTALLE

Kristalle sind Feststoffe. Sie bilden **regelmäßige Strukturen** mit flachen Oberflächen und geraden Kanten. Sie bestehen aus Millionen von Teilchen, die in einem **wiederholten Muster** – dem **Kristallgitter** – **angeordnet sind**. Die Regelmäßigkeit von Kristallen erleichtert die **geometrische Analyse ihrer Molekülstruktur**.

KRISTALLSYSTEME

Kristalle können viele verschiedene Formen bilden, aber die vier häufigsten sind **kubisch**, **hexagonal**, **monoklin** und **rhombisch**.

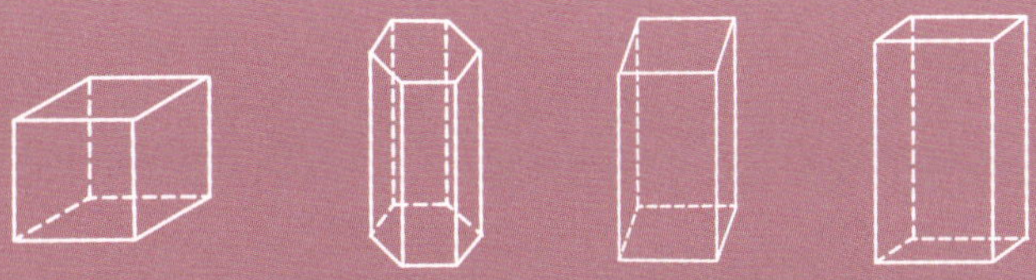

kubisch *hexagonal* *monoklin* *rhombisch*

DIE DNA UND FOTO 51

Bei der Röntgenkristallografie werden die inneren Strukturen von Materialien durch ihre Wechselwirkungen mit kurzwelligen Röntgenstrahlen bestimmt. Anfang der 1950er-Jahre wurde mithilfe dieser Methode die Struktur des DNA-Moleküls ermittelt.

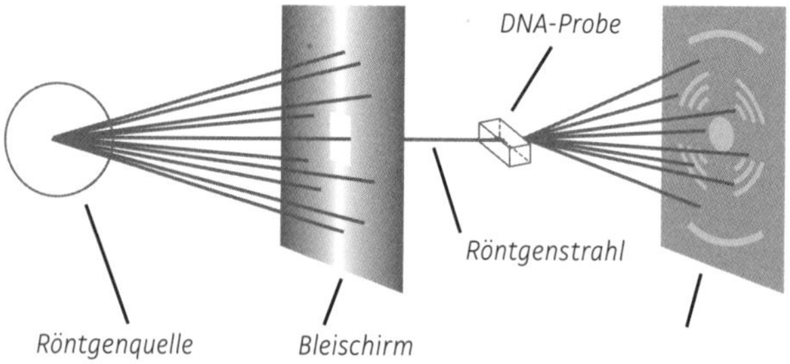

DIE DOPPELHELIX

Biologen hatten die **DNA** bereits viele Jahre zuvor **entdeckt** und erkannt, dass sie **der Träger der Erbinformation** war, auf deren Basis sich Zellen reproduzierten und andere Stoffe bildeten. Aber erst in den frühen 1950er-Jahren begann man die zugrundeliegenden Mechanismen zu verstehen.

Rosalind Franklin und ihre Kollegen am Londoner King's College waren Pioniere der Strukturanalyse. Sie lokalisierten wesentliche chemische Strukturen innerhalb des riesigen Moleküls. Im Jahr 1953 animierte das **„Foto 51"** die Cambridge-Biologen **Francis Crick und James Watson** zum Bau eines Modells, bei dem sie **Doppelstränge** aus **Basen** oder **Nukleotiden** miteinander verbanden und daraus ein schraubenförmiges Gebilde – eine Doppelhelix – bildeten.

Leider wurde die Geschichte der DNA zum Gegenstand einer **Kontroverse**, nachdem Watson in seinem Bestseller die wichtige Rolle Franklins bei der Entdeckung der DNA auf oft **sexistische Weise** herabsetzte. Außerdem erlangten die beiden Biologen durch den gemeinsamen Kollegen Maurice Wilkins **Zugang zu Franklins Forschungsdaten, ohne dass sie davon wusste**.

Die wahre Geschichte und die Motive der Beteiligten werden vermutlich immer unbekannt bleiben. Im Jahr 1958 starb Franklin an Eierstockkrebs und mit ihrem Tod endete die Möglichkeit, die Situation aufzuklären.

Vier Jahre später erhielten **Watson, Crick und Wilkins den Nobelpreis für „ihre" Entdeckung**. Erst in jüngster Zeit wurde Franklin nicht mehr als die **„vergessene DNA-Forscherin"** sondern als **Wegbereiterin** angesehen.

VOM FOTO 51 ZUR DOPPELHELIX

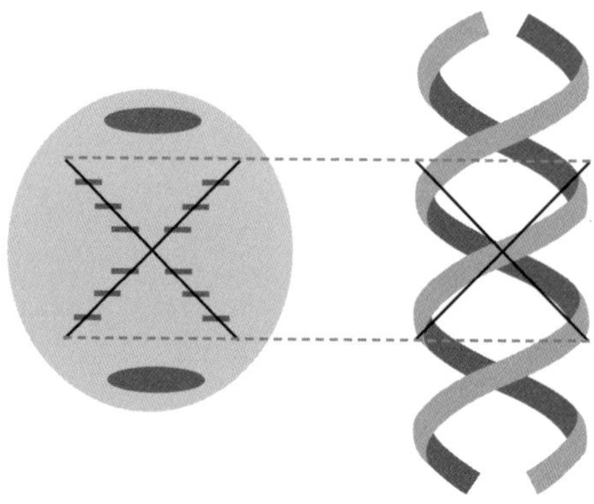

DAS ZENTRALE DOGMA DER BIOLOGIE

Das zentrale Dogma der Biologie besagt: Aus DNA wird RNA wird Protein wird DNA. Die DNA befindet sich in den Chromosomen, die wiederum Bestandteile des Zellkerns sind.

DNA

- Besteht aus den **Nukleotiden**: **Adenin** (A), **Guanin** (G), **Thymin** (T) und **Cytosin** (C).
- A, G, T und C bilden **Bindungen** zwischen zwei **schraubenförmigen Zucker-Phosphat-Ketten**.

BASENPAARE

A bildet mit T, C mit G ein Basenpaar. **Die Abfolge (die Sequenz) erzeugt den genetischen Code der DNA.**

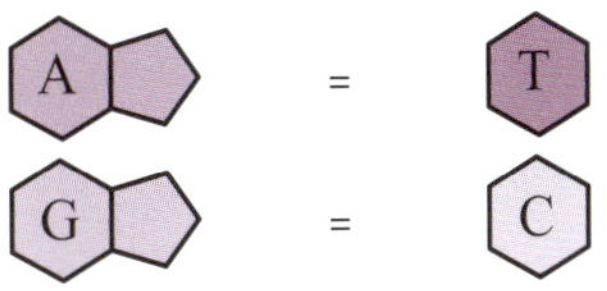

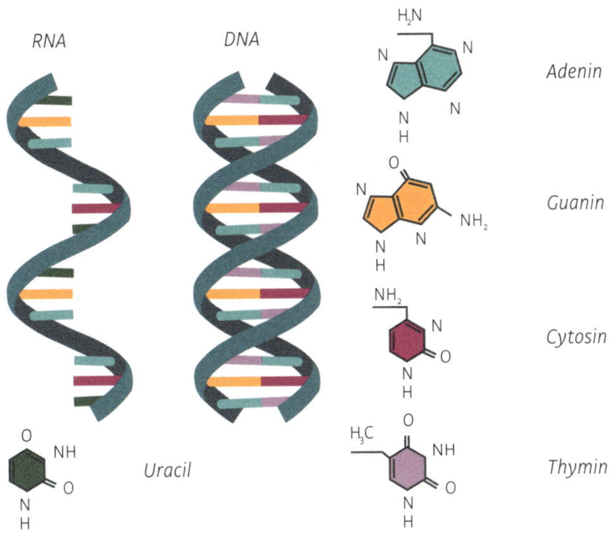

REPLIKATION

Im Laufe ihres Lebens **kopieren** Zellen die **DNA billionenfach**, wobei die Hälfte der DNA als **Vorlage** dient. **Enzyme** sind Proteine, die die **Replikation kontrollieren**:

- **Helikasen** öffnen DNA-Stränge und erzeugen eine Vorlage.
- Die **RNA-Primase** ist der Beginn.
- Die **DNA-Polymerase** fügt weitere Nukleotiden hinzu.
- Die **DNA-Ligase** schließt die Bindung.

Jede zehnmilliardste Nukleotide wird **beschädigt**. Die DNA Polymerase **minimiert die Fehlerrate**.

TRANSKRIPTION

Gene werden in Form von **Proteinen ausgedrückt. DNA-Segmente** werden kopiert, um **mRNA** (Anleitungen zum Proteinaufbau) zu bilden.

- Die **RNA-Polymerase öffnet die Doppelhelix** und kopiert die Sequenz.
- Die **RNA** empfängt ein **Stoppsignal und hört auf**.
- Die **Boten-RNA (mRNA)** wird gebildet.
- Die mRNA **verlässt den Kern, um Protein zu erzeugen**.

TRANSLATION

Ribosomen erzeugen im **Cytoplasma Proteine**.

- **mRNA** gelangt in das **endoplasmatische Retikulum**.
- Ribosomen enthalten **Protein** und **ribosomale RNA (rRNA)**.
- Die rRNA liest **Sequenzen von drei Nukleotiden** der mRNA aus.
- Die tRNA hat an einem Ende eine **Aminosäure** und am anderen Ende **zur mRNA passende Anticodon-Basen**.
- Die tRNA transportiert **Aminosäuren**, die eine **Polypeptid-Kette bilden** – den **Beginn eines Proteins**.

ZELLEN

Die Zellen sind die Grundbausteine aller Lebewesen.

PROKARYOTISCHE ZELLE

Prokaryoten sind **Einzeller**. Sie bewegen sich mithilfe von **Flagellen** und haben **Pili als „Sinnesorgane“**.

EUKARYOTISCHE ZELLE

Eukaryoten kommen in **vielzelligen Organismen** vor und haben eine **komplexere Anatomie**.

AUFBAU EINER ZELLE

- **Zellmembran** – sie **umgibt** und **schützt** die Zelle und lässt **Nährstoffe** und **Abfälle** durch.
- **Zellkern** (bei Eukaryoten) – er **reguliert** die Zelle, **enthält DNA**.
- **Cytoplasma** – in dieseser **komplexen Struktur** laufen **chemische Reaktionen** ab.
- **Mitochondrien** – Ort des **Metabolismus** (der **Atmungskette**).
- **Ribosomen** – finden sich im **endoplasmatischen Retikulum**; erzeugen **Proteine**.

PFLANZENZELLEN

- **Zellwand** – eine **stabile Außenhülle**.
- **Vakuole** – in ihr befinden sich Zellen, die **Zellsaft** enthalten.
- **Chloroplasten** – sie betreiben **Photosynthese**.

ZELLAUFBAU

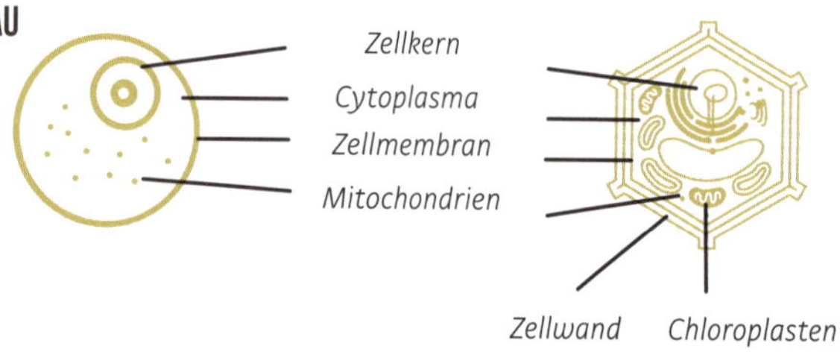

DIE ZELLATMUNG

Zellen gewinnnen **Energie** durch die chemischen Reaktionen der **Zellatmung**, bei der **Kohlenhydrate im Cytoplasma abgebaut werden**.

- **Endotherm**: das Trennen von Bindungen **erfordert Energie**.
- **Exotherm**: die Trennung von Bindungen **setzt Energie frei**.

Die Energie, die bei **exothermen Reaktionen** abgegeben wird, bildet zusammen mit **Phosphat-Ionen** das Molekül **Adenosintriphosphat** (ATP). **Sauerstoff (O_2) nimmt Elektronen auf** und **Kohlendioxid (CO_2) wird abgegeben**.

Bei der **Photosynthese** werden **Kohlenhydrate** aus CO_2 erzeugt und O_2 als **Abfallprodukt** abgegeben.

GLYKOLYSE

Vereinfacht läuft die Zellatmung folgendermaßen ab:

- **Glucose** wird zu **Pyruvat** abgebaut (Teil des **Citratzyklus**).
- Pyruvat wird abgebaut, was weitere **Energie** freisetzt – um **Nicotinamidadenindinukleotid** (NADH) zu erzeugen.
- **Elektronen** werden entlang einer **Kette aus Enzymen und Molekülen (Cytochromen) transportiert** und dienen als Energiequelle.
- Elektronen **stoßen Protonen** (H^+-Ionen) durch eine **Membran**, wo sie **ATP erzeugen** – das nennt man **Chemiosmose**.
- **Glykolyse** ist **anaerob** – sie benötigt keinen **Sauerstoff**.
- Manche **Bakterien** und **Hefen** beziehen ihre Energie ausschließlich aus Glykolyse.

DER CITRATZYKLUS (KREBS-ZYKLUS)

Pyruvat-Moleküle bilden **ATP, CO_2, NADH** und **Flavinadenindinukleotid** ($FADH_2$) – ein **redoxaktives Molekül**.

DAS MIKROSKOP

Wäre das Mikroskop nicht erfunden worden, gäbe es heute keinen Impfstoff gegen Polio und keine Möglichkeit, Mikrochips herzustellen.

LICHTMIKROSKOP

Sie vergrößern Organismen mithilfe von sichtbarem Licht und Linsen. Der niederländische Optiker **Zacharias Janssen** soll 1595 das **erste Mikroskop** gebaut haben. Es hatte **eine neunfache Vergrößerung**.

ROBERT HOOKES *MICROGRAPHIA*

Der englische Wissenschaftler **Robert Hooke** (1635–1703) baute ein Mikroskop und brachte 1665 das Buch ***Micrographia*** heraus – das erste veröffentlichte Buch, das **Illustrationen von mikroskopischen Aufnahmen enthielt**.

ANTONI VAN LEEUWENHOEK

Der niederländische Universalgelehrte **Leeuwenhoek** entwickelte das Mikroskop weiter und erzielte eine **270-fache Vergrößerung**.

Aufbau eines Lichtmikroskops aus dem 19. Jahrhundert

ULTRAMIKROSKOP

Der österreichische Chemiker **Richard Zsigmondy** erfand das **Ultramikroskop**. Es **wirft ein Lichtbündel** durch ein **Kolloid – eine feine Verteilung von Teilchen in einem Dispersionsmedium**, das Partikel zur Beobachtung enthält. Das Mikroskop erzielte eine **100.000-fache Vergrößerung**. Zsigmondy erhielt 1926 den **Nobelpreis**.

PHASENKONTRAST-MIKROSKOP

Frits Zernike entwarf im Jahr 1932 das Phasenkontrast-Mikroskop, durch das man **transparente Materialien beobachten konnte und das eine fast atomare Auflösung erreichte**.

ELEKTRONENMIKROSKOP

Das Elektronenmikroskop wurde 1931 entwickelt. **Statt Licht werden Elektronen verwendet**, um **Objekte bis zu zehnmillionenmal zu vergrößern**. Die **kürzere Wellenlänge** der Elektronen ermöglicht eine **höhere Auflösung als ein Lichtmikroskop**. Moderne Mikroskope sind an einen **Computer** angeschlossen.

RASTERTUNNELMIKROSKOP (RTM)

Das RTM wurde 1982 von **IBM** entwickelt. Es basiert auf dem **Tunneleffekt** und ermöglicht Abbildungen von Oberflächen bis auf die **atomare Skala**. Dazu werden ein **Computer** und die dazugehörige **Software** benötigt.

MIKROSKOPISCHER GRÖSSENVERGLEICH

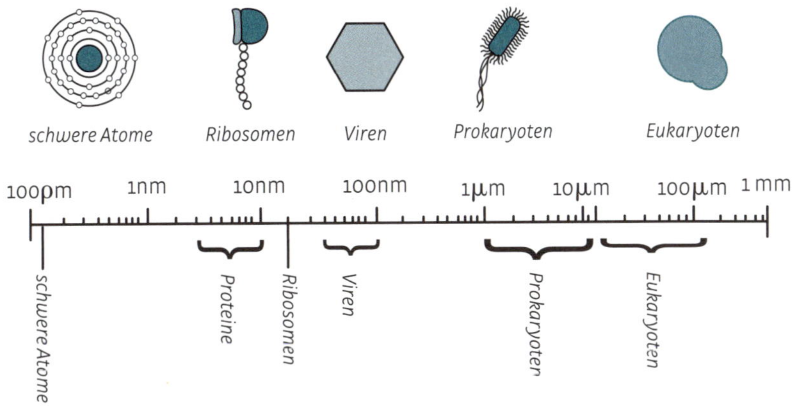

MIKROBIOLOGIE

Die Mikrobiologie beschäftigt sich mit der Erforschung von Mikroorganismen – unter anderem mit Bakterien, Viren, Archaeen, Pilzen und Protozoen. Sie liefert wichtige Erkenntnisse für die Forschungsgebiete der Medizin, Biochemie, Physiologie, Zellbiologie, Evolution und der Biomedizintechnik.

Mikroorganismen **verdauen Nahrung, erzeugen Käse und verursachen Erkältungen**. Sie sind **ein wichtiger, allgegenwärtiger Teil unseres Lebens** und aller Ökosysteme. Aber manche von ihnen können tödlich sein.

DIE FÜNF ARTEN VON MIKROORGANISMEN:

Bakterien

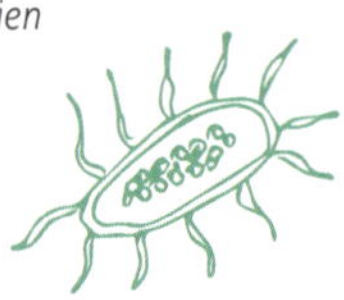

Viren

Pilze: Hefen und Schimmel

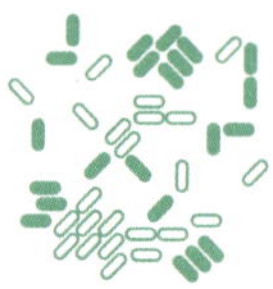

Protozoen

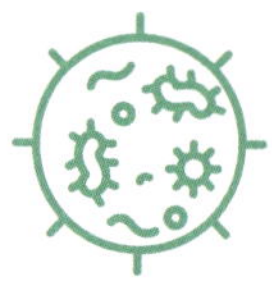

Algen

ARCHAEEN, BAKTERIEN UND PROTOZOEN

Sie waren die **ersten Organismen**. Sie finden sich oft in **extremen Umgebungen**. Viele leben **in und auf unserem Körper** und **schützen uns**.

MIKROBIOLOGIE UND MEDIZIN ZWISCHEN 1796 UND 1929

1715 **Lady Montagu** ließ ihre Kinder durch **Variolation** immunisieren und schützte sie so vor den **Pocken**.
1796 **Edward Jenner** entwickelte die moderne **Pockenschutzimpfung**.
1838 **Matthias Jakob Schleiden** entdeckte, dass **Pflanzen aus Zellen bestehen**.
1840er **Ignaz Semmelweis** entdeckte, dass das **Händewaschen vor Ansteckung schützte**; kaum jemand glaubte ihm.
1850s **Rudolf Virchow** fand heraus, dass **Zellen aus Zellen entstehen** – durch **Zellreproduktion**.
1854 **John Smith** führte den **Cholera**-Ausbruch in **London** auf eine kontaminierte **Wasserpumpe** zurück.
1864 **Louis Pasteur** entwickelte die **Pasteurisierung** und vertrat die **Keimtheorie**: **Infektionskrankheiten** werden durch Mikroorganismen verursacht und **von Menschen übertragen**.
1876 **Robert Koch** begründete die **Bakteriologie**. Er verstand, dass **unterschiedliche Krankheiten von unterschiedlichen Mikroben verursacht wurden**.
1882 **Franny Hesse** führte die Verwendung von **Agar-Agar** als Bakterienkulturmedium ein.
1860er **Joseph Lister** entwickelte **antiseptische Mittel**, die das Infektionsrisiko verringerten.
1905 **Florence Nightingale** erkannte die Wichtigkeit der **Hygiene bei der Patientenversorgung**, um die Gefahr von Infektionskrankheiten zu verringern.
1928 **Alexander Fleming** entdeckte das **Penicillin** – was zur Entwicklung der **Antibiotika** führte.

PASTEURISIERUNG

Der französische Chemiker Louis Pasteur (1822–1995) fand heraus, wie Impfungen vor Krankheiten schützen konnten und wie die mikrobielle Fermentation zustande kam. Außerdem erfand er die Pasteurisierung. Unzählige Menschen verdanken ihr Leben seinen Erkenntnissen.

Wissenschaftliche Entdeckungen stützen sich auf das **in Zusammenarbeit gesammelte Wissen**. Auch Pasteurs Arbeit stützte sich auf die Erkenntnisse seiner Vorgänger.

FERMENTATION

Pasteurs frühe Arbeit zeigte, dass die **Fermentation** durch die **Aktivität lebender Mikroorganismen** entstand. Dabei werden **Zucker** in **Ethanol** und **Kohlendioxid** umgewandelt, etwa bei der Erzeugung von Bier.

DIE KEIMTHEORIE DER KRANKHEITEN

Pasteur entwickelte die **Keimtheorie**: Infektionskrankheiten werden von Mikroorganismen verursacht und durch Menschen übertragen.

Führende **Mediziner** betrachteten **Pasteurs Keimtheorie mit herablassender Skepsis**, da er „nur" ein **Chemiker** war. Dennoch entwickelte Pasteur verschiedene **Impftechniken** und bereicherte unser Wissen auf dem Gebiet der **Immunologie**.

IMPFUNGEN

Pasteur entwickelte Impfstoffe gegen **Tollwut**, **Milzbrand** und **Geflügelcholera**.

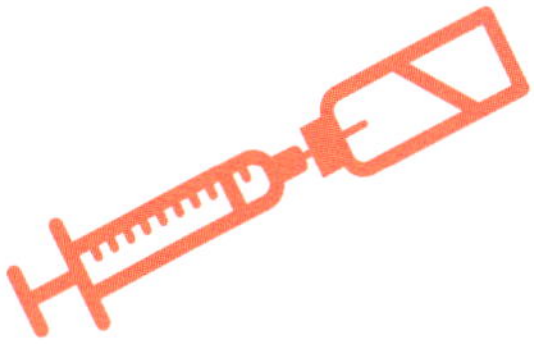

PASTEURISIERUNG

Pasteur **erhitzte** in einem Versuch **Milch** auf 60–100° C und ließ sie anschließend in einem **„Schwanenhalskolben" abkühlen**. In dem Kolben gab es später kein **Mikrobenwachstum. Zerbrach man den Kolben jedoch, wuchsen darin Keime.**

Der gebogene „Schwanenhals" des Kolbens verhinderte das Eindringen von Keimen. Darum haben **Toiletten** ein **doppelt gebogenes Abflussrohr**.

Heute werden **Lebensmittel** durch **Pasteurisierung haltbar** gemacht.

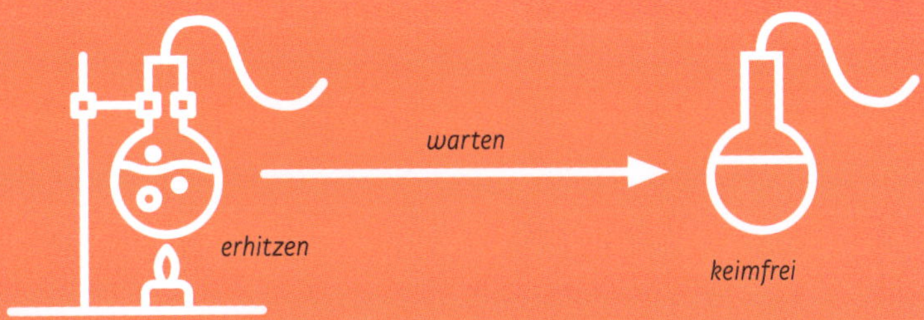

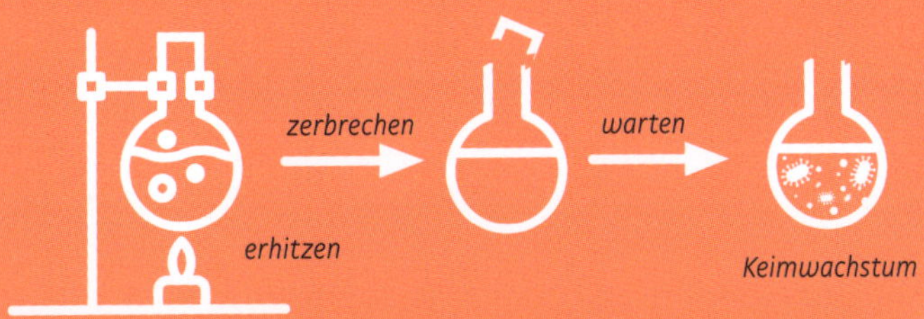

BIOLOGIE UND MEDIZIN

IMPFUNGEN

Ein Impfstoff ist ein Arzneimittel, das dem Immunsystem beibringt, einen Krankheitserreger zu erkennen und anzugreifen. Man setzt es einer schwächeren Version des Erregers aus, um die natürliche Immunität zu stärken.

POCKEN

Ein **hochansteckendes Virus**, das **Fieber** und **Ansammlungen von Pusteln** hervorruft. Es kostete Milliarden Menschen das Leben. Dank der **Impfung gelten die Pocken seit 1979 als ausgerottet**.

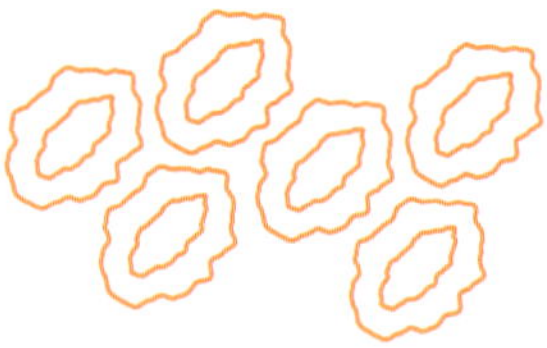

VARIOLATION

Im Jahr 1022 zermahlte eine **buddhistische Nonne aus China den Schorf von Pockenpusteln** und **blies ihn in die Nasenlöcher von Gesunden**. Viele der Behandelten entwickelten eine **Immunität** gegen Pocken. Eine ähnliche Methode verbreitete sich in der **Türkei**.

IMPF-EXPERIMENT

Edward Jenner (1749–1823) bemerkte, dass **Melker**, **die an Kuhpocken erkrankten, immun gegen Pocken waren** – Kuhpocken und Pocken gehören beide derselben **Virengattung** an. Jenner infizierte gesunde Personen mit Kuhpocken und wartete einige Monate, bevor er ihnen Pockenerreger injizierte. Sie **erkrankten nicht an den Pocken**.

IMMUNISIERUNG

- **Kuhpocken** sind **für Menschen weniger schlimm als für Kühe**.
- Durch das Infizieren der Menschen mit Kuhpocken wird das **Immunsystem** einer weniger gefährlichen Pockenart ausgesetzt.
- Infizieren sich die Menschen später mit normalen Pocken, **erkennt ihr Immunsystem das Virus und kann es angreifen**.

MMR-IMPFUNG (MASERN, MUMPS UND RÖTELN)

Der MMR-Impfstoff schützt Kinder vor gleich drei gefährlichen **Viruserkrankungen**: **Masern**, **Mumps** und **Röteln**. Es gibt keinen **glaubwürdigen Zusammenhang zwischen dem MMR-Impfstoff und dem Auftreten von Autismus** – diese Behauptungen wurden bereits widerlegt. Autismus ist KEINE Krankheit, sondern wie die Augen- oder Hautfarbe ein **Teil der menschlichen Vielfalt** und sollte **nicht stigmatisiert** werden.

HPV-IMPFUNG

Der HPV-Impfstoff schützt vor den **HP-Viren**, die **Gebärmutterhalskrebs verursachen können**.

EBOLA

Das Ebola-Virus führt zum **Tod durch innere Blutungen**. Das Virus **hat sich angepasst, um im Menschen zu überleben**. Betroffene Personen leiden unter dem schweren Verlauf der Infektion. **An einem Impfstoff wird gearbeitet.**

BAKTERIEN

Bakterien sind überall. Manche schützen uns und manche machen uns krank. Im Blut können Bakterien zum Tode führen.

Bakterien gehören zu den **ältesten Organismen der Erde** – sie existieren seit über drei Milliarden Jahren. Die meisten **Prokaryoten** sind Bakterien.

EIGENSCHAFTEN DER BAKTERIEN

Bakterien **vermehren sich nicht geschlechtlich**; sie übertragen DNA durch **horizontalen Gentransfer**, wodurch es auch oft zu einer **Resistenz gegen Antibiotika** kommt. Viele Bakterien sind **Parasiten**. Es gibt drei große Gruppen:

KLASSIFIKATION DER BAKTERIEN

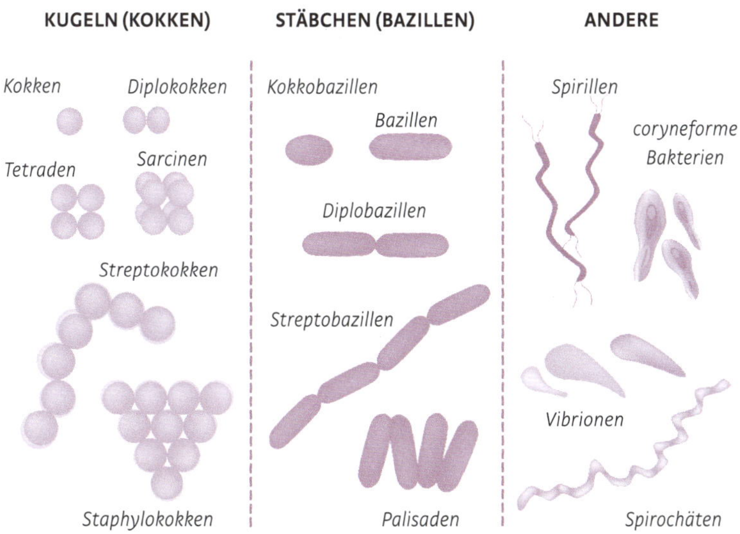

BAKTERIELLE VIRULENZ

Sie bezeichnet die Faktoren für die krankmachende Wirkung eines Bakteriums.

BAKTERIELLE RESISTENZ

Der **Methicillin-resistente Staphylococcus aureus** (**MRSA**) ist ein **„Superbakterium“**, das eine **Resistenz** gegen viele **Antibiotika** entwickelt hat. MRSA-**Infektionen** sind **schwerer zu behandeln** als andere bakterielle Infektionen.

EINIGE BAKTERIELLE INFEKTIONEN

- bakterielle Meningitis
- Lungenentzündung
- Tuberkulose
- Infektion der oberen Atemwege
- Gastritis
- Lebensmittelvergiftung
- Augeninfektionen

ANTISEPSIS

Der ungarische Arzt Ignaz Semmelweis (1818–1865) war der Erste, der **antiseptische Maßnahmen** einführte, nachdem er erkannte, dass **das Händewaschen nach jedem Patientenkontakt** der **Übertragung von Krankheitserregern vorbeugte**. Die **Ärzteschaft** jener Zeit war erbost und viele **weigerten sich stur, ihre Hände zu waschen** – sie wollten nicht glauben, dass auch Ärzte Krankheiten verbreiten konnten. Aber Semmelweis behielt recht.

Der britische Chirurg **Joseph Lister** (1827–1912) begründete die **antiseptische Chirurgie**, um das **Infektions- und Sterberisiko** bei **lebenswichtigen Eingriffen zu senken**.

Der englischen Krankenschwester und Reformerin **Florence Nightingale** (1820–1910) **verdankten viele verwundete Soldaten das Leben**. Nightingales Krankenpflege **verringerte das Infektionsrisiko** und war ein Beweis für die Wichtigkeit der **Hygiene**.

VIREN

In vielerlei Hinsicht sind Viren keine Lebewesen. Man könnte sie besser als intrazelluläre (in der Zelle befindliche) Parasiten beschreiben, die sich ohne einen Wirt nicht vermehren oder verbreiten können.

VIREN

Viren verursachen unter anderem **grippale Infekte**, **Hepatitis**, **Tuberkulose**, **H1N1** (Schweine-/Vogelgrippe), **Tollwut**, **HIV**, **Ebola**, **HPV** (Herpes), die **Grippe**, **Masern** und **Windpocken**.

- Viren **bestehen aus DNA (oder RNA) in einer Proteinhülle**.
- Viren **befallen und nutzen die DNA und Zellfunktionen des Wirts**, um sich zu **vermehren**.
- Viren **befallen alle Organismen**: Bakterien, Insekten und Pflanzen.

GRÖSSE

Die Größe eines Virus kann sich im Mikrometer- oder im Nanometerbereich bewegen.

VIRULENZ VON VIREN

Die Virulenz eines Virus ist seine **krankmachende Wirkung**. Sie kann mit der Zeit nachlassen oder steigen.

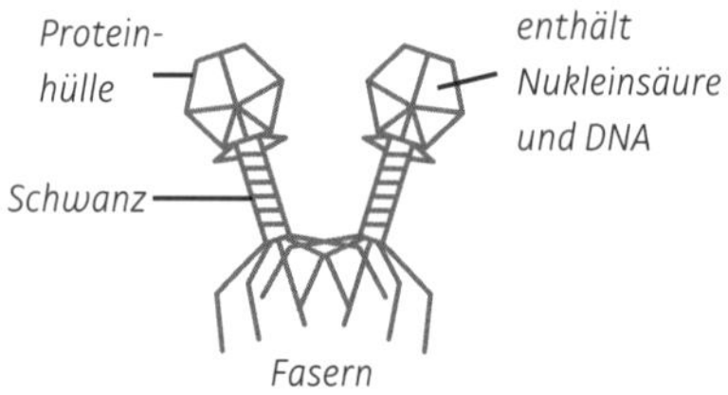

AUFBAU UND LEBENSZYKLUS VON VIREN

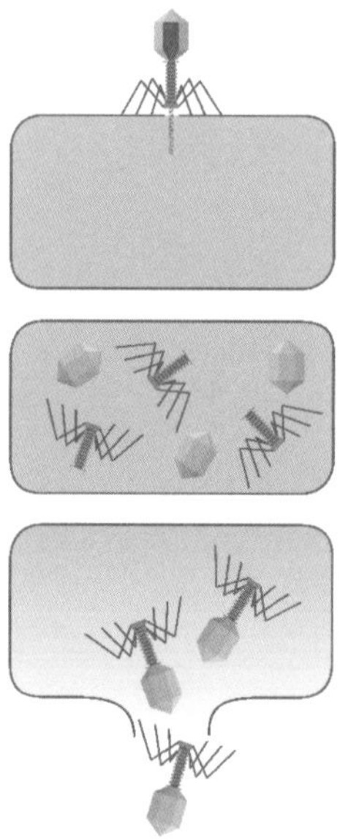

HIV – DAS VIRUS, DAS AIDS VERURSACHT

Seit den 1930er-Jahren wurden auf der ganzen Welt rund 70 Millionen Menschen mit HIV **infiziert** und 35 Millionen **starben** an AIDS. Das Stigma von AIDS führte zu einer **unzureichenden** Behandlung der Betroffenen. Dank neuer Medikamente ist HIV heute **keine tödliche Diagnose mehr**.

Die **französische Virologin Françoise Barré-Sinoussi** erhielt **2008** für ihre Entdeckung des HI-Virus zusammen mit **Luc Montagnier** den **Nobelpreis für Physiologie oder Medizin**, und mit **Harald zur Hausen** für die Entdeckung von **HPV als Ursache von Gebärmutterhalskrebs**.

RETROVIREN

Ein Retrovirus **nutzt die RNA seines Wirts, um sich zu vermehren**. Dieser Vorgang läuft in fünf Schritten ab :

1. **Adsorption**: Bakteriophager Virus befällt eine Wirtszelle.
2. **Injektion**: Viren-DNA/RNA wird in die Zelle geschleust.
3. **Biosynthese**: Die Viren-DNA/RNA wird repliziert und bildet Proteine.
4. **Reifung**: Aus viralen Proteinen entstehen neue Viren.
5. **Lyse**: Die neuen Viren werden aus der Zelle freigesetzt.

Virus-Wirt-Wechselwirkungen können dazu führen, dass Teile der **Viren-DNA/RNA in unsere eigene DNA integriert** werden. Falls es dabei nicht zu **Mutationen oder Schäden unserer DNA** kommt, **bleiben sie dort**. Geschieht das in **Keimzellen** (Samen- oder Eizellen) **werden Spuren der viralen DNA ohne nachteilige Auswirkungen weitervererbt**.

EXTREMOPHILE

Extremophile Organismen leben unter extremen Umweltbedingungen. Aber haben sie sich diesen Umgebungen angepasst oder entwickelten sie sich aus einer primitiveren Lebensform?

EINIGE ARTEN VON EXTREMOPHILEN

Strahlungsresistente Extremophile
Acidophile: an den pH-Wert 1–5 angepasst
Alkaliphile: an den pH-Wert 9–14 angepasst
Thermophile: halten hohe Temperaturen aus
Psychrophile: halten extreme Kälte aus
Thermoacidophile: an hohe Temperaturen und einen sauren pH-Wert angepasst
Xerophile: halten extreme Trockenheit aus
Barophile (Piezophile): halten hohen Druck aus
Halophile: an Umgebungen mit hoher Salzkonzentration angepasst

HYDROTHERMALE QUELLEN

Hydrothermalquellen (auch **„Raucher"** genannt) **erhitzen das Wasser** auf bis zu 400 °C und stoßen **giftigen Schwefelwasserstoff** aus. Diese Quellen versorgen eine ganze Artenvielfalt, etwa das Archaeon ***Picrophilus torridus***, den **Antarktischen Krill** und **Pompejiwürmer**.

CRYPTOENDOLITHEN

Sie **leben im porösen Gestein unter der Erdoberfläche**. Man entdeckte sie tief im Gestein der **Antarktis**, wo sie **ohne Sonne überlebten**. Ihre **Biomasse ist größer als jene aller Organismen der Weltmeere zusammen**.

PRÄHISTORISCHE BAKTERIEN

In einem **Salzkristall in 560 Metern Tiefe** fand man im Jahr 2000 **Bakteriensporen**, die **nach 250 Millionen Jahren wieder zum Leben erweckt** wurden.

TARDIGRADA

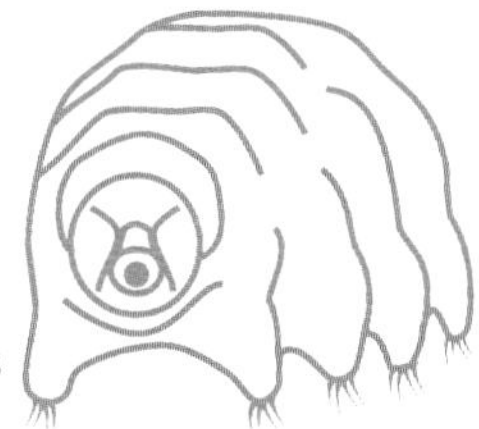

Diese **fast mikroskopisch kleinen** Tiere, auch **Bärtierchen** genannt, können **im Vakuum des Weltalls überleben, halten das 6000-Fache des Atmosphärendrucks aus** und **können in der Kryptobiose** (einem todesähnlichen Zustand) **verharren**.

IM WELTRAUM

Bakterien **können im Weltall nicht überleben**, aber **in einem Hohlraum versteckt sind sie vor der kosmischen Strahlung geschützt**. Das Bakterium **Clostridium botulinum** bildet **Sporen, die im All überleben**.

ASTROBIOLOGIE

Die Astrobiologie ist eine Mischung aus **Geochemie**, **Biochemie**, **Astronomie**, **Geophysik** und **Ökologie**, die sich mit dem **Ursprung des Lebens, den Anfängen der Evolution** und der **Zukunft** beschäftigt. Astrobiologen fragen sich, ob sich Extremophile auch **anderswo im Universum entwickeln könnten**.

ENCELADUS UND EUROPA

Auf dem **Saturnmond Enceladus** und dem **Jupitermond Europa** gibt es **flüssiges Wasser, das von einer Eisschicht bedeckt ist** – ähnliche Bedingungen wie es sie auch auf der Erde gibt.

MARS

Die Oberfläche des Mars ist **lebensfeindlich, dennoch hat dort vielleicht einmal Leben existiert**.

BIOMATERIALIEN

Biomaterialien interagieren mit biologischen Systemen oder werden von solchen erzeugt. Man verwendet sie im medizinischen Bereich und zunehmend auch im Bauwesen, im Design und in der Textilherstellung.

BIOMINERALE

Sie stammen von Tieren oder Pflanzen – z. B. **Knochen**, **Federn**, **Stoßzähne** oder **Muschelschalen**. Organismen erzeugen Biominerale **zum Schutz und zur Verstärkung**, und um **ihre Umgebung wahrzunehmen**. Einige dieser Materialien sind:

- **Silikate**: Schwämme, Algen und Kieselalgen
- **Carbonat**: Wirbellose
- **Calciumphosphat und -carbonat**: in Wirbeltieren
- **Kupfer und Eisen**: von manchen Bakterien verwendet

KORALLENRIFFE

Korallenriffe **erzeugen stabile Strukturen** aus **gelöstem Kohlenstoff**, den sie zu **Calciumcarbonat** ($CaCO_2$) umwandeln. Die **Versauerung der Meere** ist für sie eine Gefahr, da $CaCO_2$ durch Säuren aufgelöst wird.

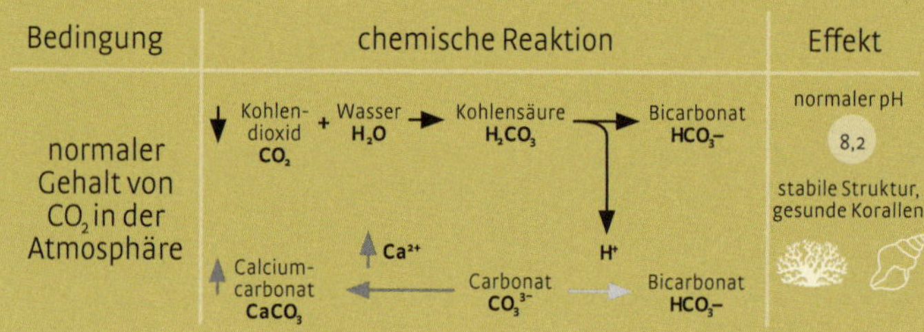

HYDROXYLAPATIT

Dieses **komplexe Mineral** ($Ca_5(PO_4)_3(OH)$ oder $Ca_{10}(PO_4)_6(OH)_2$) ist ein wichtiger Bestandteil der **Knochen**. Es **verdichtet sich unter Druck**. Babys haben keine festen **Kniescheiben**. Erst wenn sie laufen lernen, **verknöchern** sie (durch die Bildung calciumhaltiger Kristalle) – dank der Beschaffenheit des Hydroxylapatits.

MAGNETOTAKTISCHE BAKTERIEN

Diese **Bakterienart** lebt in **Gewässern** und orientiert sich am **Magnetfeld** der Erde – mithilfe von **Eisenoxid** Fe_3O_4 – denn Eisen (Fe) ist **ferromagnetisch**.

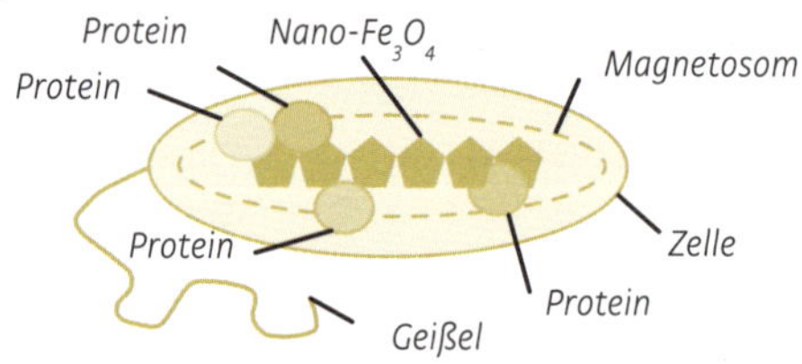

QUALLEN

Quallen orientieren sich durch **Calciumsulfatpartikel ($CaSO_4$)**, die sich in den **Proteinen** einer speziellen Membran befinden, am **Gravitationsfeld der Erde**.

GLEICHGEWICHT

Die **Knöchelchen im Inneren unserer Ohren** sind für die **Bewegungskoordination** zuständig.

BIODESIGN

Dieses Fachgebiet entwickelt **naturbasierte Designmethoden** und **macht sich die Abläufe und Materialien der Natur zunutze**.

Die Designerin **Natsai Audrey Chieza** untersuchte **pigmentbildende Bakterien**, die **Textilien färben**, ohne **giftige Nebenprodukte** zu erzeugen.

PILZE

Pilze sind faszinierende Organismen, die weder den Tieren noch den Pflanzen zugeordnet werden. Es gibt einzellige Pilze, etwa die Hefen, und vielzellige Pilze.

- Sie entstanden vor 1 Milliarde Jahren aus Protozoen.
- Es gibt schätzungsweise 1,5 Millionen Arten.
- 120.000 Pilze wurden schon taxonomisch klassifiziert.
- Manche sind essbar, aber viele sind giftig.

VERMEHREN

Pilze (**Zygomycota**) **vermehren sich geschlechtlich und ungeschlechtlich** durch **sexuelle Sporen** oder **asexuelle Sporangiosporen**. Statt Geschlechter haben sie **Kreuzungstypen**; manche Pilze haben hunderte Kreuzungstypen. Die **Fortpflanzung kann bei Pilzen Sekunden oder Jahre dauern**.

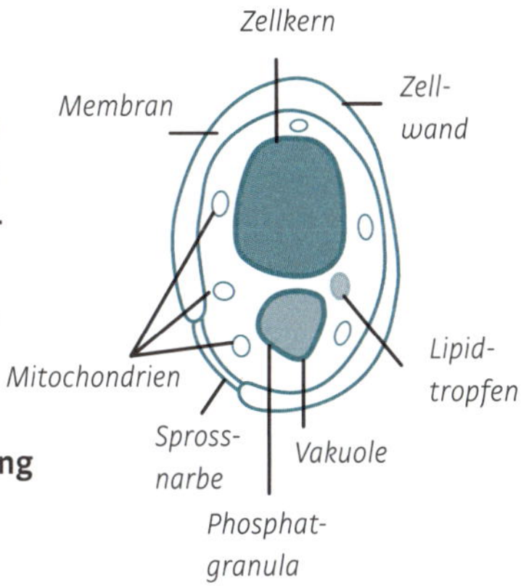

PILZE IM ÖKOSYSTEM

- **Destruenten: zersetzen Materie**, unter anderem Holz.
- **Mutualisten**: helfen Pflanzen bei der **Nährstoffaufnahme, bilden Symbiosen (Mykorrhiza)**, sind wichtig für **Ökosysteme** und **Landwirtschaft**.
- **Parasiten: leben von einem Wirt, ohne ihn zu töten** – bis er an ihnen stirbt.
- **Fleischfresser: fangen Beute** mit ihren **Hyphen**.

ERNÄHRUNG

Pilze **ernähren sich von abgestorbenem Material**. Sie sondern **Enzyme** ab, um **wichtige Nährstoffe** aus der Materie zu lösen. Pilze ernähren sich **heterotroph** (von organischer Substanz).

KRIEG DER MIKROBEN

Pilze und Bakterien führen einen **molekularen Krieg** gegeneinander, da sie sich in einem **Wettkampf um die gleichen Ressourcen** befinden.

HYPHEN

Hyphen sind fadenförmige Strukturen, die **durch und um die Nahrungsquelle eines Pilzes wachsen**. Sie enthalten **Chitin, ein Polysaccharid**, das auch **in Muschelschalen und Exoskeletten** vorkommt.

DAS MYZEL

Ein riesiges Geflecht aus Hyphen, um **die Nährstoffaufnahme zu maximieren**. Das Myzel ist der Hauptkörper der Pilze und befindet sich **unter der Erde**. Es **nährt den Pilz** und **ist gut für den Boden**.

FRUCHTKÖRPER

Der **Sporokarp** ist das **sporenbildende Organ der Pilze**.

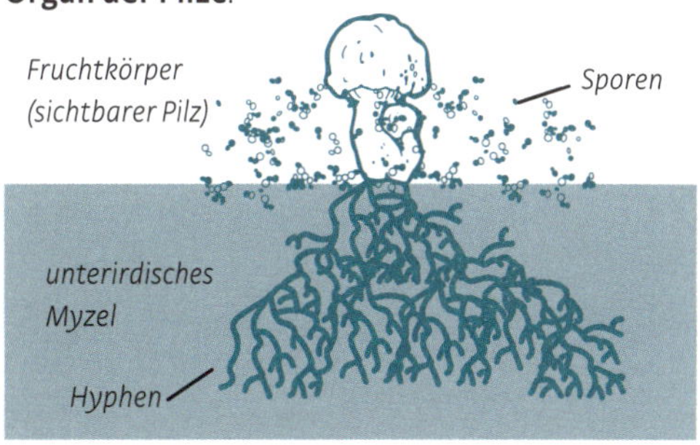

PILZINFEKTIONEN

Pilze können **Menschen**, **Tiere** und **Pflanzen** befallen. In der **Landwirtschaft** verursacht Pilzbefall oft **Ernteschäden**. Die **globale Erwärmung erhöht das Risiko** von Pilzinfektionen.

DIE ENTDECKUNG DES PENICILLINS

Im 19. Jahrhundert wurden 25 Prozent aller Todesfälle von Tuberkulose verursacht. Noch in den 1940er-Jahren konnte ein kleiner Kratzer zum Tod durch Sepsis (Blutvergiftung) führen.

Im Jahr 1928 bemerkte der Bakteriologe **Alexander Fleming** in seinem Labor, dass die Petrischale einer **Staphylokokken**-Kultur von **Schimmelpilzen** befallen war. Aber um den Schimmel hatte sich eine **bakterienfreie Zone** gebildet.

Die Wissenschaftler **Howard Florey** und **Ernst Chain** lasen Flemings Aufzeichnungen. Während des Zweiten Weltkriegs experimentierten sie und der Biochemiker **Norman Heatley** mit Penicillin. Da ihr Labor nicht für die Herstellung von Penicillin ausgestattet war, **bauten sie einen Apparat aus Milchkannen und einem alten Bücherregal**.

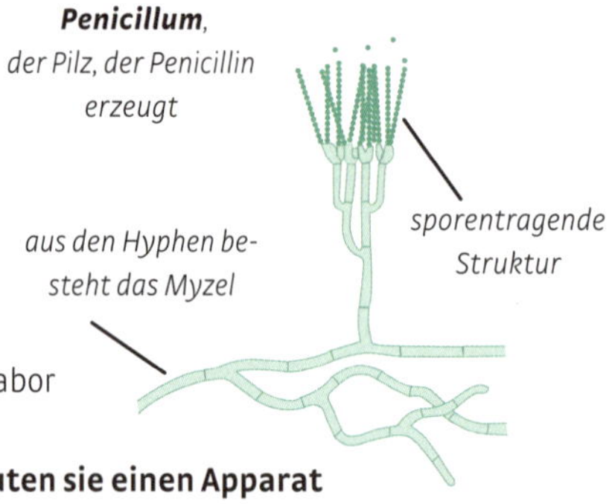

Im September 1940 kratzte ein Mann namens **Albert Alexander** versehentlich sein Gesicht an einer Rose. Die Wunde entzündete sich und schwoll an, es kam zur **Sepsis**. Florey und Chain testeten ihr Penicillin an Alexander, dem es **rasch besser ging**. Leider **war der Penicillinvorrat zu Ende, bevor Alexander vollständig genesen war**.

Die **Gewinnung des Penicillins war schwierig**, aber aus einer **anderen Schimmelart** konnte genug hergestellt werden. Nach dem Krieg **waren bakterielle Infektionen keine tödliche Gefahr mehr**.

DIE ENTWICKLUNG DES PENICILLINS

„Ohne Fleming kein Florey oder Chain; ohne Chain kein Florey; ohne Florey kein Heatley; ohne Heatley kein Penicillin." – Professor Henry Harris, 1998

ANTIBIOTIKARESISTENZ

Fleming warnte, dass Bakterien eine **Resistenz gegen Antibiotika entwickeln** würden. Darum müssen Antibiotika **bis zum kompletten Abklingen der Infektion verwendet werden** und **nicht zu lange oder zu oft**. Der allzu häufige Einsatz von Antibiotika in der **Landwirtschaft** und beim **Menschen** führte dazu, dass sich **Bakterien daran anpassen konnten**. Und zwar folgendermaßen:

1. Sie haben Enzyme entwickelt, die Antibiotika zersetzen.
2. Sie bilden andere Proteine, gegen die das Antibiotikum nicht wirkt.
3. Ihre Zellwand wurde resistent.

STRUKTUR

Im Jahr 1945 entdeckte **Dorothy Hodgkin**, dass die **Struktur von Penicillin** einen **„Lactam-Ring"** aufwies. Penicillin **tötet Bakterien, indem es sich an ihre Zellwand heftet**.

Strukturformel Penicillin	R-Gruppe	Name
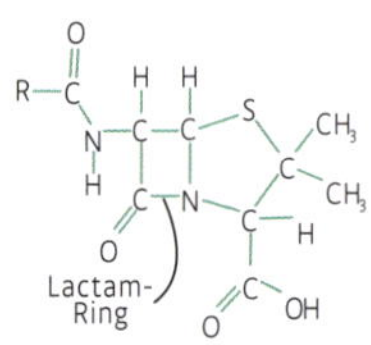	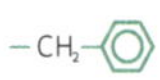	Penicillin G
	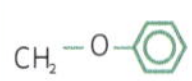	Penicillin V
	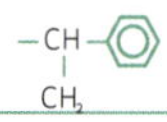	Ampicillin
	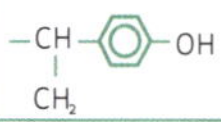	Amoxicillin
	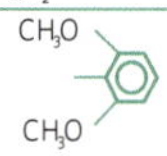	Methicillin

ALLERGIE

Bei manchen Personen kann Penicillin eine **ernsthafte allergische Reaktion** hervorrufen.

PHOTOSYNTHESE

Photosynthese ist der chemische Prozess, durch den Pflanzen ihre Nährstoffe bilden. Pflanzen sind autotroph und können ihre eigene Nahrung erzeugen.

PFLANZENZELLEN

Pflanzenzellen haben eine **starre Zellwand** und enthalten **Plastiden**. Zu ihnen gehören die **Chloroplasten**, in denen sich das **Pigment Chlorophyll** befindet. Chloroplasten sind die **Organellen**, die aus **Photonen Energie erzeugen**.

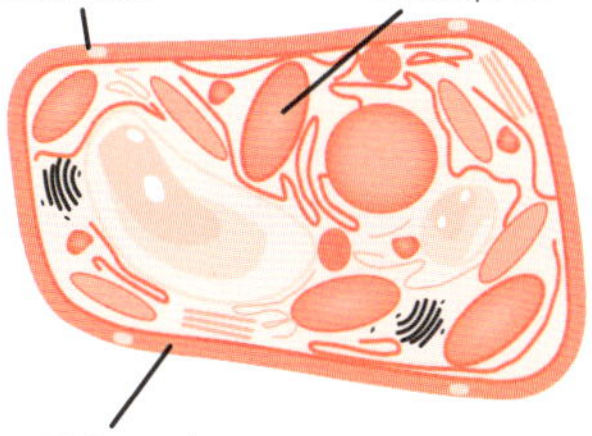

Chloroplasten sind **komplex aufgebaut** und enthalten eine **Doppellipidschicht**: Die **Thylakoide enthalten das Lumen und Chlorophyll** und befinden sich in **Grana** genannten „Stapeln"; das **Stroma** umgibt die Thylakoide.

CHLOROPHYLL

Es gibt **verschiedene Arten** von Chlorophyll: ***a* (enthält ein CH_3-Molekül) und *b* (enthält ein CHO-Molekül)**. Beide haben **stabile** und **abwechselnde Einfach- und Doppelbindungen**, sodass sich **Atomorbitale um ein zentrales Magnesiumatom sammeln**. Das macht sie zu **ausgezeichneten Photorezeptoren**.

Chlorophyll a, R=CH_3
Chlorophyll b, R=CHO

Der Porphyrin-Ring ist orange dargestellt.

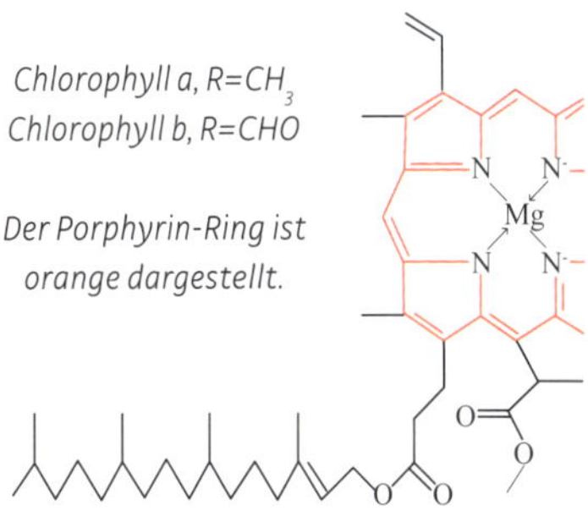

Treffen **Photonen** auf eine Pflanze, **lösen sie** in den Chloroplasten **den ersten Schritt der Photosynthese aus**, wobei **Wassermoleküle aufgespalten** werden. Zum Abschluss folgt die **lichtunabhängige Reaktion**, bei der **Zucker** und **Sauerstoff** erzeugt werden, wie in der Grafik gezeigt:

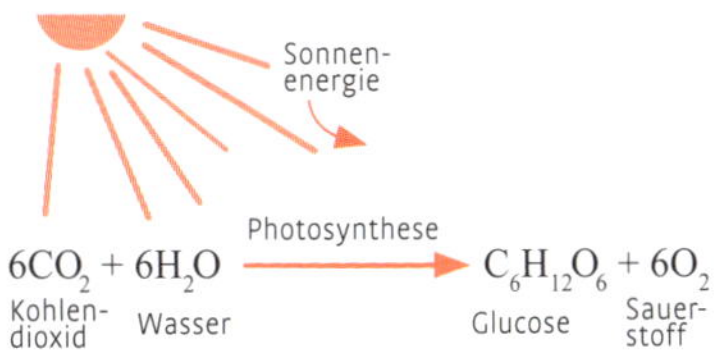

Pflanzen sehen grün aus, weil sie grünes Licht reflektieren. Pflanzen **ernähren sich nur von rotem Licht**. Manche **Dschungelpflanzen** haben **rot oder violett pigmentierte** Blätter, die das **rote Licht in das Blatt zurück reflektieren**, sodass **mehr Photonen absorbiert werden**.

PFLANZENGEWEBE: C3, C4 UND CAM

Verschiedene Pflanzenarten haben **unterschiedliche Gewebestrukturen**, je nachdem, in welchem Klima sie wachsen, und **wie sie bei der Photosynthese Kohlendioxid „fixieren" (assimilieren)**.

C3: die meisten Pflanzen; verlieren Wasser durch Transpiration; fixieren Kohlendioxid im Calvin-Zyklus; verwendetes Enzym: Rubisco.
C4: tropische Gräser; verlieren weniger Wasser; fixieren Kohlendioxid im Cytoplasma; das verwendete Enzym ist die PEP-ase.
CAM: Sukkulenten, Ananas, Kakteen; sind wassereffizient; fixieren Kohlendioxid nur in der Nacht; verwendetes Enzym: PEP-ase.

CYANOBAKTERIEN

Diese **Bakterien leben im Wasser und erzeugen Energie aus Photosynthese**. Sie sind die **einzigen autotrophen Prokaryoten**. Die **Photosynthese** entwickelte sich in **Zellen**, die **Cyanobakterien** durch **„Endosymbiose" aufgenommen** haben. Die Photosynthese **entstand** vor 2450–2320 Millionen Jahren.

VIELZELLER

In vielzelligen Organismen sind unterschiedliche Zellen voneinander abhängig und besitzen verschiedene spezielle Eigenschaften, die zur Funktion des Gesamtorganismus beitragen.

DIE EVOLUTION DER VIELZELLIGKEIT

Einzellige Organismen entstanden vor 3,5 Milliarden Jahren, als die Erde eine Milliarde Jahre alt war. **Vielzeller entstanden mehr als einmal**, wodurch sich **unterschiedliche Arten** entwickelten: **Pflanzen**, **Tiere** und **Pilze**. Damit **Vielzeller** entstehen können, muss Folgendes gegeben sein:

1. Zell-Zell-**Adhäsion**;
2. **molekulare Kommunikation**, **Zellkooperation** und **Zelldifferenzierung**;
3. **Übergang** von **„einfachen"** zu **„komplexen" Gewebearten**.

SCHWÄMME

Schwämme sind **vielzellige Organismen** mit **einfachem Gewebe**, **das nicht in Schichten aufgebaut** ist, sondern aus **undifferenzierten Schwammzellen ohne spezielle Funktion**. Es gibt ungefähr 10.000 bekannte Arten von Schwämmen.

ENTWICKLUNG EINES VIELZELLERS

- Wird eine **Geschlechtszelle** (eine Zygote) **befruchtet** (Ei- und Samenzellen verschmelzen), **teilt und vervielfältigt sie sich**.
- **Morphogenese**: Zellen nehmen **bestimmte Formen** an.
- **Differenzierung**: Zellen **entwickeln spezielle Funktionen**.

BILDUNG KOMPLEXERER STRUKTUREN

- **EKTODERM**: äußeres Keimblatt (Schale/Panzer oder Haut).
- **ENTODERM**: Verdauungstrakt.
- **MESODERM**: Organstrukturen.
- **COELOM**: flüssigkeitsgefüllte Leibeshöhle.

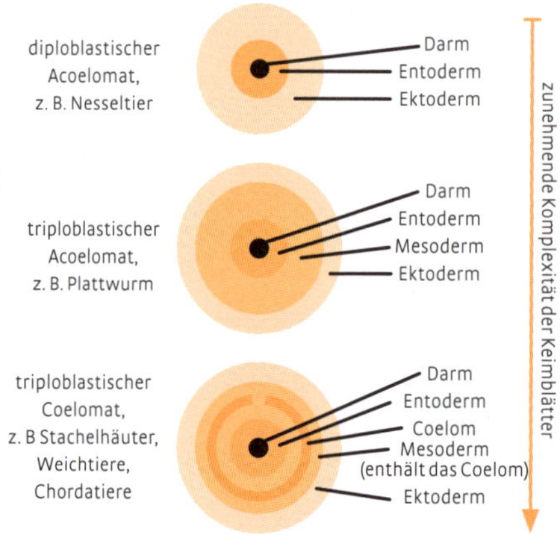

EINFACHE ORGANISMEN

DIPLOBLASTEN: Nesseltiere (**Quallen**, **Korallen**, **Polypen** und **Seeanemonen**) und andere diploblastische Organismen haben **zwei Keimblätter**.

TRIPLOBLASTISCHE ACOELOMATE: Einfache Organismen mit **drei Keimblättern**, zum Beispiel **Fadenwürmer** und **Rädertierchen**.

TRIPLOBLASTISCHE COELOMATE: Sie besitzen ein **Coelom** (eine **flüssigkeitsgefüllte Leibeshöhle**, in der sich die **Organe** befinden) – z. B. **Muscheln**, **Schnecken** und **Tintenfische**.

KOMPLEXE TIERE

Segmentierung (von Körperabschnitten – z. B. **Rippen**, **Zähne**, **Gehirnwindungen** und **Augäpfel**.

RINGELWÜRMER: **Egel** und **Regenwürmer**.

GLIEDERFÜSSER: **Wirbellose Tiere** mit **Exoskeletten** und **gegliederten Extremitäten**, z.B. **Käfer**, **Spinnen**, **Hummer** und **Schmetterlinge**.

CHORDATIERE: **Organismen** mit einer **Wirbelsäule**, z. B. **Vögel**, **Säugetiere** und **Fische**.

SYMBIOSEN

Eine Symbiose ist eine nutzbringende Wechselbeziehung zwischen verschiedenen Arten. In einem Ökosystem sorgt der Wettkampf um die Ressourcen für Artenvielfalt. Um leichter an Ressourcen zu gelangen, leben viele Organismen in einer Symbiose mit einem anderen Organismus.

ARTEN DER SYMBIOSE

Parasitismus: Ein Organismus profitiert davon, aber schädigt seinen Wirt.
Mutualismus: Nutzt beiden Arten.
Kommensalismus: Ein Organismus profitiert, schadet dem anderen nicht.

BESTÄUBUNG

Blühende Pflanzen erzeugen einen **süßen Nektar**, der **Insekten nährt**. Bei der Nahrungsaufnahme fliegen Insekten von Blüte zu Blüte und **bestäuben dabei die Pflanze**, sodass die **nächste Generation entsteht**.

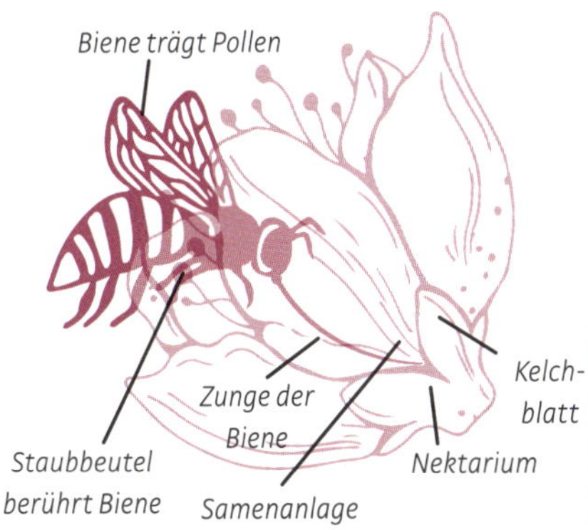

KORALLEN UND ZOOXANTHELLEN

Korallenriffe werden von **Polypen** (Verwandte der Quallen) gebaut. Polypen haben einen **Mund**, **Tentakel** und einen **Verdauungstrakt**. Sie **nehmen gelöste Mineralien auf**, binden sie mit **Proteinen** und bauen daraus **Strukturen aus Calciumcarbonat**, in denen sie leben. Mit ihren Tentakeln **stechen und fangen sie kleine Organismen**, die dann verdaut werden. Die meisten **Korallenpolypen** leben in einer Symbiose mit **Zooxanthellen**. Diese **Algen betreiben** bei Tag **Photosynthese** und **erzeugen Sauerstoff und Glucose**. Die **Glucose nährt die Algen und den Polyp**. Die Beute der Polypen (und **das Kohlendioxid, das sie abgeben**) **nährt die Algen**. Sie können 24 Stunden am Tag Nahrung konsumieren. **Jede neue Korallengeneration nimmt ihre eigenen Zooxanthellen auf**.

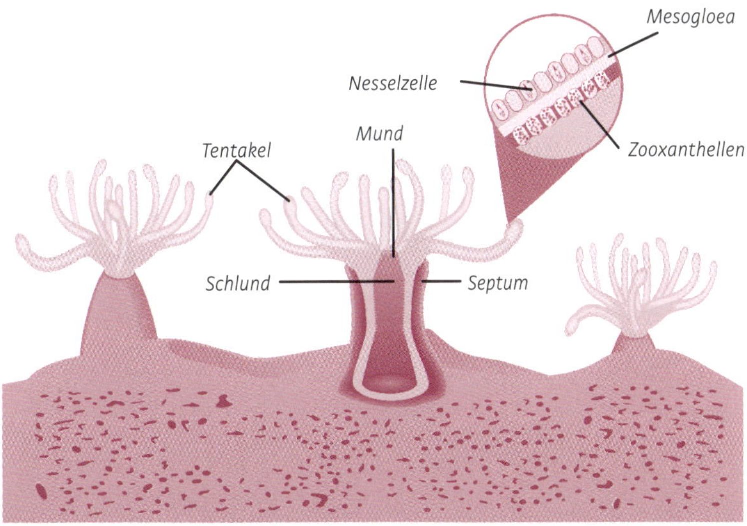

ANEMONENFISCHE

Anemonenfische leben in einer **mutualistischen Symbiose** mit **Seeanemonen** (ähnlich wie Quallen und Korallenpolypen). Die **Stiche der Anemonen schützen die Fische vor Feinden** und **die Fische säubern die Anemonen und schützen sie vor kleineren Fischen**. Ein **spezieller Schleim** macht die Fische **immun gegen das Gift der Anemonen**.

BIOLOGIE UND MEDIZIN

MIKROBIOME

Mikroorganismen, etwa Bakterien, Archaeen und Pilze, leben in symbiotischen Beziehungen mit anderen Organismen. Ohne sie könnten wir nicht überleben. Sie schützten uns vor Infektionen, bauen die Nahrung im Körper ab und setzen Nährstoffe und Energie frei.

In und auf unserem Körper leben Milliarden von Mikroorganismen, darunter **Bakterien**, **Pilze**, **Archaeen** (eine Art von einzelligen Organismen) und **Viren**. Das **Mikrobiom** ist die Bezeichnung für die **Gesamtheit aller Gene dieser Organismen**. Ein funktionierendes **Mikrobiom ist für unsere Gesundheit äußerst wichtig**.

SYMBIOSEN

Wir leben mit vielen Mikroben in **wechselseitiger Abhängigkeit**. Sie sind für die **Gesundheit so wichtig**, dass man sie auch das **„vergessene Organ"** nennt. Ein **vielfältiges Mikrobiom** sorgt für ein **gesundes Gleichgewicht**. Wenn **bestimmte Mikroben überhandnehmen**, kommt es zu einer **Infektion**.

ERNÄHRUNG

Unsere Ernährung beeinflusst unser Mikrobiom. Eine ausreichende Zufuhr von **Ballaststoffen** fördert eine regelmäßige Verdauung. Verbleibt die Nahrung zu lange im Darm, entstehen durch die **Fäulnis Giftstoffe**, **die nützliche Mikroben töten**. Ein übermäßiger Verzehr von **Fett und Zucker verlangsamt die Verdauung** und beeinträchtigt die **Darmflora**.

Bei einer **Lebensmittelvergiftung** gelangt eine neue Bakterienart in den Körper und **bringt das Mikrobiom aus dem Gleichgewicht**.

MIKROBEN-MENSCH

In unserem Körper befinden sich **zehnmal mehr Mikroben als menschliche Zellen**.

DARMFLORA

Sie ist das Mikrobiom unseres Verdauungstrakts. **Bakterien helfen uns bei der Verdauung und schließen wichtige Nährstoffe für die Aufnahme durch den Körper auf**. Unterschiedliche **Stämme** von Darmbakterien erfüllen **verschiedene Funktionen**: Sie **erzeugen Vitamine**, **zerlegen Nahrungsbestandteile** und **schützen uns vor Infektionen**.

HAUTFLORA

Auch die **Haut** wird von **Bakterien**, **Pilzen**, **Viren** und **Archaeen** bevölkert. Ein **gestörtes Gleichgewicht** der Hautflora kann **Entzündungen**, **Autoimmunerkrankungen** und **Akne** verursachen.

DIE EVOLUTION

Die Evolution umfasst die kumulativen genetischen Veränderungen und vererbbaren Merkmale einer Population von Lebewesen. Evolution erzeugt Vielfalt und ist keine lineare Abfolge immer komplexerer Organismen.

ÜBER DIE ENTSTEHUNG DER ARTEN

Schon vor **Darwin** bemerkten viele Wissenschaftler, dass sich **Arten mit der Zeit veränderten**, etwa an der Pigmentierung von Motten oder Krabben. Der arabische Gelehrte **Al-Dschahiz** (776–868) erkannte **den Einfluss von Zeit und Umgebung auf das Jagdverhalten von Tieren**. Im Jahr 1859 erschien Darwins Werk ***Über die Entstehung der Arten***. Es behandelte das Konzept der **natürlichen Selektion**, das auch **Alfred Russel Wallace** (1823–1913) beschäftigte.

DIE NATÜRLICHE SELEKTION

- **Fortpflanzung und Überleben** hängen von verschiedenen Merkmalen ab.
- Die **erblichen Merkmale** einer Population **verändern sich mit der Zeit**.
- In allen Populationen gibt es genetische **Varianten**.

GEMEINSAME VORFAHREN

Die DNA von Menschen und Schimpansen ist zu 98,4 Prozent gleich. Menschen sind nicht **„weiter entwickelt“** als Schimpansen – beide Arten **stammen von einem gemeinsamen Vorfahren ab**, der vor rund 7 Millionen Jahren lebte. **Wale**, **Schwertwale** und **Delfine** stammen vom gleichen **Vorfahren** ab wie **Nilpferde**, **Kühe** und **Antilopen**. Dieser lebte vor rund 55 Millionen Jahren.

Oft wird vom „Überleben des Stärksten“ gesprochen. Gemeint ist jedoch nicht der körperlich stärkste Organismus, sondern der, der sich an seine Umwelt anpassen kann, um zu gedeihen und sich fortzupflanzen.

GEFIEDERTE DINOSAURIER

Unter den **Überlebenden** des Massenaussterbens an der **Trias-Jura-Grenze** vor 201,3 Millionen Jahren befanden sich **gefiederte Dinosaurier** – die **Vorfahren** der heutigen **Vögel**. **Krokodile** und Vögel haben gemeinsame Vorfahren.

Krokodile *Ornithischia* *Sauropoden* *Ceratosauria* *Tyrannosaurus*

Ornithomimosauria *Deinonycchosauria* *Archaeopteryx* *Vögel*

ADAPTATION

Adaptation bezeichnet die **Anpassung** von Organismen an ihre Umwelt, durch **genetisch vererbbare Merkmale**. **Organismen, die sich besser anpassen und dadurch überleben, haben eine größere Wahrscheinlichkeit, sich fortpflanzen zu können**. Im Jahr 1835 erkundete **Charles Darwin** (1809–82) die **Galapagos-Inseln**. Er bemerkte, dass es auf jeder Insel **eine eigene Finkenart** gab, deren **Schnabelform an das Ökosystem und die Nahrungsquellen** der jeweiligen Insel **angepasst war**.

GENE UND MUTATIONEN

Stirbt ein Organismus, bevor er Nachkommen hat, verschwinden seine Gene aus dem Genpool, während ein Organismus, der viele Nachkommen auf die Welt bringt, seine Gene weiterverbreitet.

BEGRIFFE DER GENETIK

- **Allel**: die verschiedenen Varianten eines Gens
- **Genotyp**: das Gen für ein bestimmtes Merkmal
- **Phänotyp**: das körperliche Erscheinungsbild

UMWELTEINFLÜSSE

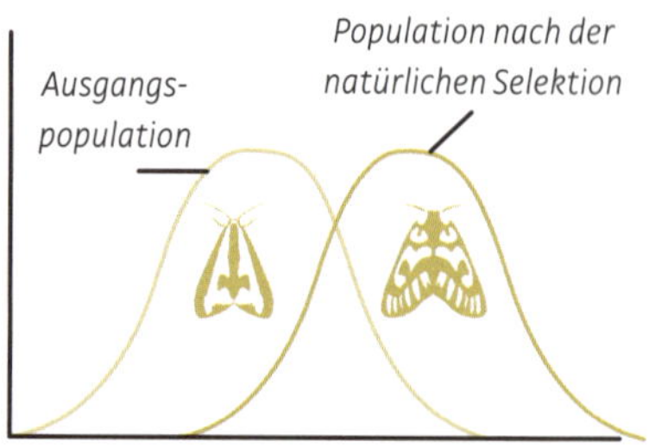

Der **Phänotyp** ist ein Ausdruck des **Genotyps** und der **Umweltfaktoren**. Im 19. Jahrhundert tarnte sich der **Birkenspanner** perfekt zwischen den **Flechten auf Baumrinden**. Der **Smog** führte in Industriegebieten zum **Absterben der Flechten** und **färbte die Bäume schwarz**. Hellgraue **Birkenspanner waren nun weniger gut getarnt und ein leichtes Opfer für Fressfeinde**. Die natürliche **Selektion bevorzugte darum Tiere mit dunklerer Färbung**.

SPONTANE MUTATIONEN

Genetische Mutationen können für einen Organismus **nützlich**, **sinnlos** und **nachteilig** sein. Eine Mutation **hat nicht immer einen Zweck**. Sie geschieht **zufällig**, aber es gibt auch **vererbbare Anpassungen**, die **von Generation zu Generation weitergegeben** werden. **Spontane Mutationen können zu selektierten Merkmalen werden.**

VERERBTE MERKMALE

Es gibt **rezessive** und **dominante** Merkmale. **Dominante Genotypen** werden **häufiger vererbt**. Die **Veränderung phänotypischer Merkmale** – z. B. Muskelaufbau durch Training – ist **nicht vererbbar**. Eltern, die Bodybuilding betreiben, haben keine muskulösen Babys. **Die Selektion steuert also die Vererbung** im Rahmen des Möglichen .

EPIGENETIK

Sie untersucht **die Faktoren der genetischen Vererbung**, die zum Beispiel dazu führen können, dass **Stress während der Schwangerschaft** das Erbgut verändert.

EPIGENETISCHE VERÄNDERUNG

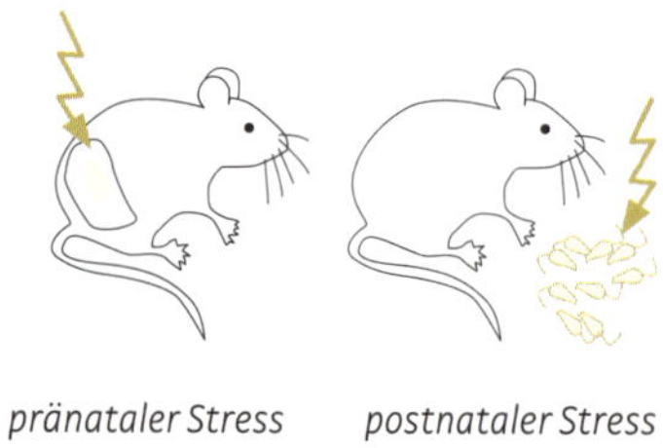

GENDRIFT

Neben Anpassungen und Mutationen gibt es noch **Drift** – eine **zufällige Veränderung der Allelhäufigkeit**, die oft mit dem ***zufälligen* Verschwinden von Merkmalen** in kleinen Populationen assoziiert wird.

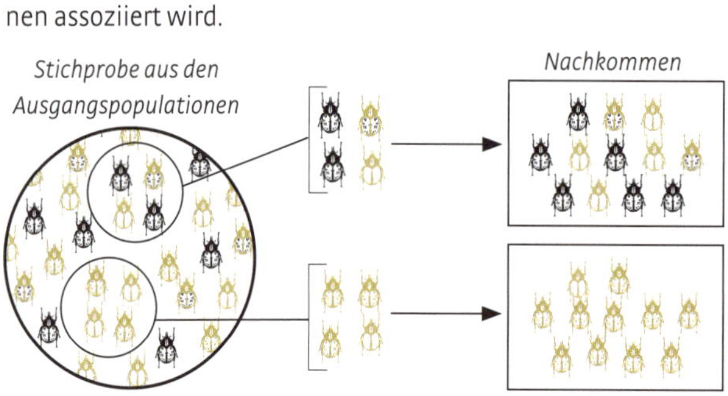

EVOLUTION DER HAUSTIERE

Vor über 5000 Jahren begannen Menschen, aus Wölfen durch **selektive Züchtung** Bernhardiner und Chihuahaus zu machen. **Inzucht** führt jedoch bei allen Tieren zu **ernsten gesundheitlichen Störungen**.

ZOOLOGIE

Die Zoologie beschäftigt sich mit Tieren, ihrem Verhalten, ihrer Anpassung an ihre Umwelt und der Koexistenz mit anderen Tieren. Die vergleichende Anatomie untersucht den Körperbau der verschiedenen Arten.

ZOOLOGISCHE KLASSIFIKATION

Damit Wissenschaftler Vergleiche anstellen können, müssen Lebewesen genau klassifiziert werden. **Taxonomische Systeme** stellen **evolutionäre Zusammenhänge** dar.

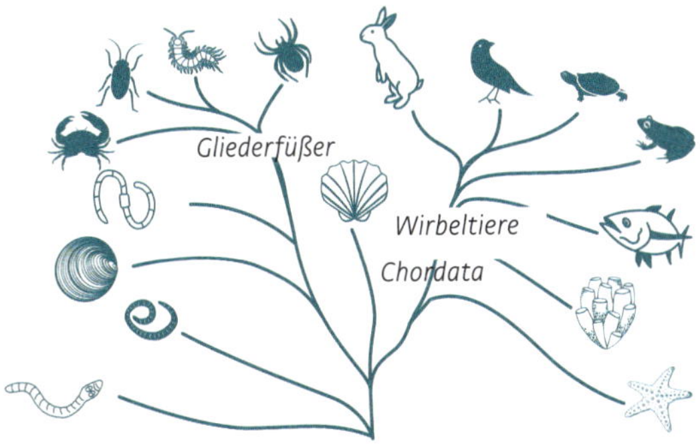

Die Arten werden in verschiedene **taxonomische Kategorien** eingeordnet:

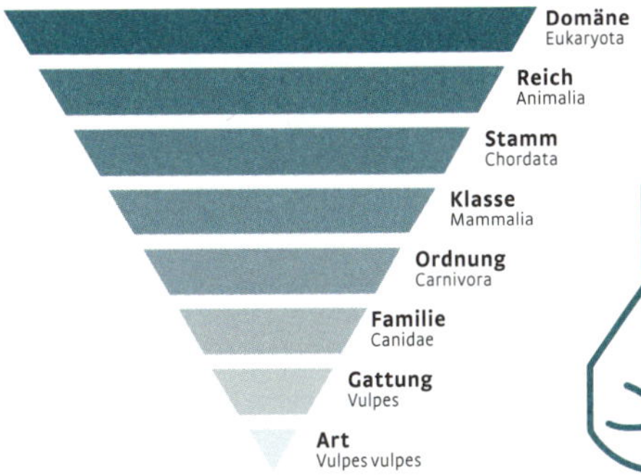

KONVERGENTE EVOLUTION

Manche Arten haben **ähnliche Körperteile**, auch wenn sie sonst sehr unterschiedlich sind. Die anatomischen **Ähnlichkeiten** zwischen **Pinguinen** und **Robben** zeugen vom **Leben im antarktischen Ökosystem** – beide Arten haben einen **großen Körper**, **Flossen** und einen **an die Kälte angepassten Metabolismus**.

MORPHOLOGIE

Die Morphologie beschäftigt sich mit strukturellen Merkmalen wie **Körpergröße** und **Form**. Die Körper von **Delfinen** ähneln jenen der ausgestorbenen **Ichthyosaurier**, die vor rund 250 Millionen Jahren die Meere bevölkerten. Durch Fossilienfunde weiß man, dass sie **Flossen** hatten, **Raubtiere** waren und **lebend gebärten** – wie Delfine. **Genetisch** sind die **Ichthyosaurier** aber **enger mit Hühnern verwandt** – und **Delfine mit Kaninchen**.

KNOCHENBAU

Im Vergleich der **oberen Extremitäten** verschiedener Organismen sieht man, wie sich der **Knochenbau im Laufe der Evolution verändert und angepasst hat** – z. B. für das **Schwimmen**, **Fliegen** und **Klettern**. Das lässt auf eine **gemeinsame Abstammung** aller Lebewesen schließen.

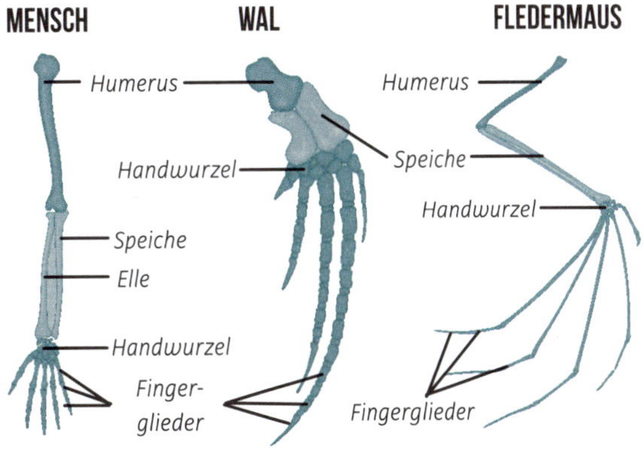

ÄHNLICHKEITEN UND BESONDERHEITEN

Tiere haben **für die Bewegung und Nahrungsaufnahme unterschiedliche Körperteile**, aber **viele Tiere verarbeiten die Nährstoffe im Körper ähnlich**. Manche tierische Zellen haben sich **metabolisch angepasst**, etwa für den **Winterschlaf** und die **Vogelwanderung**.

FORTPFLANZUNG UND KLONE

Manche Arten pflanzen sich ungeschlechtlich fort, während sich andere Lebewesen geschlechtlich vermehren. Zwillinge sind natürliche Klone.

KEIMZELLEN (GAMETEN)

- Jene Zellen, die für die Fortpflanzung einer Art sorgen, z. B. die **Sporen von Pilzen** oder **Ei- und Samenzellen von Chordatieren**.
- Gameten haben **einen Chromosomensatz**, sind also **haploid**.
- **Menschliche Keimzellen** enthalten **23 Chromosomen**.

SOMATISCHE ZELLEN

- **Somatische Zellen** sind die Körperzellen eines Organismus.
- Die **Körperzellen von Menschen** enthalten **46 Chromosomen**.
- Die Chromosomenzahl von 46 ist die **doppelte Anzahl der haploiden Chromosomen**.

MITOSE

Zellteilung, bei der die **Zellen genetische Information verdoppeln** und sich **teilen, um Zellen zu bilden und zu reparieren**.

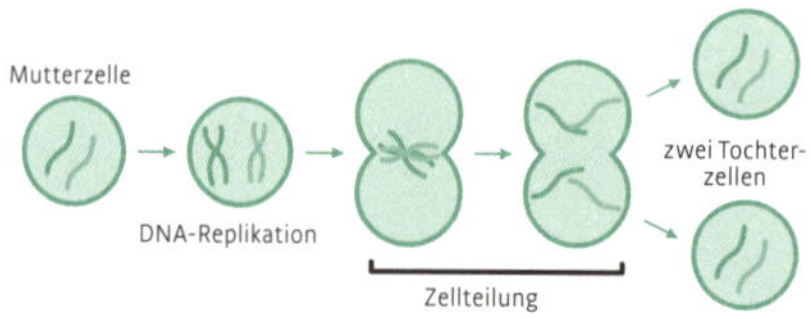

MEIOSE

Eine **besondere Art der Zellteilung**, bei der **Chromosomen halbiert** werden. Die Keimzellen von **ein- und vielzelligen Eukaryoten**, die sich geschlechtlich fortpflanzen (etwa von **Tieren**, **Pflanzen** und **Pilzen**) betreiben Meiose.

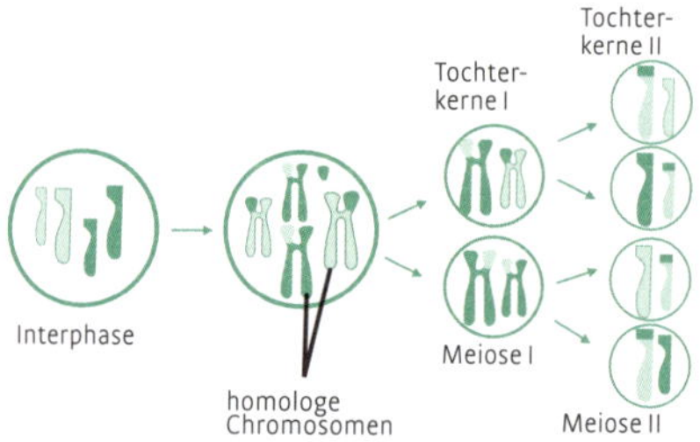

PAARUNGSVERHALTEN

- Männliche **Paradiesvögel** führen aufwendige **Balztänze** auf.
- **Schnecken** sind **Zwitter** (sie haben männliche und weibliche Organe).
- **Tiefsee-Anglerfische verschmelzen bei der Paarung miteinander**.
- **Gottesanbeterinnen fressen ihre Männchen**.
- **Männliche Giraffen kosten den Urin des Weibchens**, um ihre **Fruchtbarkeit** zu ermitteln.
- Bei manchen **Insekten** gibt es die **Parthenogenese** (Jungferngeburt).
- Viele Fische **ändern ihr Geschlecht** – z. B. **Anemonenfische** und **Grundeln**.
- **Weibliche Raubvögel** (**Adler**, **Falken**, **Eulen**) sind oft **größer als die Männchen**.
- **Delfine** haben auch **gleichgeschlechtlichen Sex**.

DIE SEXUALITÄT DES MENSCHEN

Liebeslieder, Geschlechtskrankheiten, Kinderkriegen, gesellschaftliche Vorurteile – die menschliche Sexualität kann kompliziert sein. Manche Menschen sind **homosexuell**, andere sind **heterosexuell**, **bisexuell**, **pansexuell** oder **asexuell** – alle diese Orientierungen sind **natürlich**. Für Menschen ist Sex **angenehm**. Manche Menschen sind **monogam**, manche nicht. Am wichtigsten ist jedoch, das beide (bzw. alle) Beteiligten **das erforderliche Schutzalter** und die **kognitiven Fähigkeiten** besitzen, um einer sexuellen Beziehung zuzustimmen.

ZWILLINGE

- **Eineiige Zwillinge** sind **monozygotisch** – sie entstanden **aus einer Eizelle** – und **natürliche Klone**.
- **Zweieiige** Zwillinge **entwickeln sich aus zwei unterschiedlichen Ei- und Samenzellen**.

STAMMZELLEN

Stammzellen können sich zu verschiedenen anderen Zelltypen entwickeln und spezialisieren, da sie undifferenzierte Zellen sind. Die Wissenschaft arbeitet an Stammzellentherapien, die eines Tages vielleicht Zellen und Gewebe, die durch Verletzung oder Krankheit beschädigt wurden, ersetzen können.

Die meisten Zellen unseres Körpers – etwa **Leber-, Netzhaut-** und **Blutzellen** – müssen sich **erneuern** und **sind auf eine bestimmte Funktion spezialisiert**.

ERWACHSENE STAMMZELLEN

- **Pluripotente Zellen**: Von ihnen gibt es **nur wenige im Körper**, etwa in den **Zähnen**, im **Knochenmark** und in den **Blutgefäßen**. Pluripotente Zellen **differenzieren entsprechend der sie umgebenden Zellen**.
- **Multipotente Zellen**: Sie sind **häufiger**, aber **können sich nicht so vielfältig differenzieren**.

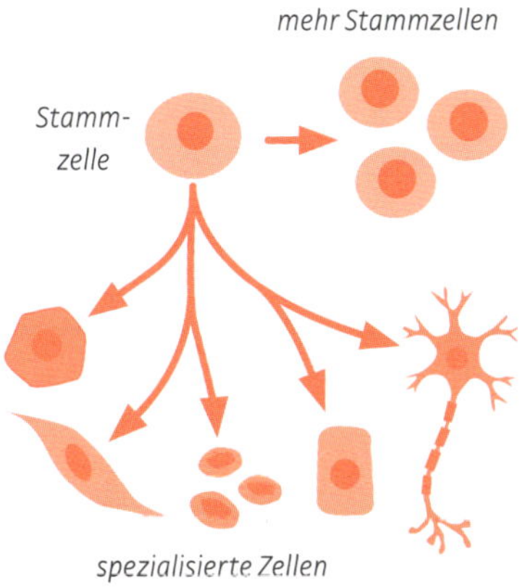

EMBRYONALE STAMMZELLEN

Sie sind die **Zellen**, **aus denen ein Embryo in der frühen Entwicklungsphase besteht**. Wenn eine Eizelle befruchtet wird, ist der **diploide Chromosomensatz komplett** und die **Zelle durchläuft die Meiose** (sie teilt und vermehrt sich). Sie entwickelt sich zu einer **Blastozyste**. In dieser Keimblase befinden sich die embryonalen Stammzellen.

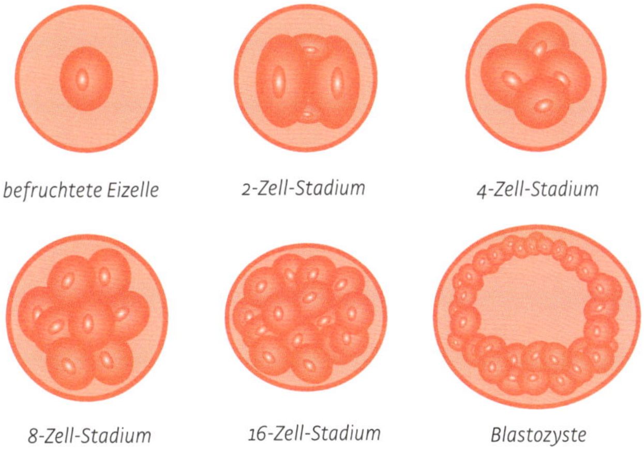

IN-VITRO-FERTILISATION

In-vitro-Fertilisation (**IVF**) ist **eine Methode zur künstlichen Befruchtung**, die auch in der **Stammzellenforschung** eingesetzt wird.

STAMMZELLENFORSCHUNG

Bis jetzt waren erst **wenige Stammzellentherapien erfolgreich**, aber **Fortschritte** lassen hoffen, dass man mit Stammzellen bald **kranke und beschädigte Zellen reparieren und ersetzen kann**. Man könnte beispielsweise **Stammzellen als Ersatz für Leberzellen** in die Leber bringen, aber es ist schwierig, sie an Ort und Stelle zu halten.

ORGANSYSTEME DES MENSCHEN

In einem menschlichen Organismus gibt es elf wesentliche Körpersysteme, die alle miteinander wechselwirken.

SPEZIALISIERTE SYSTEME

- **Blutkreislauf**: **Herz**; **Venen** und **Arterien**; **rote Blutzellen** (kein Zellkern, transportieren Sauerstoff); **weiße Blutzellen**; **Plasma** und **Thrombozyten**.
- **Atmungssystem**: **Lungenbläschen** sorgen für den **Gasaustausch** von CO_2 und O_2.
- **Verdauungssystem**: der gesamte Verdauungstrakt von **Mund** bis **Anus** sowie die **Leber**.
- **Harnsystem**: unter anderem **Nieren** und **Blase**, die **Giftstoffe** aus dem **Blut** filtern.
- **Nervensystem**: Zellen, die **elektrische Signale** aussenden und empfangen können.
- **Hormonsystem**: einschließlich der **endokrinen Drüsen**, die den Körper **regulieren** – etwa die **Nebenniere**, die **Hypophyse**, die **Hoden** und **Eierstöcke**, die **Bauchspeicheldrüse**, die **Schilddrüse**, das **Gehirn** und die **Thymusdrüse**.
- **Immunsystem**: weiße Blutzellen (Lymphozyten: T-Zellen, B-Zellen und NK-Zellen); Neutrophile; Monozyten/Makrophagen; und auch **Milzzellen**.
- **Hautsystem**: **Haare**, **Nägel** und **Hautzellen**; Schichten mit **Talg- und Schweißdrüsen**, **Fettzellen**, **Hautzellen** mit **Melanin**.
- **Skelett**: **osteogene** (knochenbildende) Zellen werden zu **Osteoblasten**, die eine **mineralische Knochenmatrix** erzeugen und **Osteozyten** bilden.
- **Muskulatur**: diese Zellen haben **kontraktile Proteine**, die Muskeln zusammenziehen.
- **Geschlechtssystem**: **äußere und innere Fortpflanzungsorgane**.

AUFBAU EINES KNOCHENS

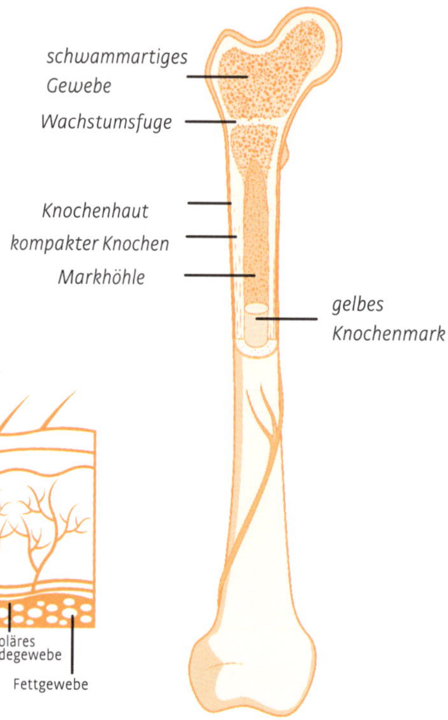

AUFBAU DER HAUT

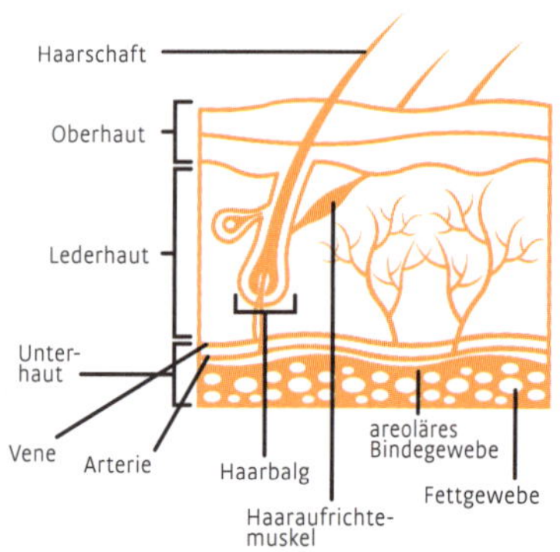

ZELLDIFFERENZIERUNG

In einem ausgewachsenen Menschen gibt es über 200 verschiedene Arten von Zellen. Vielzeller beginnen ihr Leben als **Zygote** (befruchtete Eizelle). In vier Tagen entwickelt sich die menschliche Zygote zu einer **Blastozyste**, und der bis dahin homogene Zellhaufen teilt und vermehrt sich und **differenziert** zu verschiedenen Zellen, etwa für Organgewebe.

GENEXPRESSION

Jede **differenzierte somatische Zelle** enthält die gleiche **DNA**, aber jede muss **die richtige genetische Information empfangen**, um **die passenden Proteine** für ihre spezielle **Aufgabe** herzustellen. **Genexpression** bedeutet, dass eine Zelle bestimmte Gene aktiv verwendet.

MENSCHLICHE ANATOMIE

Die Anatomie beschäftigt sich mit dem Aufbau des Körpers, seinen Organen, Strukturen und Geweben sowie den Zusammenhängen zwischen ihnen.

GEBIETE DER ANATOMIE

- **Systematische Anatomie**: beschäftigt sich mit Systemen.
- **Topografische Anatomie**: untersucht Körperregionen..

ANATOMISCHE EBENEN

Anatomen geben die Lage **bestimmter Strukturen** im Körper mithilfe von **Körperebenen** an.

OBERFLÄCHENANATOMIE

Beschäftigt sich vorwiegend mit der Haut und dem **Stütz- und Bewegungsapparat** und basiert ihr Verständnis des Körpers auf der Untersuchung der Körperoberfläche.

NAMEN DER MUSKELN

Die Bezeichnungen für die Muskeln klingen kompliziert, folgen jedoch einfachen Kriterien:

- Größe
- Form
- Lage
- Faserverlauf
- Bewegung (Muskelaktion)
- Ursprungstellen
- Ursprungs- und Ansatzstellen
- Funktion

BEWEGUNGEN

Anatomen verwenden spezifische Begriffe, um die Bewegungen der Muskeln zu beschreiben.
Protraktion: Vorwärtsbewegung
Retraktion: Rückwärtsbewegung
Abduktion: bewegt sich weg von
Adduktion: bewegt sich hin zu
Flexion: Beugung
Extension: Streckung
Pronation: Auswärtsdrehung
Supination: Einwärtsdrehung
Levator: Hebemuskel
Depressor: Senkmuskel
Rotator: Drehmuskel
Sphinkter: ringförmiger Schließmuskel

MUSKELGRÖSSE

Maximus oder magnus: der größte Muskel einer Muskelgruppe
Minimum: der kleinste Muskel
Longus: der längste Muskel
Brevis: der kürzeste Muskel
Latissimus: der breiteste Muskel

MUSKELFORM

Trapezius: trapezförmig
Deltoid: dreieckig
Serratus: „sägeförmig"
Platysma: flach und breit

MUSKELRICHTUNG

Rectus: Die Fasern verlaufen parallel zur Mittellinie bzw. zur Wirbelsäule.
Obliquus: verläuft in einem Winkel
Transversus: verläuft quer

ANZAHL DER URSPRUNGSPUNKTE DER MUSKELN VOM KNOCHEN

Bi: zwei
Tri: drei
Quad: vier
(Beispiele: **Bizeps**, **Trizeps** und **Quadrizeps**.)

FUNKTION

Beispiele für Muskelfunktion:
Masseter: Kaumuskel
Risorius: Lachmuskel

LAGE

Medial: nahe der Mitte
Lateral: außerhalb, zur Seite hin

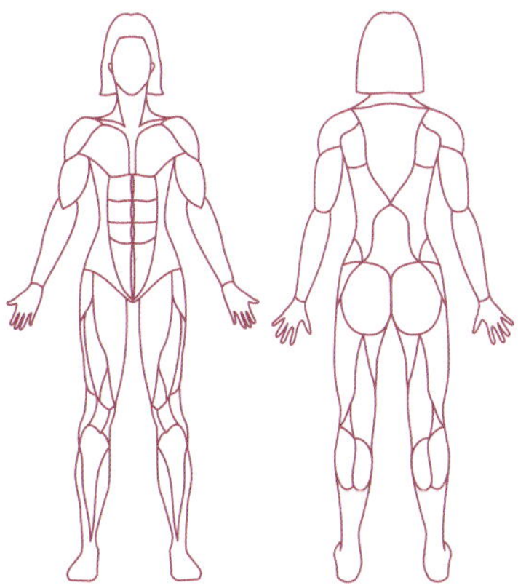

DAS IMMUNSYSTEM

Das Immunsystem ist der körperliche Abwehrmechanismus gegen Krankheitserreger.

ANTIGENE/PATHOGENE

Organismen oder **Teilchen**, die **eine Immunreaktion hervorrufen**.

ANTIKÖRPER

Antikörper sind **Proteine**, die sich **an Pathogene heften**. Das Protein **Immunoglobulin** wird **von Plasmazellen erzeugt** und **neutralisiert die Erreger**.

LYMPHOZYTEN

Lymphozyten sind **weiße Blutzellen**, die **Pathogene zerstören und fressen**. Diesen Vorgang nennt man **Phagozytose**. Zu den Lymphozyten gehören: **T-Zellen**, **B-Zellen**, **NK-Zellen**, **Neutrophile**, **Monozyten** und **Makrophagen**.

ADAPTIVE IMMUNANTWORT

Wenn **Viren** oder **Bakterien** in den Körper eindringen, wird das **Immunsystem aktiviert**. **B-Zellen** und **T-Zellen**, die **Antigene** angreifen, erkennen **Mikroben**, denen sie in der Vergangenheit **bereits begegnet** sind.

ANTIKÖRPER-PROTEIN

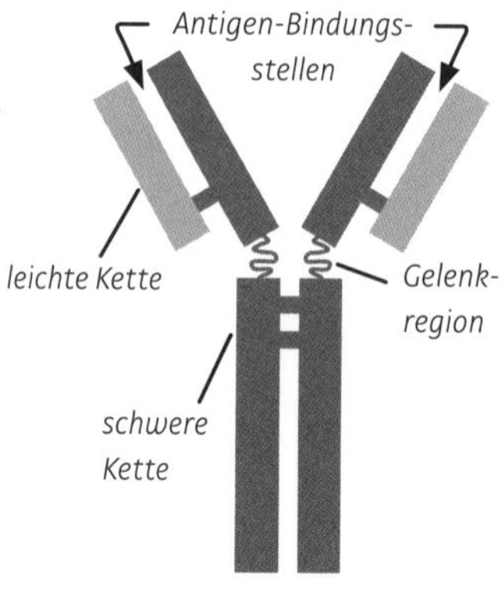

ANTIGEN

- Ein Protein, das sich an Fremdkörper bindet und das Immunsystem zur Produktion von Antikörpern anregt.
- Ein Virus, Bakterium, Toxin usw., das eine Immunreaktion hervorruft.

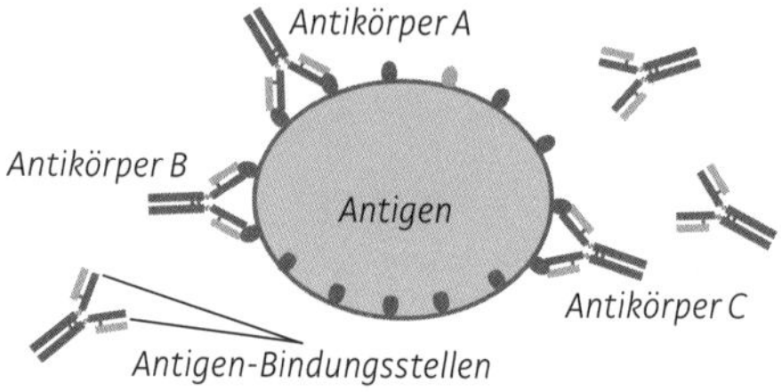

VERTEILUNG IM KÖRPER

Das Immunsystem wirkt von verschiedenen Stellen im Körper aus:

- **Lymphknoten**: Lymphozyten befinden sich in den Lymphknoten und erkennen Erreger.
- **Weiße Blutzellen**: Sie greifen Krankheitserreger an.
- **Knochenmark**: Dort werden Blutzellen gebildet.
- **Zilien der Atemwege**: Feine Härchen, die Pathogene entfernen.
- **Haut**: Bildet eine Schutzbarriere.
- **Magen**: Die Magensäure tötet Bakterien.
- **Milz**: schützt vor bakteriellen Infektionen.

TEILGEBIETE DER IMMUNOLOGIE

- Krebsimmuntherapie
- Immunregulation
- virale Immunobiologie
- Entzündungsforschung
- Tumorimmunologie

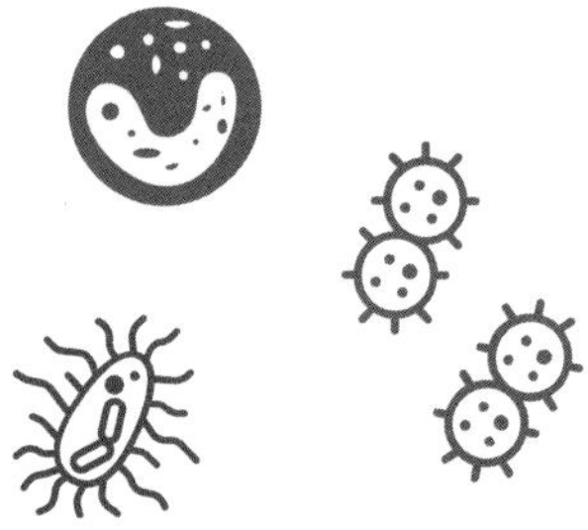

IMMUNERKRANKUNGEN

- **Autoimmunerkrankungen**: **überaktives Immunsystem**, der **Körper greift seine eigenen Zellen an**. (Beispiele: **allergische Reaktionen**, **Arthritis**, **Typ-1-Diabetes**, **Psoriasis**, **Zöliakie**, **Lupus**, **Narkolepsie**.)
- **Immunschwäche**: **der Körper kann sich nicht ausreichend gegen Pathogene schützen**, das **Infektionsrisiko steigt**.
- **Krebs**: Krebszellen **verstecken sich** in Molekülen **vor dem Immunsystem**; Krebs bedeutet **unkontrolliertes Zellwachstum** im Körper.
- **Hygienehypothese**: **übertriebene Sauberkeit** schwächt das Immunsystem.

DER BLUTKREISLAUF

Blut ist eine komplex aufgebaute Körperflüssigkeit. Es besteht zur Hälfte aus Plasma (Wasser, Elektrolyte und Protein), der Rest setzt sich aus roten und weißen Blutzellen sowie den Blutplättchen zusammen.

BLUTZELLEN

Die meisten roten Blutzellen, die weißen Blutzellen und die Blutplättchen werden im **Knochenmark** gebildet.

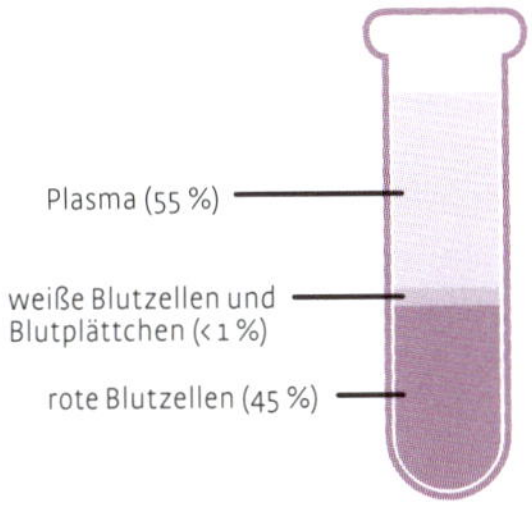

- **Weiße Blutzellen (Leukozyten)**: Zwei wesentliche Arten sind die **B-** und **T-Zellen**; weiße Blutzellen sind ein Teil des **Immunsystems**.
- **Blutplättchen (Thrombozyten)**: Sie sind für die **Blutgerinnung** bei Verletzungen zuständig, sodass sich auf der Wunde **Schorf** bildet.
- **Rote Blutzellen (Erythrozyten)**: Sie transportieren **Sauerstoff** durch den Körper. Ihre **Struktur** bildet eine **möglichst große Fläche für die Aufnahme von Sauerstoff**. Sie enthalten das Protein **Hämoglobin**, das Sauerstoff bindet. Da sie keinen **Zellkern** haben, findet bei ihnen **keine Meiose** statt.

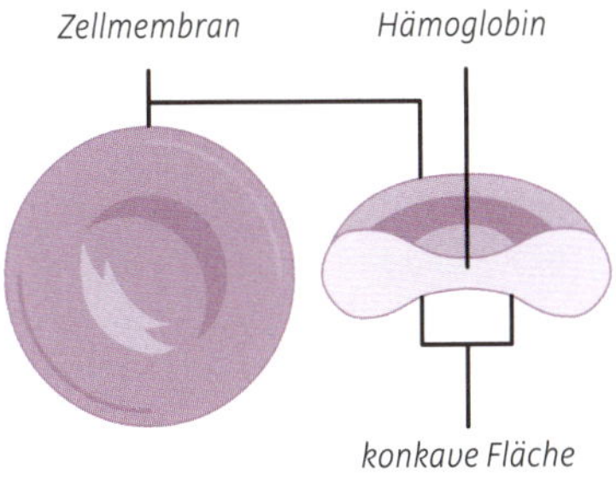

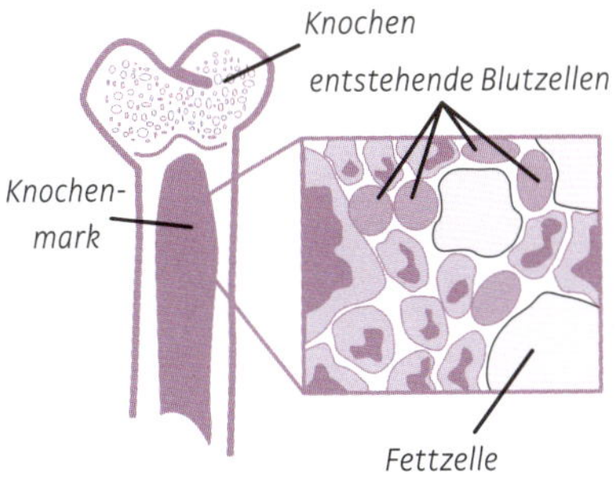

BLUTKREISLAUF

Der englische Arzt **William Harvey** (1578–1657) entdeckte, dass das **Herz Blut durch den Körper pumpt**.

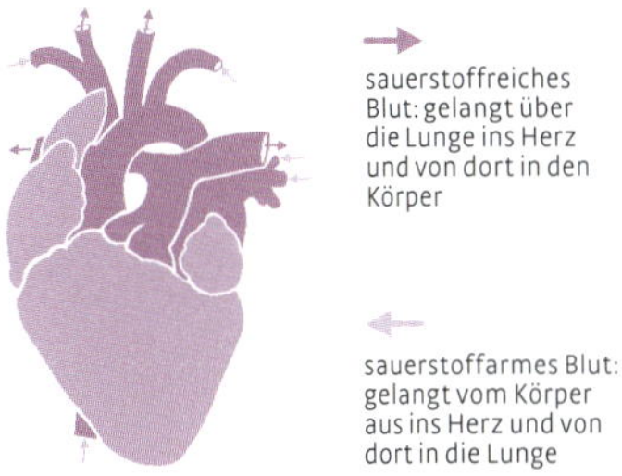

Er bemerkte, dass **Venen v-förmige Klappen** haben, die das **Blut in eine Richtung durchlassen**, und erkannte, dass **Arterien und Venen unterschiedliche Funktionen haben**:

- **Arterien**: Sie versorgen den Körper mit Blut und führen es **vom Herzen weg**.
- **Venen**: Sie transportieren Blut von den Organen **zum Herzen**.

DOPPELTER BLUTKREISLAUF

Der Mensch besitzt einen **doppelt geschlossenen Blutkreislauf**: einer verläuft **zwischen Herz und Lunge**, der andere **zwischen dem Herzen und den anderen Organen**.

- **Lungenkreislauf**: Er transportiert das Blut **zur Lunge**, wo es durch die **Atmung** mit **Sauerstoff angereichert wird**.
- **Körperkreislauf**: Er pumpt das Blut **durch den Körper** und versorgt ihn mit **Sauerstoff** und **Nährstoffen**, die von den **Zellen aufgenommen werden**.

DIE ATMUNG

- **Beim Einatmen** gelangt **Sauerstoff** durch die **Lungenbläschen** ins Blut und wird vom **Hämoglobin** aufgenommen.
- **Beim Ausatmen** wird **Kohlendioxid** vom **Blut** an die **Lungenbläschen** abgegeben.

PARASITEN

Parasiten können Einzeller oder Vielzeller sein. Die Parasitologie erforscht diese Organismen.

EKTOPARASITEN UND ENDOPARASITEN

Ektoparasiten befallen die **Haut bzw. die Oberfläche** ihres Wirts, **Endoparasiten** das **Körperinnere**.

OPHIOCORDYCEPS

Dieser **parasitische Pilz** befällt **Insekten** und ernährt sich von ihnen, bis er **Sporen bildet**. Dann **kontrolliert er das Gehirn des Insekts** und bewegt es an einen feuchten Ort, wo die **Sporen aus dem Kopf des Insekts platzen**.

PARASITÄRE WESPEN

- Sie **legen ihre Eier auf oder in die Körper anderer Gliederfüßer**, z. B. **Raupen**.
- Aus den **Eiern** schlüpfen **Larven**, die durch die **Bildung von Hormonen** die **Entwicklung der Raupe beeinflussen**.
- Sind die Larven bereit, **lähmen sie die Raupe**.
- Die endoparasitischen Wespenlarven **schlüpfen aus dem Körper der Raupe**.

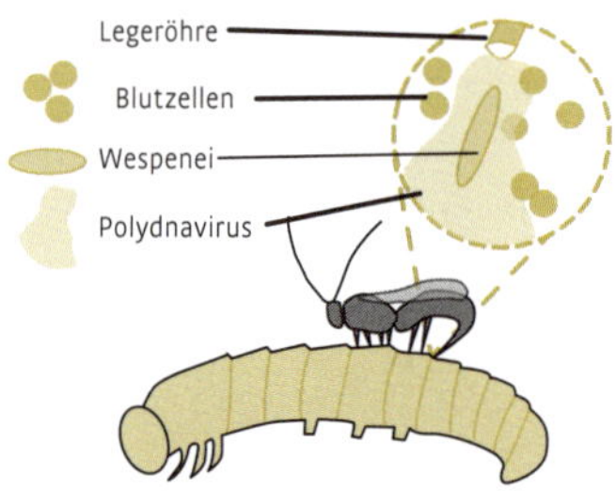

WOLBACHIA

Diese **parasitäre Bakteriengattung** infiziert **Rollasseln und Marienkäfer** und verbreitet sich über Gameten – in diesem Fall Eizellen. Wolbachia **können Männchen in Weibchen umwandeln**, um mehr Eizellen zur Verfügung zu haben. Das Geschlechterverhältnis der Insekten gerät ins Ungleichgewicht, aber **Rollasseln können intersexuell werden**, um das Überleben ihrer Art zu sichern.

NÜTZLICHER PARASIT

Wolbachia befällt auch **Mücken** und kann die Überträger des **Zika-Virus**, **Dengue-Fiebers** und **Gelbfiebers** unschädlich machen, indem sie in der Mücke **die Nahrungsquellen der Viren verbraucht**.

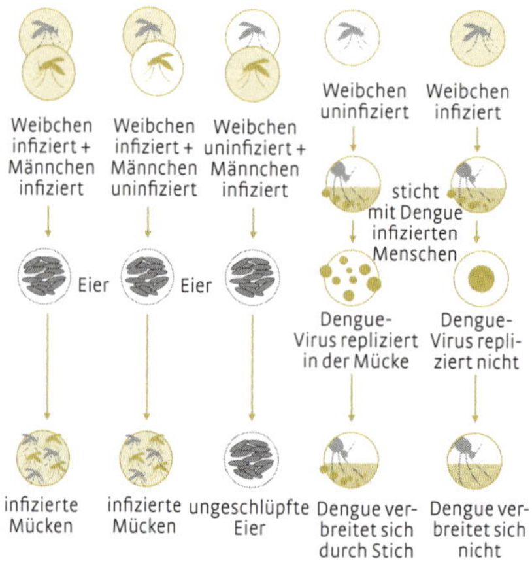

PLASMODIUM

- Erreger der **Malaria**.
- Infiziert im Wechsel Mücken und **Menschen**.
- Befällt die **Leber** und die **roten Blutzellen**, verursacht **Fieber**, **Müdigkeit**, **Erbrechen**, **Kopfschmerzen**, **Krämpfe** und **Tod**.
- Allein im Jahr 2017 starben 435.000 Menschen an Malaria.

TU YOUYOU ISOLIERT ARTEMISININ

Die chinesische Pharmakologin Tu Youyou (* 1930) **extrahierte** nach ausgedehnter Forschung mithilfe von **Methoden aus der traditionellen chinesischen Medizin** den Stoff **Artemisinin** aus dem **Einjährigen Beifuß**. Artemisinin ist ein Wirkstoff, der die **Plasmodien** (die Erreger der Malaria) **tötet**. Im Jahr **2015** wurde ihr für ihre Arbeit der **Nobelpreis für Medizin** verliehen.

DAS ARTEMISININ-MOLEKÜL

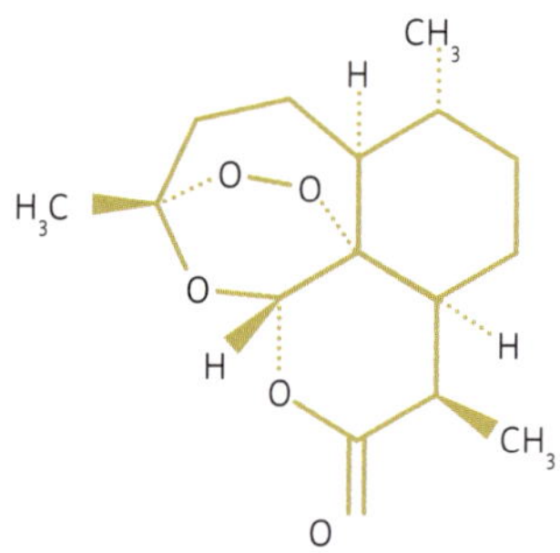

NEUROWISSENSCHAFTEN

Die Neurowissenschaften untersuchen das Nervensystem, die Eigenschaften der Nervenzellen und die Wechselwirkungen zwischen Nerven, Gehirn und Bewusstsein.

- **Zentrales Nervensystem** (**ZNS**): **Gehirn** und **Wirbelsäule**.
- **Peripheres Nervensystem** (**PNS**): die **Nerven** – **Sinnesnerven**, **motorische Nerven** (somatisches und autonomes Nervensystem).
- **Enterisches Nervensystem**: das **Nervensystem des Magen-Darm-Trakts** (unabhängig vom ZNS).

FUNKTIONSWEISE

- **Sensorischer Input**: **Veränderungen der Umgebung werden wahrgenommen** – Sinnesnerven **übertragen Reize ins ZNS**.
- **Integration**: **verarbeitet die Signale** und **entscheidet**, **was zu tun ist**.
- **Motorischer Output**: **Antwort** auf den Input – Signale **an die Muskeln**.

NERVENZELLEN (NEURONEN)

- **Nervenzellen** können dank ihrer Struktur **elektrische Impulse aussenden und empfangen**.
- Sie sind die **langlebigsten** Zellen im Körper.
- Die meisten sind **amitotisch** (sie ersetzen sich nicht selbst).
- **Axone** übertragen **Impulse**.
- Neuronen verknüpfen sich und **bilden neuronale Netze**.

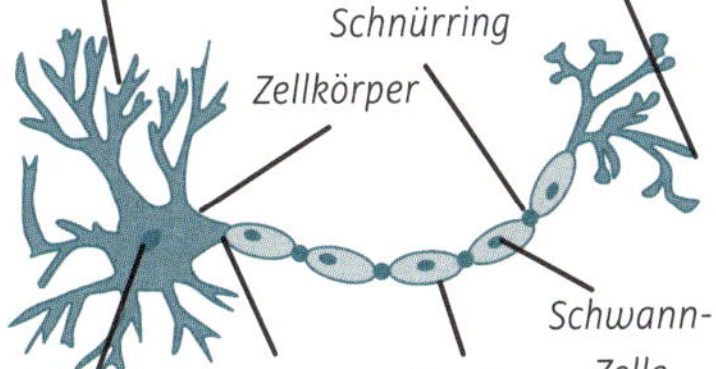

GLIAZELLEN

Sie unterstützen die Nervenfunktion:

ZNS

- **Astrozyten**: regulieren, stützen
- **Mikroglia**: Wirbelsäulenschutz
- **Ependymzellen**: kleiden das Gehirn aus
- **Oligodendrozyten**: bilden die Myelinscheiden

PNS

- **Schwann-Zellen**: bilden eine isolierende Hülle um die Myelinscheide
- **Satellitenzellen**: umgeben die Nervenzellen

AKTIONSPOTENZIAL

Die ***Frequenz*** eines **elektrischen Impulses** in einer Nervenzelle überträgt die ***Intensität*** des Signals, z. B.: **großer Schmerz = hohe Frequenz**.

DAS GEHIRN

Die Gehirnregionen sind für unterschiedliche Funktionen zuständig:

- **Großhirn**: Windungen aus weißer Substanz, umgeben von grauer Substanz.
- **Frontallappen**: Emotionen, Prioritäten, Planung, Problemlösung.
- **Motorischer Cortex**: Bewegung.
- **Schläfenlappen**: Sprache und Gedächtnis,.
- **Sensorischer Cortex**: Sinne.
- **Scheitellappen**: Wahrnehmung, Verstehen, logisches Denken.
- **Hinterhauptslappen**: Sehen.
- **Kleinhirn**: Koordination.
- **Corpus callosum**: verbindet die beiden Gehirnhälften.
- **Hirnstamm**: Mittelhirn, Pons und Medulla oblongata. Überträgt Informationen; reguliert Puls, Atmung, Schlaf, Schmerzempfinden und Reizwahrnehmung.
- **Zwischenhirn**: Hypothalamus, Epithalamus, Mamillarkörper und limbisches System – Fortpflanzung, Sicherheit, Nahrungs- und Flüssigkeitsaufnahme, Schlaf, starke Emotionen (z. B. Angst).

CHIRURGIE

Manche Krankheiten und Verletzungen müssen operativ behandelt werden. Dabei wird der Körper durch einen Schnitt in die Haut geöffnet, damit unter Zuhilfenahme von chirurgischen Instrumenten Bereiche im Inneren verändert, entfernt oder repariert werden können.

ANÄSTHESIE

Bevor es Narkose gab, **konnte bereits der Schmerz bei einer Operation den Patienten töten** – besonders beim **Ziehen von Zähnen, wovon viele Leute betroffen waren**.

IMMUNREAKTION

Organtransplantationen sind riskant, da das **Immunsystem** des Körpers **Fremdgewebe oft abstößt**. Durch die Verwendung von **immunsuppressiven Mitteln** und die bessere **Übereinstimmung von Spendern und Empfängern** hat sich die **Erfolgsrate** jedoch **gesteigert**.

IMPLANTATE

Zu ihnen zählen: **künstliche Hüft- und Kniegelenke**, **Zahnimplantate**, **kosmetische und rekonstruktive Implantate** sowie **Geräte** wie **Herzschrittmacher**, **Blutzuckersensoren** und **Neurostimulatoren**.

ANTISEPTIKA

Sie **verringern das Infektionsrisiko**. Bei **tiefen Eingriffen** sind Antiseptika **gefährlich und können nicht verwendet werden.**

CHIRURGISCHE BEGRIFFE

-tomie: etwas wird geschnitten
-ektomie: wird herausgeschnitten
-ostomie: eine Öffnung wird erzeugt
-plastie: wird umgeformt
-plexie: wird an die richtige Position gebracht
-rraphie: etwas wird zusammengenäht – z. B. Gastrorrhaphie
-dese: etwas wird mit etwas anderem verbunden

ANTIBIOTIKA

Bevor es Antibiotika gab, kam es nach einer Operation **oft zu tödlichen Infektionen**. Die Entdeckung der Antibiotika hat die **Chirurgie sicherer gemacht**.

Chirurgische Instrumente werden nach ihrer Funktion unterteilt:

- **Greifer**: fassen etwas.
- **Klemmen**: klemmen etwas ab, z. B. ein Blutgefäß.
- **Retraktoren**: halten etwas offen.
- **Mechanische Schneidegeräte**.
- **Dilatatoren und Spekula**: weiten eine Öffnung.
- **Sauger**: saugen Flüssigkeit ab.
- **Spülkanüle und Nadeln**: spritzen oder entfernen Flüssigkeit.
- **Optiken und Sonden**: um Veränderungen zu sehen/messen.

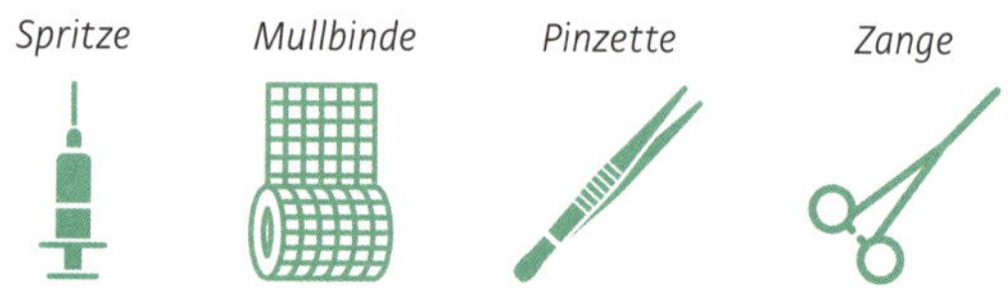

CHRONIK DER INNOVATIONEN

1914 erste indirekte Bluttransfusion
1950 erste Nierentransplantation
1960 erste künstliche Hüfte
1963 erste Lebertransplantation
1964 Einführung der Laser-Augenchirurgie
1967 erste Herztransplantation
1987 erste Herz- und Lungentransplantation
2005 erste Gesichtstransplantation
2008 Knopflochchirurgie mit Laser durchgeführt
2011 erste Beintransplantation
2012 erste Gebärmuttertransplantation

LIFE-HISTORY-THEORIE

Die „Theorie der Lebensgeschichte" beschäftigt sich mit den Lebenszyklusstrategien verschiedener Arten für ihren Umgang mit der Umwelt und Veränderungen des Lebensraums.

Zu den Faktoren für den Umgang mit vorhandenen Ressourcen gehören: **Lebensdauer**, **Anzahl der Nachkommen**, **Größe des Eis**, **elterliches Verhalten**, **Reifealter** und **Sterbealter**.

EINIGE ARTEN IM GRÖSSENVERGLEICH

1. Blauwal
2. Diplodocus
3. Tyrannosaurus rex
4. Riesenkalmar
5. Elefant
6. Mantarochen
7. Weißer Hai
8. Giraffe
9. Moa
10. Krokodil
11. Mensch

FISCHE UND IHR NACHWUCHS

Zwei Beispiele für unterschiedliche Strategien von Fischen bei der Aufzucht ihrer Jungen:

- **Kieferfische** beschützen ihre Jungen, nachdem diese aus den Eiern geschlüpft sind.
- Der **Atlantische Lachs** vergräbt befruchtete Eier im Sand, wo sie während der Wintermonate heranreifen. Geschlüpfte Lachsjunge wachsen ohne Zutun ihrer Eltern auf.

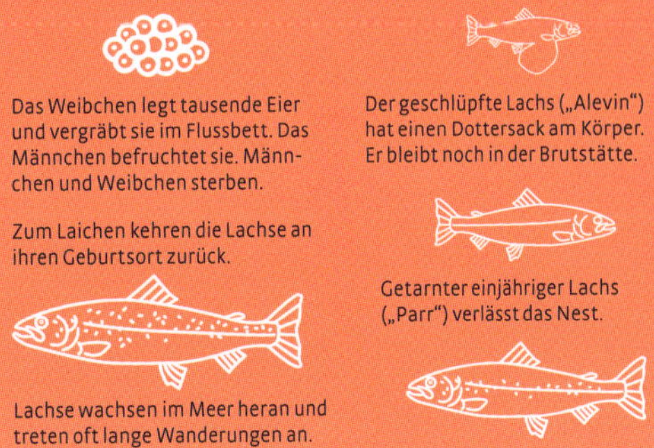

Bei der Life-History-Theorie geht es um die **Populationsstruktur von Lebewesen**: Welche Ereignisse im Leben eines Organismus sichern sein Überleben und das seines Nachwuchses?

Die Populationsökologie untersucht die **Bevölkerungsdynamik** im Laufe der Zeit sowie die Wechselwirkungen zwischen Population und Umwelt.

Organismen können **durch ihr Verhalten ihre Produktivität optimieren** – sodass die nächste Generation heranwachsen kann. Dieser Faktor ist in der Life-History-Theorie sehr wichtig.

- Wächst ein Organismus in einer **unwirtlichen** Umwelt auf, muss er sich rasch **anpassen**. Am besten ist eine **schnelle Strategie**, da der Organismus wahrscheinlich stirbt, bevor er sich fortpflanzen kann.
- Lebt eine Art unter **günstigen** Bedingungen, in der alle Ressourcen für das Überleben vorhanden sind und der Nachwuchs erfolgreich aufgezogen werden kann, ist eine **langsame Strategie** besser.

FORTPFLANZUNGSSTRATEGIEN

- **Semelparität**: Der Organismus pflanzt sich nur einmal fort.
- **Iteroparität**: Mehrere Fortpflanzungsgelegenheiten vor dem Tod.
- Manche Tiere **wechseln zwischen Semelparität und Iteroparität**, abhängig von Umweltfaktoren und vorhandenen Ressourcen.

PRINZIPIEN DER ÖKOLOGIE

Die Ökologie beschäftigt sich mit den Beziehungen zwischen verschiedenen Organismen und ihrer Umwelt.

1. Einzelorganismen bilden Populationen. Die **Abundanz** (Anzahl der Individuen in einer Population) und die **Diversität** (Artenvielfalt) **variieren mit der Zeit** und in ihrer Beziehung zueinander.

2. Die gesamte **Energie** (Nahrung) kommt von der **Sonne**. **Pflanzen** und **Algen** erzeugen durch **Photosynthese kohlenstoffreiche Zucker** (z. B. **Kohlenhydrate** und **Glucose**). Die Verteilung der Nährstoffe ist weniger eine **direkte Nahrungskette**, sondern **ein Netz aus Wechselwirkungen**.

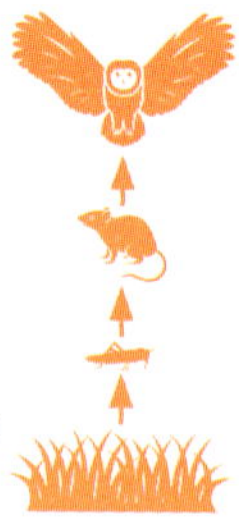

3. Die Energie ensteht in chemischen Reaktionen. **Der Metabolismus basiert auf chemischen und physikalischen Gesetzen.**

4. Die **Nährstoffe wandern zyklisch durch die Ökosysteme**. Elemente wie **Kohlenstoff**, **Stickstoff**, **Phosphor** und **Natrium** durchlaufen einen Kreislauf. Dazu gehört auch **der Zerfall und die Verwertung toter Organismen** eines Ökosystems.

5. Die Wachstumsrate einer Population ist abhängig von der Anzahl der **Geburten**, der **Sterbefälle** und **der Nettozuwanderung** in einem Gebiet.

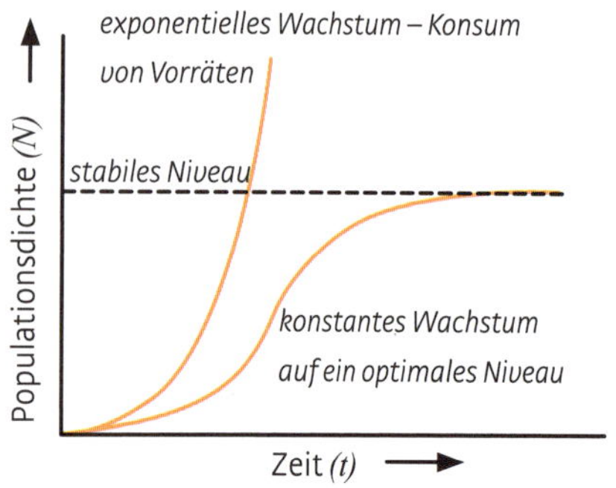

BEVÖLKERUNGSWACHSTUM

6. Die **Diversität eines Gebiets** ergibt sich aus der Anzahl an neuen Arten, dem Ausmaß der Abwanderung- und Zuwanderung sowie den ausgestorbenen Arten.

7. Verschiedene Organismen beeinflussen einander auf unterschiedliche Weise: sie **fressen einander**, **dienen anderen als Nahrung** und **teilen sich den Lebensraum oder die Nahrungsquellen**. **Die Wechselwirkungen der Organismen** in einem Gebiet beeinflusst ihre Anzahl.

8. Ökosysteme bestehen aus **Wechselwirkungsnetzen** und sind äußerst komplex.

9. **Menschliche Populationen spielen eine unverhältnismäßig große Rolle im Ökosystem.** Sie stören und verändern Wechselwirkungen und Nahrungszyklen, die zuvor Millionen von Jahren stabil waren.

10. **Der Mensch ist auf die natürlichen Kreisläufe angewiesen.** Ökosysteme liefern die Rohstoffe und Prozesse (**Ökosystemdienstleistungen**), die der Mensch zum Überleben benötigt.

DIENSTLEISTUNGEN DES ÖKOSYSTEMS

TROPHISCHE KASKADEN

Von Raubtieren über Pflanzen bis hin zu bakteriellen Sporen: Selbst geringste Einflüsse können in einem Ökosystem kumulativ wirken und zu großen Veränderungen führen. Das nennt man eine trophische Kaskade.

Tropismus: Ein biologisches Phänomen, bei dem **Wachstum oder Veränderung als Reaktion auf einen Umweltreiz stattfindet** – Wurzeln wachsen in die Erde und Blätter wenden sich der Sonne zu.
Trophieniveau: eine Ebene einer **Nahrungskette** oder eines **Nahrungsnetzes**.

TROPHISCHE KASKADE

Wenn ein Organismus in einer Nahrungskette oder einem Nahrungsnetz **ausstirbt** oder sich **stark vermehrt**, kann **das gesamte Ökosystem betroffen sein**. Wird ein **Raubtier** entfernt oder angesiedelt, entsteht ein **Kaskadeneffekt**, der die **Populationen** und **Nahrungszyklen** verändert.

Autotrophie: Organismen erzeugen ihre Nahrung selbst, zum Beispiel erzeugen Pflanzen Glucose direkt aus Sonnenlicht.
Heterotrophie: Organismen müssen andere Lebewesen fressen, um an die benötigten Nährstoffe zu gelangen.

WÖLFE IM YELLOWSTONE-PARK

Bis ins 20. Jahrhundert war **die Jagd auf Wölfe ein beliebtes Hobby**. An die Auswirkungen auf das Ökosystem dachte dabei niemand. Im Jahr 1926 starben die letzten beiden Wölfe im Park. **Ohne Wölfe vermehrten sich die Hirsche ungebremst.** Die wachsende Hirschpopulation konsumierte immer mehr Büsche, Gräser und andere Pflanzen. Pflanzen sind wichtig für Insekten und die Qualität des Bodens. Als sich die **Bodenbeschaffenheit änderte**, **waren auch die Bäume und alle anderen Arten des Ökosystems betroffen**. Im 20. Jahrhundert litt der Yellowstone-Nationalpark unter den Auswirkungen. Im Jahr 1995 **wurden Wölfe angesiedelt**, um das Ökosystem zu retten. Seitdem hat sich der Nationalpark **erholt**. **Tiere**, **Pflanzen und Boden** befinden sich wieder in einem ökologischen **Gleichgewicht**.

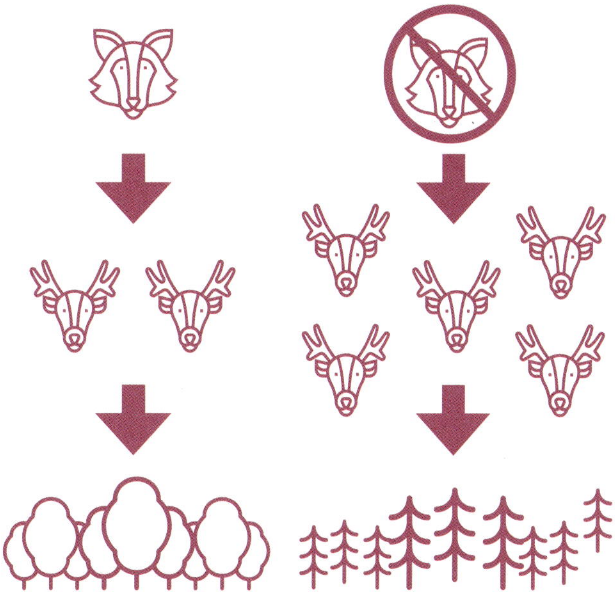

Top-Down-Effekt: Die Raubtierpopulation kontrolliert das Trophieniveau – z. B. regulieren Fleischfresser die Dichte der Pflanzenfresser.

Bottom-Up-Effekt: Ressourcenknappheit, etwa von Gräsern, reguliert die Anzahl der Pflanzenfresser und indirekt jene der Fleischfresser.

DIE WELTMEERE

Die Erde ist zu 71 Prozent von Wasser bedeckt und 50 bis 80 Prozent aller Organismen leben in den Meeren, aber erst zehn Prozent der Ozeane sind erforscht.

MEERESSTRÖMUNGEN

Die Meeresströmungen bilden **beständige Bewegungen**. Temperaturunterschiede erzeugen **Konvektionsströme**, die **Wasser und Nährstoffe transportieren**.

- Meeresströmungen sind oft tausende Kilometer lang.
- Kühlere, dichtere **Polarströmungen** senken sich ab und fließen in Richtung des warmen **Äquators**.
- Das am Äquator erwärmte kühle Wasser steigt hoch.
- Die wärmeren, weniger dichten **Äquatorialströme** steigen hoch und fließen in Richtung der kühlen **Pole**.
- Das an den Polen gekühlte warme Wasser sinkt ab.

CORIOLISEFFEKT

Der Corioliseffekt wird durch die **Rotationsrichtung der Erde** verursacht.

- Die Winde der Nordhalbkugel bewegen die Strömungen im Uhrzeigersinn.
- Die Winde der Südhalbkugel bewegen die Strömungen gegen den Uhrzeigersinn.

SALINITÄT

- Die Salinität ist der **Salzgehalt** der Meere.
- Salzwasser **ist dichter als Süßwasser**.
- Meere und **Flüsse** beeinflussen die Meeresströmung.
- Die **Verdunstung** erhöht die Salinität.
- Salzströme transportieren salzhaltigeres Wasser zum Meeresgrund und erzeugen **Tiefenströme**.

Die **thermohaline (aus Wärme und Salz erzeugte) Zirkulation** erzeugt Tiefenströme, die durch die **Dichteunterschiede** angetrieben werden.

LA NIÑA / EL NIÑO

Komplexe Veränderungen der Strömungssysteme im **zentralen und östlichen tropischen Pazifik**.

- **El Niño**: Die Wassertemperatur des Meeres ist **wärmer als normal**, was die Windrichtung über dem Pazifik umkehrt.
- **La Niña**: Im äquatorialen Pazifik ist die Wassertemperatur in unregelmäßigen Intervallen **kühler als normal**.

MEERESTIEFE

Ozeanografen und **Meeresbiologen** teilen den Ozean in verschiedene Tiefenzonen ein.

MARIANENGRABEN

Dieser Tiefseegraben befindet sich auf dem **Meeresgrund des Westpazifik**. Er ist rund 2500 km lang und 70 km breit. Die tiefste Stelle liegt in 11.000 Metern Tiefe. Der **Mount Everest würde im Graben verschwinden**.

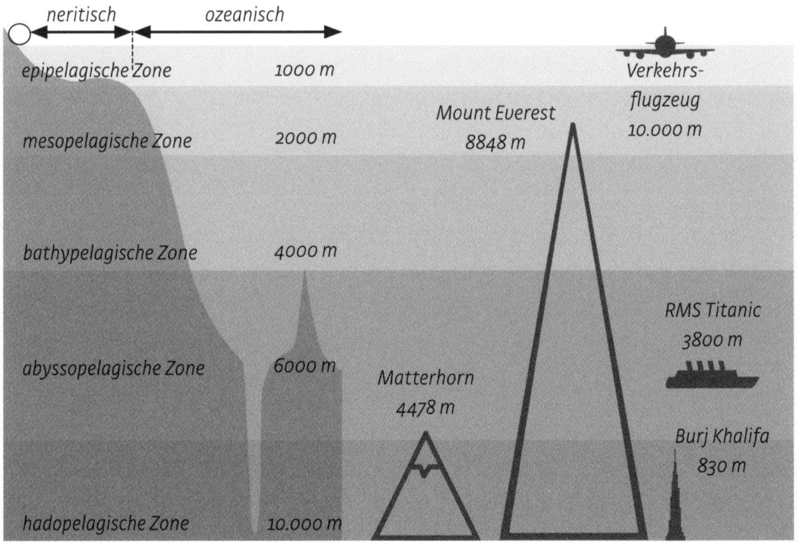

GEOLOGIE UND ÖKOLOGIE

AUSSTERBEN VON ARTEN

Wenn eine Gruppe von Organismen stirbt, ohne Nachkommen zu hinterlassen, gilt sie als ausgestorben. Die Zeitspanne, in der eine Art ausstirbt, kann ganz unterschiedlich lang sein.

GEFÄHRDETE ARTEN

Organismen, die vom Aussterben bedroht sind. Im Jahr 2018 starb das letzte männliche **Nördliche Breitmaulnashorn**.

STARK VOM AUSSTERBEN BEDROHTE ARTEN UND GESCHÄTZTER BESTAND

Amurleopard: 60
Cross-River-Gorilla: 250
Schwarzfußiltis: 300
Sibirischer Tiger: 450
Spitzmaulnashorn: ca. 5000
Asiatischer Elefant: 40.000–50.000
Orang-Utan: 104.700

GEFÄHRDETE ARTEN

Echte Karettschildkröte
Afrikanischer Wildhund
Galápagos-Pinguin
Walhai
Schimpanse
Atlantischer Nordkaper

MEGAFAUNA

„Megafauna" bezeichnet die größten Tiere eines Lebensraums. Viele dieser Arten sind aufgrund der **Zerstörung ihrer Lebensräume** vom Aussterben bedroht.

HABITAT-ZERSTÖRUNG

Die Zerstörung des Lebensraums ist eine der Hauptursachen für das Aussterben von Arten und **reduziert die Artenvielfalt**. Einige Ursachen: **Entwaldung**, **Verschmutzung**, **Jagd** und **extreme Naturkatastrophen**.

INSEKTENSTERBEN

Rund 40 Prozent aller Insekten sind vom Aussterben bedroht. Insekten erbringen **wichtige Ökosystemdienstleistungen**, z. B. **Wasserreinigung** und **Bestäubung**. Die Ursachen für das Insektensterben sind die **Verwendung von Insektiziden** und die **Zerstörung der Lebensräume**.

FOSSILBERICHT

Der Fossilbericht dokumentiert die Fossilien der ausgestorbenen Arten.

MASSENAUSSTERBEN

Über 90 Prozent aller Organismen, die je auf der Erde lebten, sind heute ausgestorben. Die **Massenaussterben werden geologisch unterteilt**.

	Aussterbeereignis	Zeit
1	Holozän-Massensterben	Gegenwart
2	Kreide-Paläogen-Massensterben	vor 65 Millionen Jahren
3	Trias-Jura-Massensterben	vor 199 Millionen bis 214 Millionen Jahren
4	Perm-Trias-Massensterben	vor 251 Millionen Jahren
5	Kellwasser-Ereignis	vor 364 Millionen Jahren
6	Ordovizisches Massensterben	vor 439 Millionen Jahren

DAS ANTHROPOZÄN

Der Mensch verändert die Erde radikal – das Zeitalter des Menschen heißt Anthropozän. Die Welt erlebt gegenwärtig das sechste Massenaussterben und die vierte industrielle Revolution.

ARTENVIELFALT UND POPULATION

Ökosysteme, in denen Artenvielfalt herrscht, sind stabiler und gesünder, da sie bei Veränderungen der Umwelt aus einem größeren Genpool schöpfen und sich neuen Bedingungen besser anpassen können.

- **Genetische Vielfalt**: die Anzahl der Gene in der DNA einer Art.
- **Genetische Varibilität**: die Verschiedenartigkeit von Genen.
- **Ökosystemvielfalt**: eine Unterart der Biodiversität.

PHÄNOTYP

Die beobachtbaren/messbaren Merkmale eines Organismus. Die **Augenfarbe** ist ein Phänotyp, aber auch **die Fähigkeit einer Ameise, einen Ameisenhügel zu bauen** und die **Zeichnung auf den Flügeln eines Falters**. Phänotypen sind u. a.:

- körperliche Form (Morphologie)
- die Entwicklung im Laufe der Zeit
- die Biochemie eines Organismus
- Verhaltensweisen und Instinkte

MONOKULTUR

Eine **vielfältige Population** hat einen **größeren Genpool** und ist daher **resistenter gegen Krankheiten und Fressfeinde**. Ein Beispiel: Eine **Monokultur** (**Klone**) einer Pflanze wird großflächig angebaut. Ein **Pathogen** könnte sich leicht anpassen, um die Monokultur zu gefährden. Aufgrund der fehlenden **genetischen Vielfalt** ist die Pflanze **krankheitsanfälliger**, da sich Erreger leichter verbreiten. Die Züchtung von Monokulturen aus **krankheitsresistenten Pflanzen** ist nur eine **kurzfristige Lösung**, denn die **Pathogene passen sich ständig an**. In einer vielfältigen Population haben es Erreger schwerer.

KLEINSTE ÜBERLEBENSFÄHIGE POPULATION

Als kleinste überlebensfähige Population bezeichnet man die **kleinste Anzahl von Individuen, die eine Art braucht, um in der Wildnis zu überleben**.

DIE VIELFALT DER GALAPAGOS-FINKEN

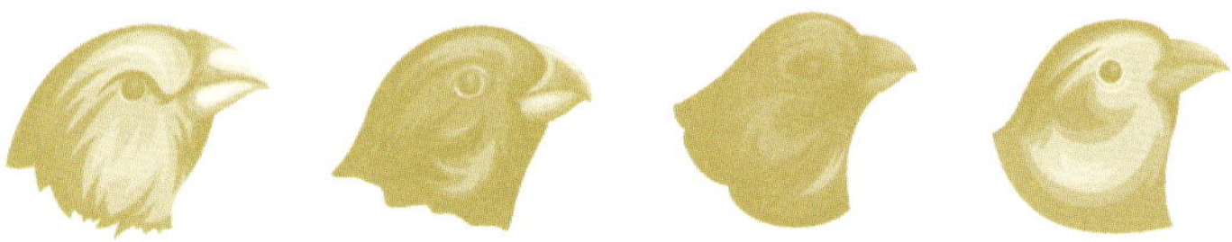

GENOTYP

Der Genotyp umfasst die Gene, die für ein Merkmal verantwortlich sind.

- Ein **Allel** ist eine mögliche Ausprägung eines Gens.
- Ein diploider Organismus ist **heterozygot**.
- Der **Wildtyp** ist ein Gen, wie es in der Natur vorkommt.

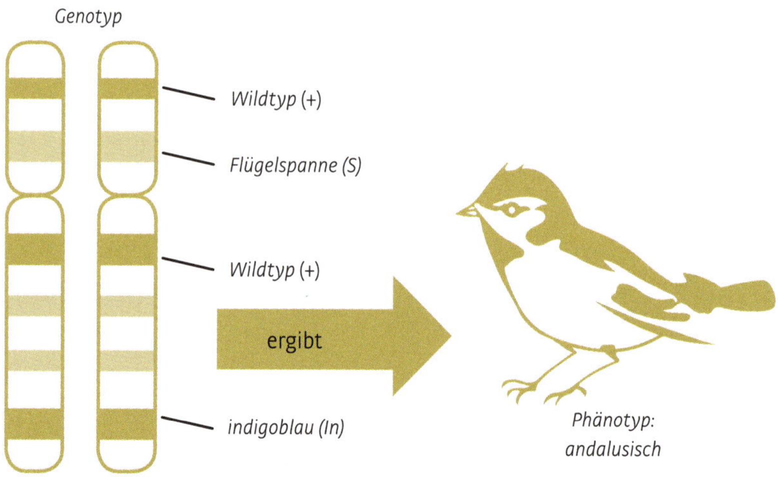

PLATTENTEKTONIK

Die Erde ist aus unterschiedlichen Schichten aufgebaut. Ihre Außenhülle aus massivem Gestein ist vergleichsweise dünn und besteht aus Kontinentalplatten, die auf heißem Magma treiben und tektonische Aktivität erzeugen.

ERDKRUSTE

- Die Erdkruste ist zwischen 5 und 40 Kilometer **dick**.
- Die Erdkruste ist **massiv**.
- Sie enthält: **Sauerstoff**, 46,6 % Massenanteil; **Silicium**, 27,7 %; **Aluminium**, 8,1 %; **Eisen**, 5 %; **Calcium**, 3,6 %; **Natrium**, 2,8 %; **Kalium**, 2,6 %; **Magnesium**, 2,1 %.

ERDMANTEL

- Er ist 2900 Kilometer dick.
- Er ist **flüssig**.
- Besteht aus verschiedenen Schichten; enthält **Silikate**, **Calcium**, **Magnesium**, **Eisen** und andere **Minerale**.
- Im Erdmantel herrschen Temperaturen von 200 °C–4000 °C.

ÄUSSERER ERDKERN

- Er ist 2200 Kilometer dick.
- Er ist **flüssig**.
- Besteht vorwiegend aus **Eisen** und **Nickel**.
- Temperaturen von 4400 °C–6100 °C.

INNERER ERDKERN

- Er ist 1220 Kilometer dick .
- Er ist **massiv**.
- Besteht vorwiegend aus **Eisen**, **Nickel** und etwas **Uran**.
- Temperaturen bis zu 6000 °C.

INNERER WÄRMEFLUSS

Die **tektonischen Platten** bewegen sich aufgrund der **Magmaströme** im Erdinneren etwa **2–5 cm pro Jahr**.

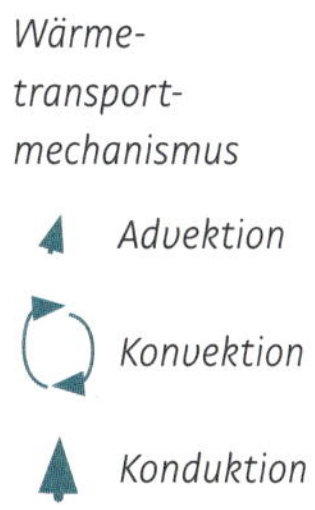

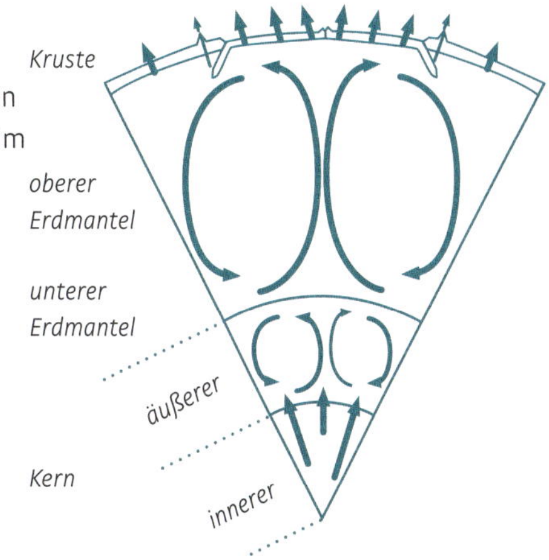

TEKTONISCHE BEWEGUNGEN

Wenn die massiven Platten **gegeneinanderdrücken, können Gebirge entstehen. Schieben sie sich untereinander**, bilden sie **einen Graben**. Der Prozess der Grabenbildung wird als Subduktion bezeichnet.

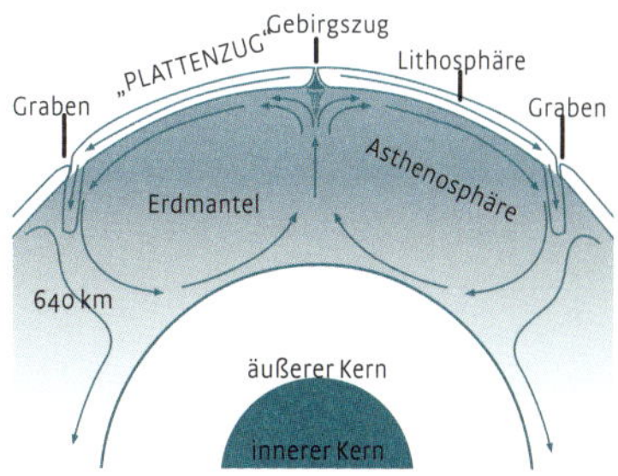

OZEANBODENSPREIZUNG

Der **Mittelatlantische Rücken** ist eine Gebirgskette, die sich rund 16.000 Kilometer über den Meeresboden erstreckt. Entlang seiner Mitte bildet sich ständig neuer Ozeanboden, der die Platten auseinanderdrückt.

PLATTENGRENZEN

- **Konvergierende**: Die Platten bewegen sich aufeinander zu, was manchmal zu **Subduktion** oder **Gebirgsbildung** führt.
- **Divergierende**: Die Platten driften auseinander; es entsteht ein **Rücken**.
- **Transformstörungen**: Die Platten gleiten aneinander vorbei.
- **Erdbeben** und **Vulkane** entstehen an den Plattengrenzen.

DIE ERDATMOSPHÄRE

Die Atmosphäre schirmt die Erde vor kosmischer Strahlung ab, reguliert die Temperatur und spendet uns die Luft zum Atmen. Sie besteht vorwiegend aus Sauerstoff und Stickstoff.

Bestandteil	Volumenprozent
Stickstoff (N_2)	78,084
Sauerstoff (O_2)	20,946
Argon (Ar)	0,934
Kohlendioxid (CO_2)	0,036
Neon (Ne)	0,00182
Helium (He)	0,000524
Methan (CH_4)	0,00015
Krypton (Kr)	0,000114
Wasserstoff (H_2)	0,00005

Die **Atmosphäre** hat sechs **Schichten**:

- **Troposphäre**: Hier entsteht das **Wetter** und lebt der **Mensch**.
- **Ozonschicht**: **Ozon** (O_3) besteht aus molekularem Sauerstoff.
- **Stratosphäre**: Ab dieser Schicht gibt es kein Wetter mehr.
- **Mesosphäre**: Hier verglühen **Asteroiden** und **Meteore**.
- **Thermosphäre**: In dieser Schicht entsteht das **Polarlicht**.
- **Exosphäre**: Wo **Satelliten** die Erde umkreisen.

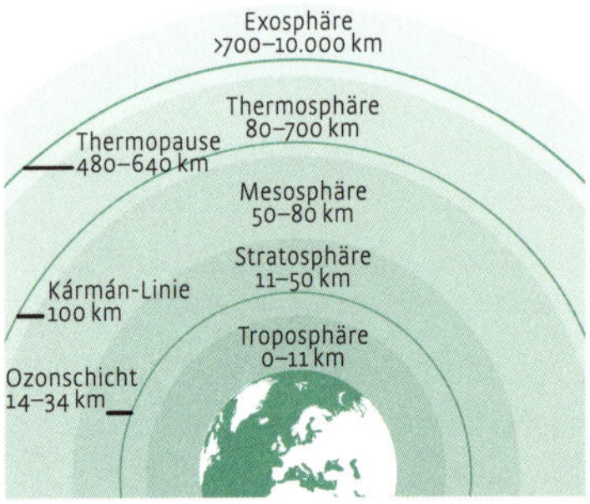

WÄRMEVERTEILUNG

Aufgrund der **Neigung der Erdachse** gibt es **Jahreszeiten**. Dadurch wird die Erdatmosphäre ungleichmäßig erwärmt. An den **Polen** ist die **Sonneneinstrahlung flacher**, während der **Äquator direkter und stärker erwärmt wird**.

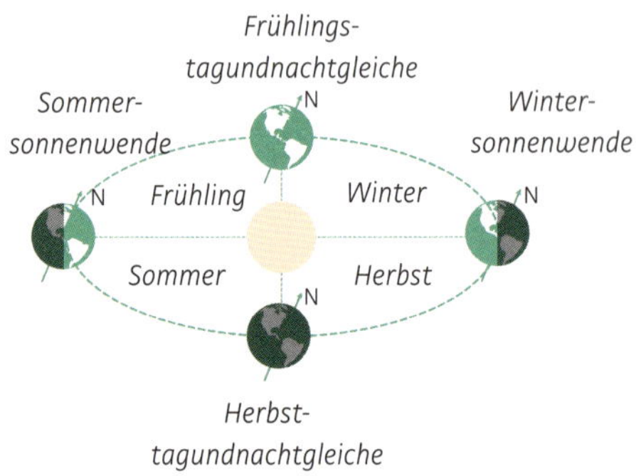

DER CORIOLISEFFEKT

Vom Nordpol aus gesehen dreht sich die Erde **im Uhrzeigersinn**. Zusammen mit der **Konvektion** erzeugt diese Bewegung **atmosphärische Zirkulationszellen**. **Winde** bewegen sich wie die Meeresströmungen in **beständigen Mustern** – zum Beispiel die nordöstlichen und südöstlichen **Passatwinde**.

ALBEDO

Damit bezeichnet man das **Reflexionsvermögen der Sonnenstrahlen von der Erdoberfläche**. Je stärker eine Oberfläche reflektiert, desto mehr **Wärme** gelangt zurück in die Atmosphäre.

HADLEY-ZELLEN

Das Wetter bildet **Konvektionsmuster**, die **Zellen** genannt werden:

- Am **Äquator** erzeugen die Zellen große Konvektionsströme. Warme Luft strömt rasch aufwärts, kühlt dann ab und kondensiert, sodass **Wolken** und **Niederschlag** (**Regen**) entstehen.
- Zu den **Polen** hin werden die Zellen immer kleiner.

LUFTDRUCK

- Bewegen sich zirkulierende Zellen aufeinander zu, **sinkt der Luftdruck**.
- Bewegen sich zirkulierende Zellen voneinander weg, **steigt der Luftdruck**.

BIOGEOCHEMISCHE KREISLÄUFE

Die Bewegung von Nährstoffen durch ein Ökosystem ist für das Leben und die Artenvielfalt unerlässlich. Stoffkreisläufe sind regelmäßige Umwandlungen von chemischen Verbindungen.

BIOGEOCHEMISCHE KREISLÄUFE

Sie finden in der Biosphäre statt und betreffen verschiedene Bereiche: **Lithosphäre** und **Geosphäre** (Land) → **Hydrosphäre** (Wasser) → **Atmosphäre** (Luft).

In den Stoffkreisläufen **zirkulieren die Elemente**, angetrieben von **biogeologischen Prozessen**.

- **Biomasse**: die Stoffmasse und Anzahl der lebenden Organismen; sie lebt, scheidet aus und stirbt.
- **Abfallstoffe**: abgefallene Blätter und die verrottenden Überreste toter Organismen.
- **Boden**: die Stoffe in den oberen Erdschichten; Pflanzen, Insekten, Tiere und Pilze wachsen in der Erde; die Böden enthalten Organismen, Gesteinssplitter, verrottende organische Materialien, Wasser und Minerale.
- **Assimilation**: Die Aufnahme und Verdauung von Nahrung oder Nährstoffen.
- **Dissimilation**: Der Abbau komplexer Verbindungen zu einfachen Stoffen.

SAUERSTOFFKREISLAUF

- O_2 spielt eine Rolle bei der **Atmung** von Organismen.
- O_2 wird in **organische Verbindungen** umgewandelt, z. B. in **Proteine**, **Fette** und **Zucker**.
- Pflanzen geben bei der **Photosynthese** O_2 ab.
- Der **Wasserkreislauf** und der **Sauerstoffkreislauf** sind eng miteinander verbunden.
- **Oxidations- und Reduktionsreaktionen** sorgen für den **Transport von Sauerstoff**.

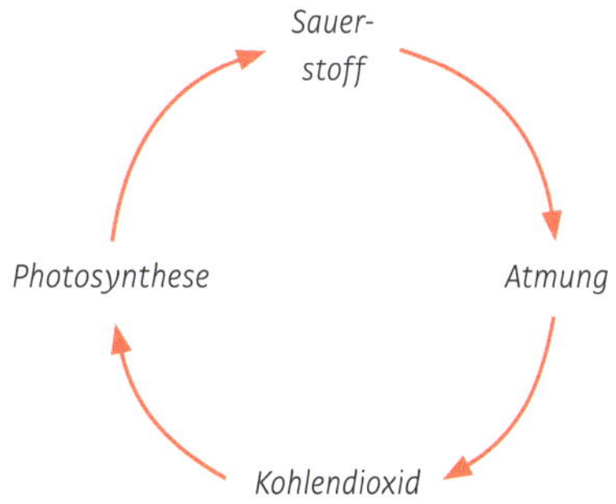

STICKSTOFFKREISLAUF

Stickstoff wird bei der **Proteinsynthese** verwendet. **Bakterien** sind ein wesentliches Element dieses Kreislaufs.

1. Stickstofffixierende Bakterien **wandeln gasförmigen Stickstoff (N_2) in Ammoniak (NH_3) um**.
2. Ammoniak wird im Prozess der **Nitrifikation** zu Nitrit-Ionen im Boden umgewandelt.
3. Lebende Organismen scheiden Ammoniak aus. Bei der **Ammonifikation** werden **stickstoffreiche Abfallstoffe** von Bakterien **in einfachere Moleküle umgewandelt**.
4. Denitrifizierende Bakterien **wandeln Stickstoff in gasförmigen Stickstoff (N_2) um**. Der Kreislauf beginnt erneut.

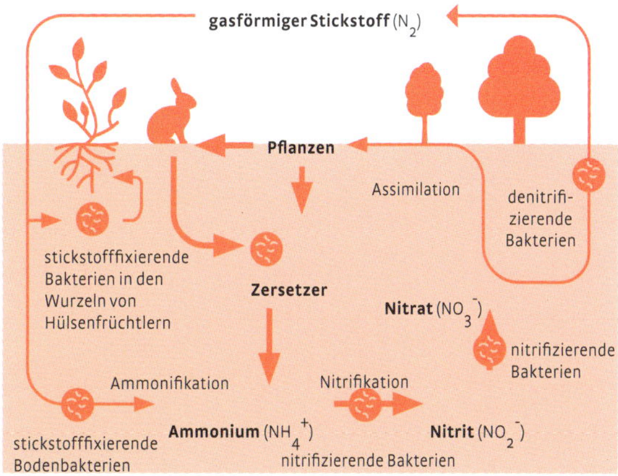

Zu allen Kreisläufen gehört die **Assimilation durch die Biomasse** und die **Dissimilation durch Zersetzung**:

- **Phosphorkreislauf**: Phosphor ist ein wesentliches Element für den **Zellmetabolismus**.
- **Schwefelkreislauf**: Schwefel ist ein wichtiger Bestandteil bei der **Bildung von Proteinen und Enzymen**.

WASSERKREISLAUF

Der Wasserkreislauf wird durch die Energie der Sonne angetrieben und sorgt für eine dauerhafte Versorgung der Erde mit Wasser.

Die Sonne erwärmt das Wasser in **Ozeanen, Seen, Flüssen** und auf der ganzen Erdoberfläche. Das Wasser **verdunstet** und steigt in die Luft auf. Dabei **kühlt es ab** und **kondensiert**. Es bildet **Wolken** und **Regen**.

Transpiration: Die Verdunstung von Wasser.
Kondensation: Warme Luft steigt auf und kühlt dabei ab. Dabei verwandelt sie sich in Wassertröpfchen.
Niederschlag: Warme Luft, die abkühlt, bildet Wolken, aus denen schließlich Niederschlag in Form von Regen oder Schnee auf die Erde fällt. Die Intensität, Dauer und Häufigkeit des Niederschlags beeinflussen den Kreislauf.
Abfluss: Das Wasser an Land fließt über die Flüsse ins Meer oder versickert im Boden. Wasser wird in Seen, Becken und im Grundwasser gespeichert, manchmal auch im Boden und in Gestein. Der Abfluss umfasst die gesamte Wassermenge, die in einen Speicher fließt.
Grundwasserabfluss: Wasser fließt durch den Boden und das Gestein in die Flüsse und Meere.
Infiltration: Das Wasser sickert durch den Boden nach unten und gelangt so in die Ozeane.
Perkolation: Wasser dringt in durchlässiges Gestein ein und versickert ins Grundwasser.

WOLKEN

Wolken bilden **in verschiedenen Höhenlagen unterschiedliche Formen**. Mit zunehmender Höhe nehmen **Luftdruck** und **Temperatur** ab. Alle Wetterphänomene geschehen in der **Troposphäre**. Wolken gehören zum **Wasserkreislauf** und verändern sich ständig.

- **Hohe Wolken**: Cirrocumulus, Cirrus und Cirrostratus; Cumulonimbus-Wolken dehnen sich weit aus und können sehr hoch werden.
- **Mittelhohe Wolken**: Altocumulus und Altostratus.
- **Tiefe Wolken**: Stratus, Stratocumulus, Cumulus.

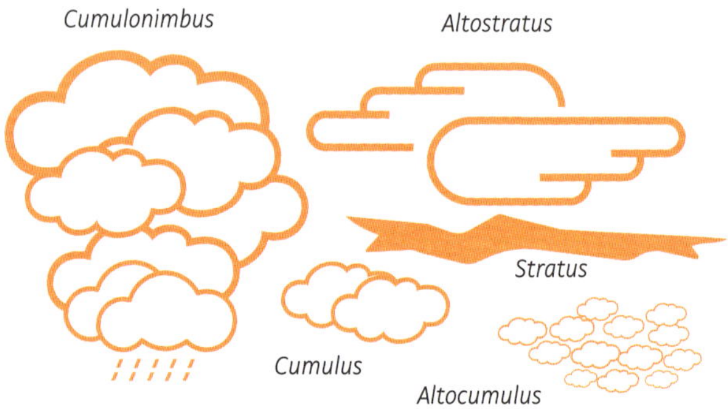

Wetter: kurzfristige Veränderungen des Klimas
Klima: langanhaltende Veränderungen des Wetters

Die sechs wesentlichen Elemente des Wetters sind: **Temperatur**, **Luftdruck**, **Wind**, **Luftfeuchtigkeit**, **Niederschlag** und **Bewölkung**. Diese Faktoren **beeinflussen die atmosphärische Zirkulation**.

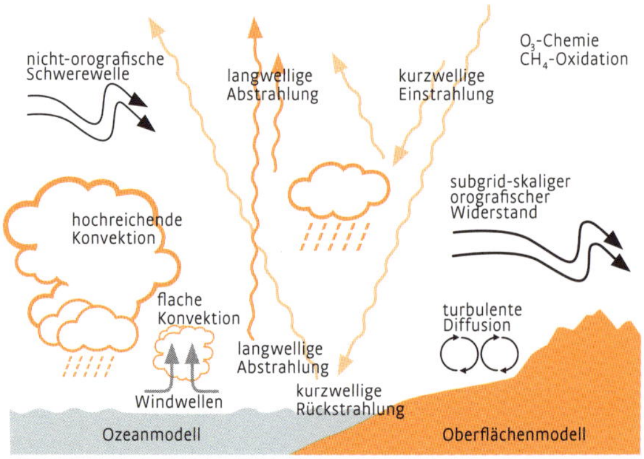

KOHLENSTOFFKREISLAUF

Kohlenstoff zirkuliert in Form von CO_2 und Glucose ($C_6H_{12}O_6$), die bei der Photosynthese und der Glycolyse (dem Abbau von Glucose) entstehen. Er wechselwirkt mit dem Wasserstoffkreislauf, der H_2 und H_2O beisteuert, und beide interagieren mit dem Sauerstoffkreislauf.

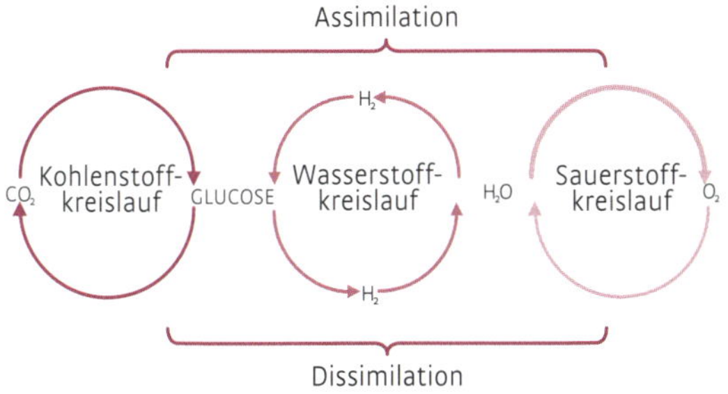

1. Durch **Atmung** und **Verbrennung** gelangt Kohlendioxid in die Atmosphäre. **Pflanzen geben nachts CO_2 ab**, da sie keine Photosynthese betreiben können.
2. Bei der **Photosynthese** wird mithilfe von Sonnenlicht Kohlendioxid **in Glucose umgewandelt**.
3. Tiere fressen die Pflanzen und **verstoffwechseln** und **verdauen** die Glucose. Dabei **werden Kohlenstoffatome frei**, die während der **aeroben Atmung** in Form von Kohlendioxid ausgeatmet werden.
4. Organismen **sterben**.
5. Beim **Zerfall** wird Kohlenstoff in Form von **Kohlendioxid** und **Methan** an die Atmosphäre abgegeben.
6. Im Laufe von Millionen Jahren verwandeln geophysikalische Prozesse **Fossilien in Erdöl und Erdgas**.

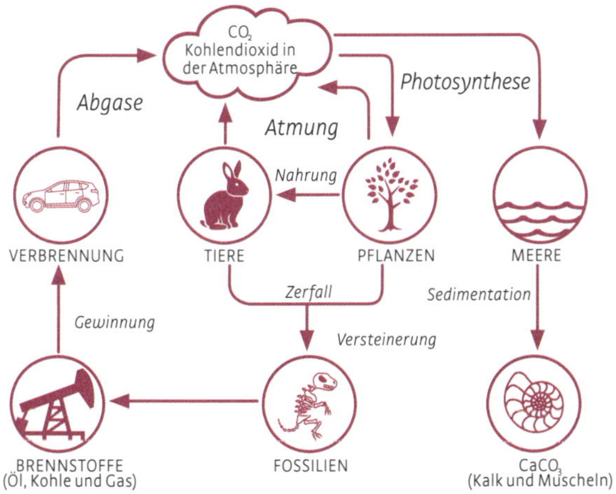

KOHLENSTOFF-FIXIERUNG

Die Assimilation von Kohlendioxid (CO_2) zu **Kohlenstoffverbindungen** durch **biochemische Prozesse**.
Ein Beispiel dafür ist die **Photosynthese**, aber tote Pflanzen setzen bei ihrem **Zerfall** CO_2 frei. Die permanenteste Art der **Kohlenstoff-Fixierung** ist die Bildung von **Kalkstein** durch **Korallenriffe**.

TREIBHAUSEFFEKT

Manche Gase, unter anderem **CO_2, Methan (CH_4), Wasserdampf (H_2O), Stickoxid (N_2O) und Ozon (O_3)** schließen die wärmenden Infrarotstrahlen der Sonne in der unteren Atmosphäre ein. Diese **Treibhausgase absorbieren und emittieren thermische Energie**. Menschliche Aktivitäten erzeugen zunehmende Mengen von CO_2, CH_4 und N_2O. Das erwärmt die Atmosphäre und steigert die Verdunstungsrate.

DER TREIBHAUSEFFEKT

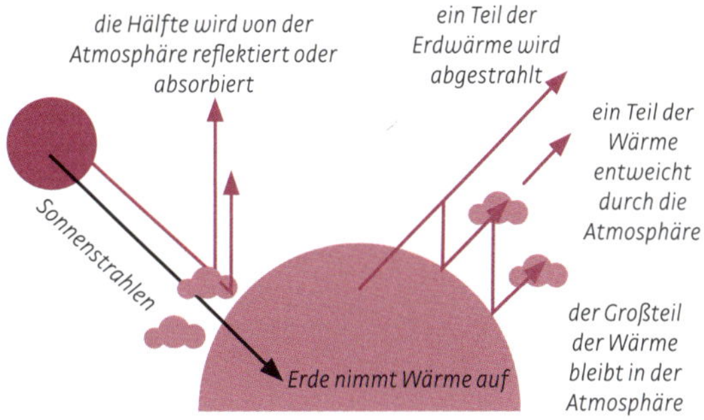

METHAN

Methan (CH_4) ist das zweitwichtigste Treibhausgas. Es entsteht durch **Fäulnisprozesse in Feuchtgebieten**, als **Nebenprodukt der Verdauung** und bei der **Bildung von Öl und Gas**. Durch die **Erderwärmung** schmilzt das Eis der **polaren Tundra**, was noch mehr Methan freisetzt.

DER KREISLAUF DER GESTEINE

Vor 4,5 Milliarden Jahren entstand die Erde durch gravitative Prozesse und aus den Überbleibseln einer Supernova. Ein großer Teil des Eisens ist in das Innere der Erde gesunken. Der Erdkern besteht zu 80 Prozent aus Eisen, enthält aber auch Nickel, Gold, Platin und Uran.

GESTEINSTYPEN

- **Magmatisches Gestein**: entsteht bei der Abkühlung von **Magma**; Beispiele: **Granit**, **Obsidian** und **Bimsstein**.

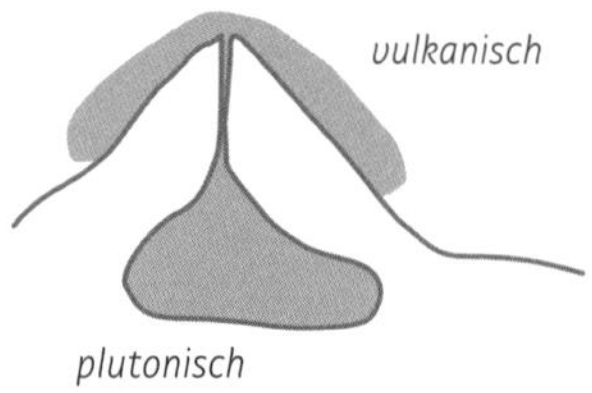

- **Sedimentgestein**: Ablagerungen von **Sedimenten** (erodierte Sand- und Gesteinspartikel), die im Laufe von Millionen Jahren in Schichten zusammengepresst wurden; z. B. **Kalk- und Sandstein**, die oft **Fossilien enthalten**.

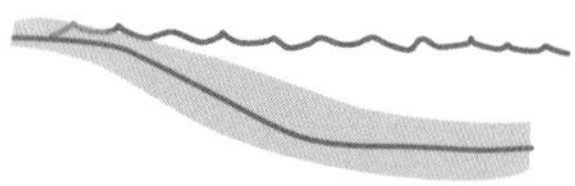

- **Metamorphes Gestein**: Gestein, das durch **Druck und Wärme verdichtet und verformt** wurde. Es ist oft sehr hart und enthält manchmal **kristalline Minerale**, die durch die langsame Abkühlung entstanden. **Marmor** und **Schiefer** sind metamorph.

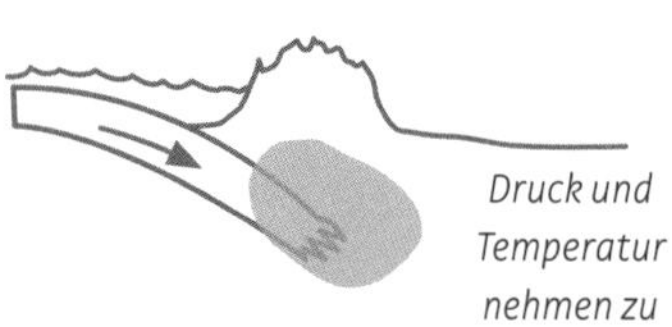

GESTEINSKREISLAUF

1. **Verwitterung erodiert** magmatisches, metamorphes und Sedimentgestein.
2. **Regen** und **Flüsse transportieren** die erodierten Gesteinspartikel ins **Meer**.
3. **Ablagerung** von Gesteinspartikeln am **Meeresgrund** bilden **Sediment**.
4. Unter zunehmendem **Druck und Gewicht verdichten und verbinden** sich die Sedimente und **verdichten** auch die darunterliegenden Schichten.
5. Die **Metamorphose** ensteht in Millionen von Jahren: Der Einfluss der **Plattenbewegungen verschiebt**, **verformt**, **verdreht** und **verdichtet** magmatisches oder Sedimentgestein; **hohe Temperaturen** und **starker Druck** führen zur Entstehung von metamorphem Gestein.
6. Metamorphes Gestein verschmilzt zu **Magma**. Bei **Vulkanausbrüchen** oder **zwischen tektonischen Platten** dringt Magma nach außen, kühlt ab und gelangt wieder in den Kreislauf.

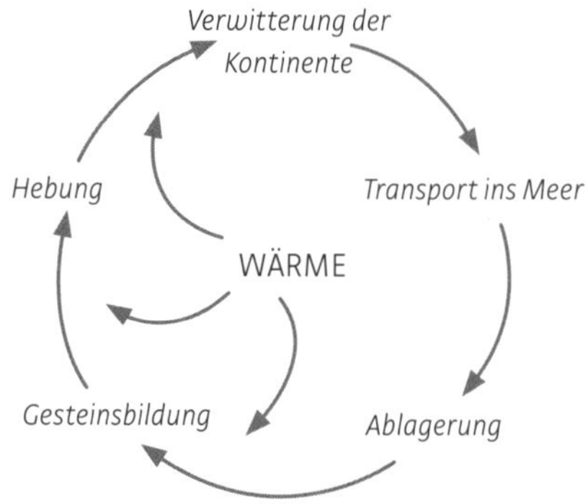

MEERESFOSSILIEN IM HIMALAYA

Im **Kalkstein** des Himalaya-Gebirges finden sich **Fossilien** von **Ammoniten**, **Muscheln** und **anderen Meeresbewohnern**. Das Gebirge entstand durch **Plattentektonik**.

EROSION UND ENTSTEHUNG VON LANDMASSEN

Der **Gesteinskreislauf** wechselwirkt mit dem **Wasserkreislauf**. **Verwitterung** und **Erosion** formen die Landschaft. **Gletschererosion** lässt **Fjorde** und **Berge** entstehen.

DAS MAGNETFELD DER ERDE

Das Magnetfeld der Erde entsteht durch freie Elektronen, die vom flüssigen Eisen des Erdmantels abgegeben werden. Die Rotation der Erde und die Konvektionsströme im Erdmantel erzeugen ein elektromagnetisches angeregtes Magnetfeld.

DAS MAGNETFELD

Der magnetische Nordpol, dargestellt durch die eintretenden **Feldlinien**, befindet sich nicht an derselben Stelle wie der **geografische Nordpol**.

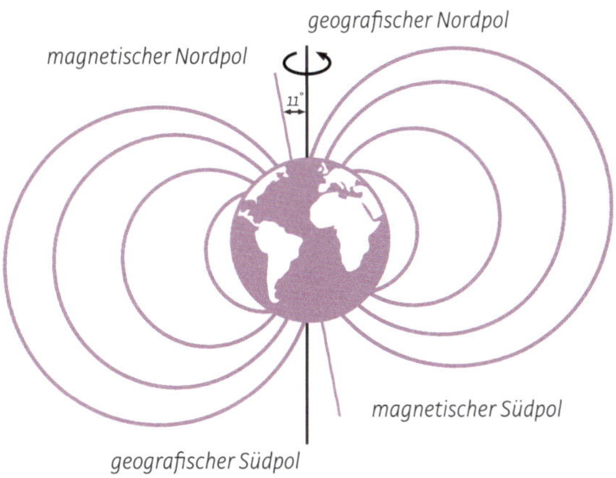

MAGNETISCHER SCHUTZSCHILD

Die Erde wird von ihrem Magnetfeld wie von einem **Schutzschild** umhüllt. Es lenkt **radioaktive** hochenergetische **kosmische Strahlung** und **Photonen** ab, die den Organismen **schaden** und die **Erdatmosphäre „verdünnen" würden**. Das Erdmagnetfeld reicht **zehntausende Kilometer in den Weltraum**.

UMPOLUNG DES ERDMAGNETFELDS

Wenn der magnetische Nord- zum Südpol wird und umgekehrt („Polsprung") wird das Magnetfeld umgepolt. Solche Umkehrungen gab es im Verlauf der Erdgeschichte schon mehrere Male. Der letzte Polsprung soll während der **Steinzeit**, vor 780.000 Jahren stattgefunden haben. Beweise dafür finden sich in **Gesteinsbildungen**. Der Prozess der magnetischen Umpolung dauert ungefähr 7000 Jahre. Die Erdrotation erzeugt im Erdmantel und äußeren Erdkern Bewegungen und Strömungen. Diese Turbulenzen verwirbeln das alte Magnetfeld und führen zur Entstehung eines neuen.

POLARLICHT

- **Geladene Teilchen** werden von der **Sonne** aus in alle Richtungen geschleudert.
- Diese **Sonnenwinde** treffen auf die Erde und werden **vom Erdmagnetfeld abgelenkt**.
- Die geladenen Teilchen werden **beschleunigt** und **kollidieren mit Molekülen** in der oberen Atmosphäre, wodurch ein **Photonenschauer** entsteht.
- **Verschiedene Teilchen erzeugen verschiedene Farben**.

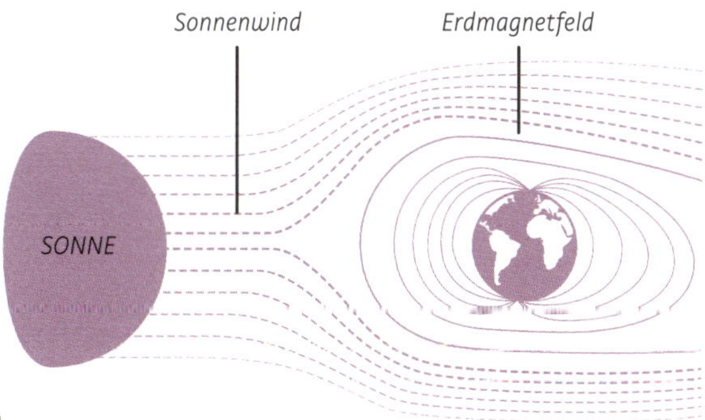

BIOAKKUMULATION

Bioakkumulation ist die Ansammlung von chemischen Stoffen aus Industrie und Landwirtschaft in Organismen und Ökosystemen. In der Biosphäre sind Nahrungsnetze und Stoffkreisläufe eng miteinander verknüpft. Schadstoffe (Schwermetalle, Radionuklide und andere Verbindungen) können sich in Organismen anreichern.

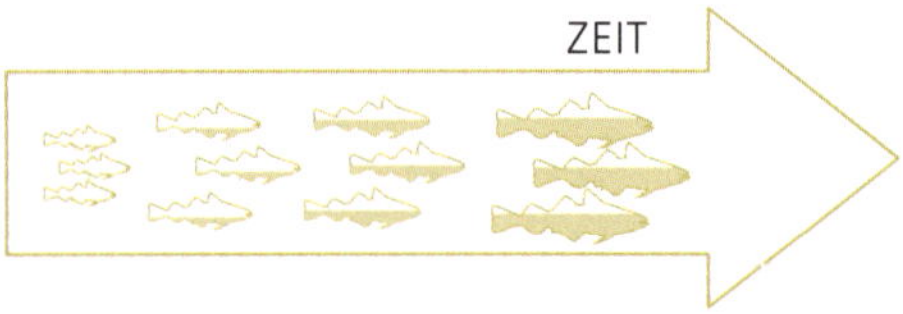

Schadstoffe aus Industrie und Landwirtschaft reichern sich über Nahrungsketten in Ökosystemen an (Biomagnifikation)

PESTIZIDE

Insektizide und Pflanzenschutzmittel sind **giftig und reichern sich mit der Zeit in Organismen an**.

DDT

DDT (Dichlordiphenyl-trichlorethan) und verwandte Chemikalien wie DDE und DDD **sind lipophil** (binden sich an Fettmoleküle) und **verbleiben jahrzehntelang im Körper und im Boden**. DDT reichert sich im Körper an. Im Laufe von Jahrzehnten wird es im Urin, im Stuhl und in der Muttermilch ausgeschieden. Bei Kindern, die nach dem Verbot der Substanz geboren wurden, finden sich noch **Spuren von DDT** im Blut.

DER STUMME FRÜHLING

Rachel Carson (1907–1964) schrieb im Jahr 1962 das Buch ***Der stumme Frühling***. Es erklärt, wie sich **Pestizide über die Nahrungskette verbreiten, die Umwelt schädigen** und **Wildtiere töten**. Einer der Hauptverursacher war **DDT**. **Vögel** waren besonders stark betroffen: DDT **hemmt die Bildung von Eierschalen**.

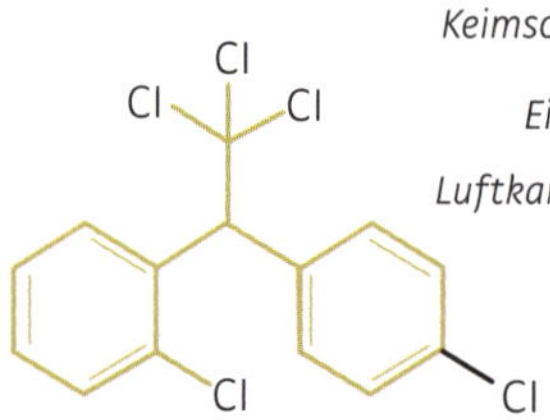

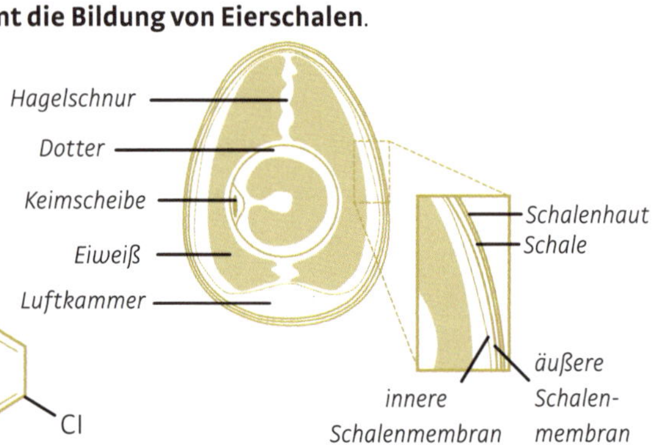

Der stumme Frühling ist eine Kritik an der **Ausbeutung der Natur durch den Menschen** im Namen des **sogenannten Fortschritts**. Wissenschaftler waren sich des Problems schon lange bewusst, aber **Carson machte die Öffentlichkeit darauf aufmerksam**.

In vielen Ländern auf der ganzen Welt **wurde DDT daraufhin verboten** – unter anderem in **Indien**, **China** und vielen **amerikanischen** und **europäischen Ländern**. **Einige Äquatorialstaaten** kämpfen gegen die Ausbreitung von Krankheiten wie **Malaria** und verwenden **DDT** noch als Insektizid – ein komplexes Problem.

STRONTIUM-90 UND BIOAKKUMULATION

Auch die bioakkumulativen Auswirkungen von **krebserregenden Radionukliden** aus **Atomwaffentests** wurden gemessen. Noch heute wird werden sie in der Nahrungskette nachgewiesen.

KLIMAWANDEL

Das Klima, die Biosphäre, die Ozeane und die Stoffkreisläufe der Erde sind eng miteinander verbunden. Die Aktivitäten der Menschen stören und verändern sie und verursachen Ungleichgewichte, Verschmutzung, steigende Temperaturen und eine Zerstörung von Organismen und ihren Lebensräumen.

KLIMA

Damit bezeichnet man **langfristige Wettermuster**.

Die **Wechselwirkungen** zwischen **Atmosphäre**, **Ozean** und **Land** erzeugen **natürliche Wetterwechsel**, aber **eine Störung dieses Gleichgewichts** verursacht **plötzliche und langfristige Klimaveränderungen**.

ENERGETISCHES SYSTEM

Die Erde wird nicht nur wärmer, ihr wird auch **mehr Energie** zugeführt, was **alle Arten von Wetterextremen** fördert.

UNSICHERHEIT

WASSER

Der **Wasserkreislauf** wird **aktiver**. **Zunehmende Regenfälle**, **Hochwasser**, **Verdunstung** und **Schnee** beeinträchtigen die **Wasserversorgung und -qualität**.

OZONLOCH

In den 1960er- und 1970er-Jahren wurden viele **FCKWs** (**Fluorchlorkohlenwasserstoffe**) verwendet, die die Ozonschicht zerstören. Das **Montreal-Protokoll** aus dem Jahr 1987 legte das **Verbot der FCKWs** fest. Zum Glück **schließt sich das Loch in der Ozonschicht bereits wieder**.

RASSISMUS UND KLIMAWANDEL

- Die Menschen des **globalen Nordens** (der Industriestaaten) **verbrauchen viel mehr Ressourcen** und **erzeugen** im Vergleich zu den Bewohnern des **globalen Südens** (der Entwicklungsländer) **mehr Müll und CO_2 pro Kopf**.
- **Indigene Gruppen** wurden nach der **Invasion Amerikas** (**und Australiens**) durch **die Europäer im 15. Jahrhundert** durch **Völkermord** dezimiert. Bis heute kämpfen sie darum, **ihr Land vor Zerstörung zu schützen**.
- Noch heute wird oft ignoriert, dass der **Wohlstand des globalen Nordens** und seine **Rohstoffgewinnung** weitgehend auf **historische Großreiche**, **Kolonialismus** und die **gegenwärtige neokoloniale Ausbeutung** zurückzuführen sind. Darum kann die **Klimaproblematik noch nicht in ihrer ganzen Komplexität angemessen behandelt oder gelöst werden**.
- **Entwicklungsländer**, deren Wirtschaft sich gegenwärtig noch **auf umweltverschmutzende Industrien stützt**, **werden von Ländern**, **die sie bis zur Armut ausgebeutet haben**, **für ihre Armut kritisiert**.
- Der **globale Süden ist vom Klimawandel am stärksten betroffen** und erlebt die schlimmsten Umweltkatastrophen.

DIE BIBLIOTHEK VON ALEXANDRIA

Das Sammeln und Speichern von Wissen ist eine wichtige Praktik, die bereits in der Antike gepflegt wurde. Bis heute verwalten und archivieren Bibliothekare unser gesammeltes Wissen (auch digitale Informationen).

GRÜNDUNG UND ZERSTÖRUNG DER BIBLIOTHEK

DIe Bibliothek von Alexandria im **Norden Ägyptens** wurde um etwa 285–246 v. Chr. gegründet. Sie war **eine der größten Bibliotheken der Antike**. Man sagt, dass es in ihr Bücher über **alte Sprachen**, **Dichtkunst**, **Musik**, **Philosophie**, **Mathematik** und **Literatur** gab. Die Bibliothek enthielt auch einen Bestand an **Schriftrollen** und galt als **Zentrum der Wissenschaft**.

Manche Historiker glauben, dass die Bibliothek **vernachlässigt** wurde und **die Schriftrollen mit der Zeit zerfielen**. Andere behaupten, dass die Bibliothek um 48 v. Chr. bei einem **„unbeabsichtigten" Großbrand** während der **Belagerung von Alexandria** durch **Julius Caesar** zerstört wurde. Andere wiederum sagen, dass sie von **religiösen Fundamentalisten** niedergebrannt wurde. **Überreste** der Bibliothek **stehen heute noch**.

HYPATIA

Hypatia (geboren um 350–370) war eine **Mathematikerin** und **Astronomin**. Sie entwickelte Konzepte zur **Geometrie** und **Zahlentheorie**. Um das Jahr 410 herum wurde sie aufgrund ihres **heidnischen Glaubens** von einem **Mob aus Extremisten** angegriffen und **ermordet**. Noch heute ist Hypatia ein **Symbol für Wissen und Weisheit angesichts der herrschenden Ignoranz**.

BIBLIOTHEKSVERWALTUNG

Die Verwaltung von Archiven und Bibliotheken ist ein kontinuierlicher Prozess, zu dem unter anderem die Aktualisierung und Nachverfolgung des Bestands und der einzelnen Werke gehört. Das gilt auch für digitale Archive. Bibliotheken müssen leicht zugänglich, gut verwaltet und auf dem neuesten Stand sein.

DIE HEUTIGE BIBLIOTHECA ALEXANDRINA

Von 1988 bis 2002 wurde die **neue Bibliotheca Alexandrina** errichtet. Ihre Finanzierung durch Fördergelder ermöglichte auch den Aufbau einer **digitalen Bibliothek aus Milliarden von aktuellen Websites**, **Millionen von archivierten Websites** sowie **umfangreichen Rundfunkarchiven**.

DER ERDUMFANG

Vor über 2000 Jahren ermittelte der griechische Mathematiker Eratosthenes den Umfang der Erde. Dazu benötigte er nur Schatten, etwas Trigonometrie und die Entfernung zwischen zwei Städten.

DIE MESSUNG DES ERDUMFANGS

Zu Mittag am Tag der **Sommersonnenwende** (21. Juni) fielen die Sonnenstrahlen direkt in einen tiefen Brunnen in der Stadt Swenett, in der Nähe des **Wendekreis des Krebses**. Die Stadt hieß später Syene und ist das heutige Assuan. Zur gleichen Zeit am selben Tag schien die Sonne in **Alexandria** aber nicht direkt in einen Brunnen, sondern warf einen Schatten. Eratosthenes bemerkte **den gleichen Effekt an einem Obelisken, der in Alexandria einen Schatten warf**:

- Mittags zur Sommersonnenwende in Swenett: kein Schatten
- Mittags zur Sommersonnenwende in Alexandria: Schatten.

Eratosthenes maß den Winkel des Schattens.

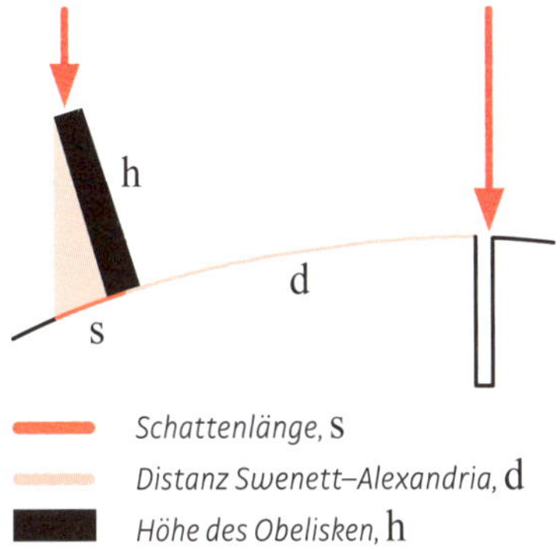

Die **Entfernung zwischen Swenett und Alexandria wurde gemessen**, und aus dieser Distanz, dem **Winkel des Schattens** und etwas **Geometrie berechnete** Eratosthenes **den Erdumfang**.

- Ein Kreis hat 360 Grad.
- Der Schattenwinkel betrug 7,2 Grad.
- 360 geteilt durch 7,2 ergibt 50.

$$\frac{360\text{ Grad}}{7{,}2\text{ Grad}} = \frac{\text{Umfang der Erde}}{\text{Distanz Alexandria–Swenett}}$$

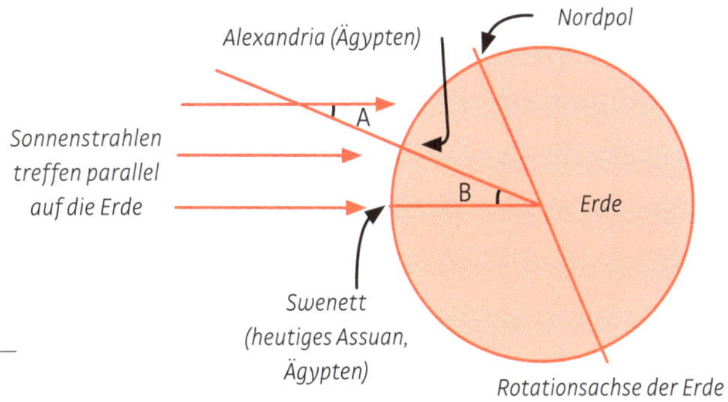

Teilt man 360° durch 7,2°, kommt 50 heraus. Das heißt, die Entfernung zwischen Alexandria und Swenett (805 km) betrug 1/50 des Erdumfangs.

Eratosthenes multiplizierte 805 Kilometer mit 50, um den geschätzten Erdumfang zu ermitteln: 40.250 Kilometer. Der Erdumfang beträgt etwa 40.074 Kilometer.

Um 270 v. Chr. maß der Philosoph **Aristarch** den **Abstand zum Mond**. Er vermutete, dass der Mond die Erde auf einer kreisförmigen Bahn mit dem **Radius R in der Zeit T** umrundete, und maß die Zeit T, in der **der Erdschatten während einer Mondfinsternis über den Mond wanderte**.

Mit einfachen geometrischen Berechnungen gelangte er zu folgendem Schluss: **Der Mond** braucht die Zeit T, um sich **in den Bereich seiner Umlaufbahn zu bewegen**, in der sich der Erdschatten befand, den er mit 2r angab (r = Erdradius).

Der Mond benötigt die Zeit T, um die Erde einmal zu umrunden. Das entspricht 2 π R oder ungefähr 6,28 R.

t/T = 1/363 = 2r/6,28 R

r/R = 1/60

Die Entfernung zum Mond beträgt also **60 Erdradien.**

TECHNIK

ZEITMESSUNG

Die Kreisläufe der Natur wirken sich auf Menschen, Tiere und Pflanzen aus und bilden die Grundlage alter und moderner Kalendersysteme.

- **Mondkalender** basieren auf den **Mondphasen**.
- **Solar-** auf jenen der **Sonne**.
- **Siderische** orientieren sich **an den wechselnden Sternbildern**.

Viele Kalender integrieren **komplexe lunisolare und siderische Zyklen**, auch wenn es zwischen **der Sonne, dem Mond und der Erde keine genauen Zyklen gibt**.

DIE MONDPHASEN

Mondkalender gehören zu den **ältesten Kalendern der Menschheit**.

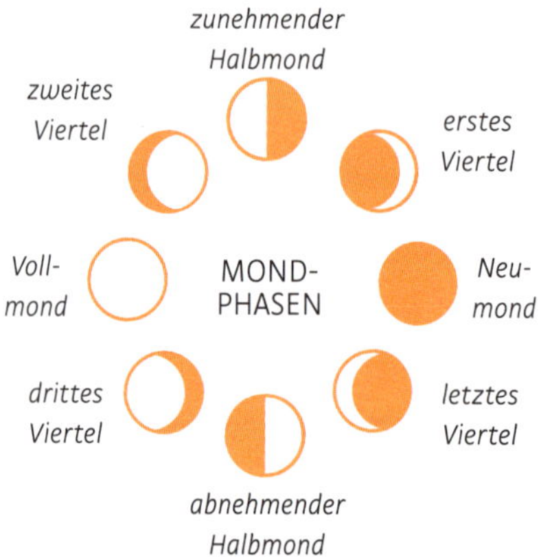

SIDERISCHE KALENDER

Der **Tierkreis** besteht aus **Sternenmustern auf dem Himmel über der Erde**. Aufgrund der **Präzession der Erde** verschieben sich diese Bereiche mit der Zeit. **Verschiedene Kulturen** (in verschiedenen Zeitaltern) **sahen unterschiedliche Sternbilder**.

ZEITEINHEITEN

Eine **Sekunde** entspricht ungefähr **1/86.400 eines Tages** oder **1/60 einer Minute**, die **1/60 einer Stunde** beträgt. Eine **Stunde ist etwa 1/12 der Zeit zwischen Sonnenauf- und Sonnenuntergang**. Nur am Äquator **verändert sich die Zeit zwischen Sonnenauf- und Sonnenuntergang im Laufe des Jahres**.

LÄNGE EINER SEKUNDE

SI-Einheiten (Système International) sind internationale Maßeinheiten. Die Länge einer Sekunde wurde 1967 vom CIPM definiert: **Sie entspricht 9.192.631.770 Schwingungen eines Caesium-133-Atoms**.

MASSE UND GEWICHTE

Für eine **präzise Zeitangabe eignen sich natürliche Zyklen nicht**. Aber in der Wissenschaft braucht man exakte Daten. Darum erwog das **Internationale Komitee für Maße und Gewichte** (CIPM) 1957 eine **international einheitliche Definition der Sekunde**.

SELTSAME ZEIT

Eine besondere Eigenheit des Universums ist die Tatsache, dass **wir uns an die Vergangenheit erinnern, aber nicht in die Zukunft blicken können**. Das mag uns oberflächlich betrachtet einleuchten, aber **aus mathematischer Sicht ist es eher verwunderlich**.

STANDARDISIERTE ZEITZONEN

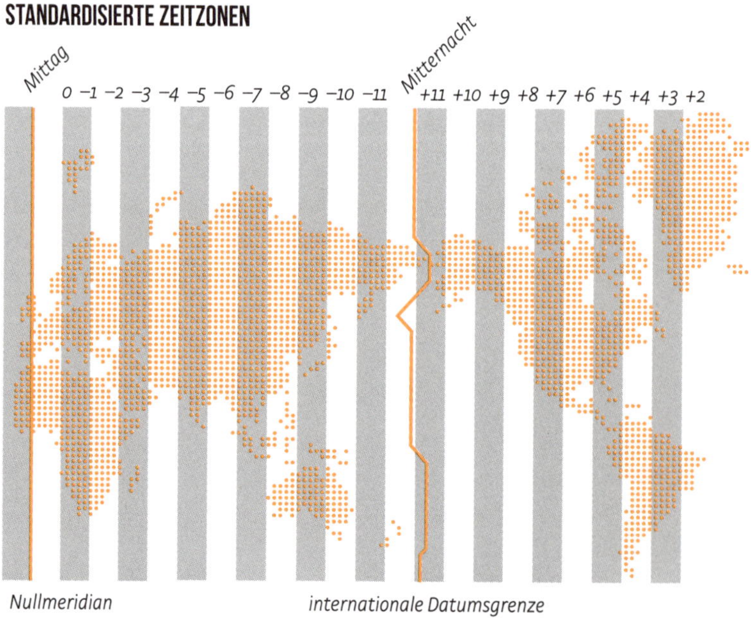

TECHNIK

AL-DSCHAZARI

Ismail Al-Dschazari (1136–1206) war ein türkisches Universalgenie, ein Ingenieur und ein Künstler aus der Blütezeit des Islam. Er schrieb das Buch der sinnreichen mechanischen Vorrichtungen *– das im Jahr seines Todes veröffentlicht wurde. Das Buch beschrieb über hundert mechanische Apparate.*

KITĀB AL-ĀIYAL *(DAS BUCH DER SINNREICHEN GERÄTE)*

Ein früheres Werk aus dem 9. Jahrhundert, das die **Banū-Mūsā-Brüder** im Haus der Weisheit in Bagdad veröffentlichten, beschäftigte sich mit **Hebeln**, **Gegengewichten** und **Zahnrädern**.

DESIGN

Ingenieure entwickeln ständig neue **Designs und Prototypen**, die sie anschließend wieder und wieder **testen**, um ihre Funktion zu verbessern.

AUTOMATEN

In Al-Dschazaris Buch fanden sich auch **Wasserspender**, **Uhren** und **Musikautomaten**. Die gezeigten Geräte bestanden aus **Zahnrädern**, **Kurbelwellen**, **Kolben**, **Wasserpumpen** und **Wassermühlen**.

DIE ELEFANTENUHR

Unter Al-Dschazaris wundersamen Vorrichtungen befand sich auch eine ausgeklügelte **Wasseruhr**, die **die Stunden zwischen Sonnenauf- und Sonnenuntergang zählte**. Ihr Mechanismus war folgendermaßen aufgebaut:

- Eine Schüssel, die in einem Wasserbecken schwamm, füllte sich langsam mit Wasser.
- Als sie sank, aktivierte sie einen Flaschenzug, der einen Kugelbehälter bewegte.
- Seine Bewegung zeigte die Uhrzeit an.
- Dann fiel ein Ball heraus und in den Mund einer Drachenfigur, dann weiter in einen Behälter neben einem Elefantentreiber. Der Elefantentreiber schlug daraufhin auf einer Trommel die Uhrzeit.

ZAHNRÄDER

Zahnräder **übertragen Kraft** auf andere Elemente. Durch die **Kombination unterschiedlich großer Zahnräder** kann die **Drehzahl (meist in Umdrehungen pro Minute** (RPM) **angegeben) verändert werden**. Das **Antriebsrad** ist größer als das **angetriebene Rad**, sodass von groß nach klein das **Geschwindigkeitsverhältnis** des angetriebenen Rads multipliziert wird.

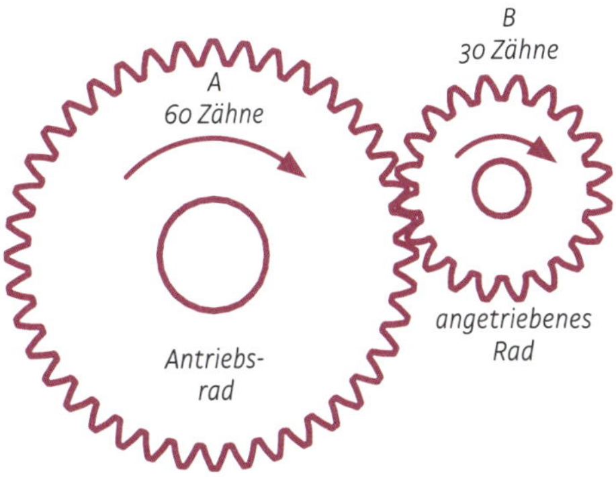

BEISPIEL

60 Zähe von A geteilt durch 30 Zähne von B = Geschwindigkeitsverhältnis: 60 ÷ 30 = 2
Sind die RMP von A = 120, dann sind die RPM von B = den RPM von A × Geschwindigkeitsverhältnis: 120 × 2 = 240

DER BUCHDRUCK

Bereits im Altertum gab es Drucktechniken, um Bilder und Texte zu vervielfältigen, aber die Druckerpresse revolutionierte die Verbreitung von Informationen. Die Verwendung von beweglichen Lettern, die erstmals in China zum Einsatz kamen, ermöglichte ein einfaches Austauschen von Wörtern.

ARTEN DES DRUCKS

Druck mit den erhabenen Teilen einer Druckplatte:
Hochdruck
Holzschnitt, Linolschnitt, Typendruck

Druck aus den Vertiefungen eines Druckelements:
Tiefdruck
Kupferdruck, Radierung, Gravur

Alle Druckelemente befinden sich auf einer Ebene:
Flachdruck
Monotypie, Lithografie

Druck durch eine Öffnung:
Schablonendruck
Siebdruck, Stencil

STEINZEIT-SCHABLONEN

An **Höhlenwänden** entdeckte man 35.000 Jahre alte Bilder. Menschen hielten ihre **Hände als Schablonen** gegen das Gestein – eine **Druckform**.

BLOCKDRUCK

Dafür werden **geschnitzte Holztafeln** mit **Tinte** eingefärbt und **auf eine Oberfläche** wie **Papier** oder **Stoff** gedruckt. Schon 3500 v. Chr. wurden mithilfe von **Tontafeln** Drucke hergestellt. In **China**, **Japan**, **Korea** und **Indien** werden **Blockdruckverfahren** seit Tausenden von Jahren verwendet.

HOCHDRUCK

Die **Tinte** wird auf eine **erhabene Fläche aufgetragen**, aber nicht in die **ausgeschnittenen Bereiche**.

TIEFDRUCK

Die Tinte wird in die Vertiefungen der Druckplatte aufgetragen – das Gegenteil des Hochdrucks. Die **Radierung** ist eine Art des Tiefdrucks.

DIE ERFINDUNG DER BEWEGLICHEN LETTERN

Bewegliche Lettern **können verändert werden** und somit auch der **Text**. **Einzelne Elemente**, **Zeichen oder Buchstaben werden einfach zu einem neuen Text gelegt**. So muss nicht die ganze Druckplatte neu angefertigt werden.

BI SHENG

Der **chinesische Bauer Bi Sheng** (990–1051) war der Erfinder des weltweit ersten **Druckverfahrens mit beweglichen Lettern**.

EINZELNE ZEICHEN ODER BUCHSTABEN

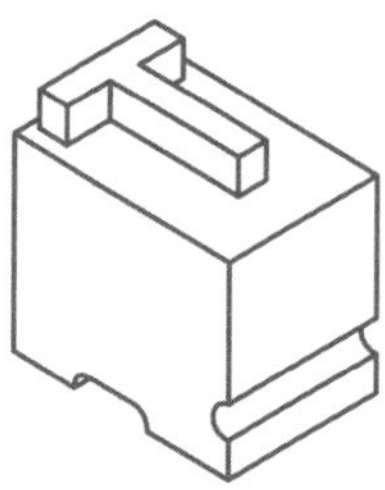

BUCHDRUCK

Schriftsetzer stellen einen **Text von hinten nach vorne** zusammen – alle **Buchstaben** oder **Zeichen** werden **spiegelverkehrt** eingesetzt, um den Text richtig herum abzudrucken. **Leerräume** und Seitenränder werden mithilfe von **Blöcken** gedruckt. Der **gesetzte Text** wird in die **Druckform** eingelegt, **fixiert** und **eingefärbt**. Dann wird das **Papier positioniert** und **gleichmäßig bedruckt**.

GUTENBERG-PRESSE

Der deutsche Handwerker **Johannes Gutenberg** (1400–1468) entwickelte zwischen 1440 und 1450 die **Gutenberg-Druckerpresse**. Sie ermöglichte **die massenhafte Produktion und Verbreitung von Texten**.

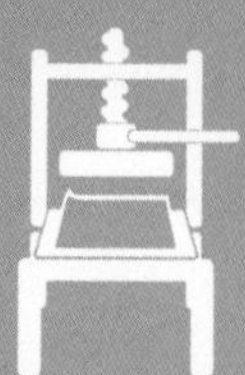

DAS BAUWESEN

Schon in vorgeschichtlicher Zeit wurden Gebäude und andere Strukturen gebaut. Aus ihren Methoden entwickelte sich das moderne Bauingenieurwesen.

- **Statik**: Die Entwicklung der Tragwerke, die zur Konstruktion von **Bauwerken** benötigt werden – diese Strukturen **gewährleisten, dass die Bauten physikalischen Belastungen standhalten können**.
- **Konstruktion**: Dazu gehören die Planung, der Bau und die Instandhaltung von **entworfenen Bauwerken**, z. B. für die Infrastruktur.

STAHLBETON

Beton ist **spröde** und besitzt eine **geringe Zugfestigkeit**. Verstärkt man ihn mit **Gerüsten**, **Stäben**, **Balken** oder **Gittern** aus Stahl, hält die Struktur **Zug-**, **Druck-** und **Scherkräften** stand. Mit Stahlbeton **können auch sehr hohe Gebäude errichtet werden**.

STADTPLANUNG

Stadtplanung gibt es schon seit **Tausenden von Jahren**. Dazu gehört die Versorgung einer Stadt mit **Wasser- und Kanalsystemen**, **Verkehrswegen**, **Krankenhäusern** und **Schulen**. Viele Städte **wachsen und entwickeln sich über eine bestehende Infrastruktur hinaus**.

BETON

Beton ist eine Mischung aus **gemahlenem Gestein** und **Wasser**. Bei einer **chemischen Reaktion (der Hydratation)** zwischen dem Wasser und den pulverförmigen Feststoffen entstehen Verbindungen zwischen den Atomen und die Masse wird hart. Bereits im Altertum **zermahlte und brannte man Gips oder Kalkstein, um Baustoffe herzustellen**.

KALK

Calciumhydroxid bzw. **Lösch- oder Hydratkalk** ist **ätzend** und **verursacht Verbrennungen**, ist aber ein **vielseitiges Baumaterial**. In Form von **Mörtel** verbindet es **Steine und Ziegel** und dient als **Verputz**. Kalk ist ein Bestandteil von **Außen- und Innenputz** (z. B. **Stuck**).

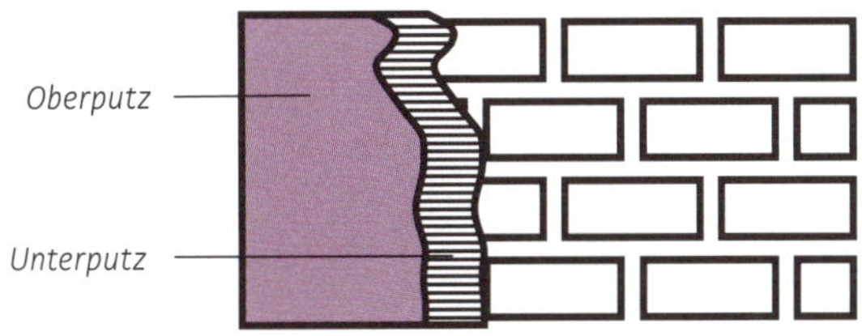

Außenputz auf Betonziegeln

PORTLAND-ZEMENT

Zement ist einer der **Grundstoffe von Beton**. Er besteht aus **feinen und groben Partikeln aus Calciumverbindungen**, **Silikaten**, **Tonerde** und **Eisenoxid**. Er kann auch **Kalkstein**, **Sandstein**, **Mergel**, **Schiefer**, **Eisen**, **Lehm** und **Flugasche** enthalten.

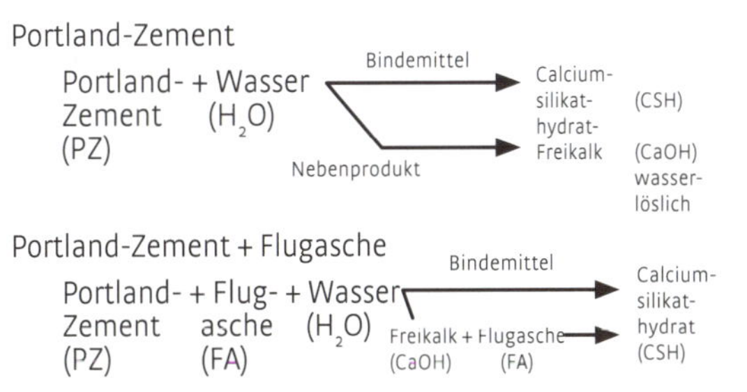

WÄRMEKRAFTMASCHINEN

Diese Maschinen wandeln Wärme in andere Energieformen um. Die Wärme fließt von warm nach kalt und erzeugt so einen Antrieb (z. B. für Turbinen). Sie verwandelt sich also in mechanische Energie, die wiederum elektrische Energie erzeugen kann, etwa mithilfe einer Gleichstrommaschine.

WÄRMEKREISLAUF

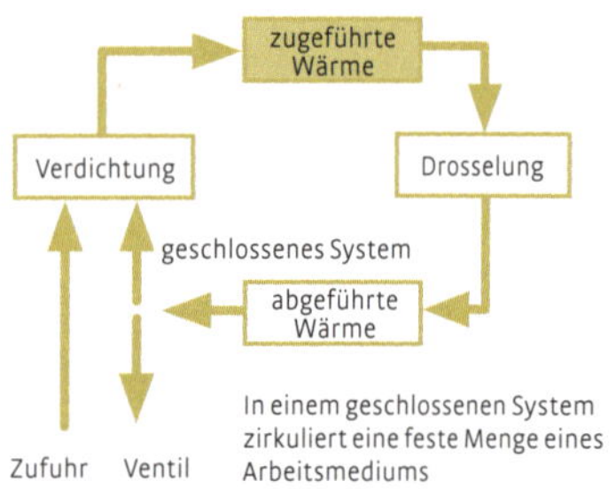

thermische Leistung = Arbeit ÷ Wärme

ERSTER HAUPTSATZ

Energie kann nicht erschaffen oder vernichtet, nur in andere Formen **umgewandelt werden**.

ZWEITER HAUPTSATZ

Es gibt keine **zu 100 Prozent effiziente Maschine. Ein Teil der Energie kann nicht genutzt werden**, geht also als Wärme verloren.

SADI CARNOT (1796–1832)

Der französische Ingenieur erdachte den **theoretischen Carnot-Prozess**, bei dem die **Energieumwandlung mit einem Arbeitsfluid** den **höchstmöglichen Wirkungsgrad** hat. Das kann es nicht geben, aber die Theorie hilft, **Wirkungsgrade zu verstehen**.

VERBRENNUNGSMOTOR

Wird ein **Kraftstoff-Luft-Gemisch in einem geschlossenen System verbrannt**, entsteht Bewegung. Die **Wärmeausdehnung des Gases treibt Kolben an**. Die meisten Automotoren haben einen **Wirkungsgrad** von 20 %.

PHASENÜBERGANG

Die Phasenumwandlung von heißen Flüssigkeiten erzeugt den Antrieb von Motoren. Die beiden Grafiken rechts zeigen den **Phasenübergang eines Stoffs von flüssig zu gasförmig**. Der gezeigte **Kreisprozess** ist der **Clausius-Rankine-Prozess**, der den **Wirkungsgrad einer Dampfturbine ermitteln soll**.

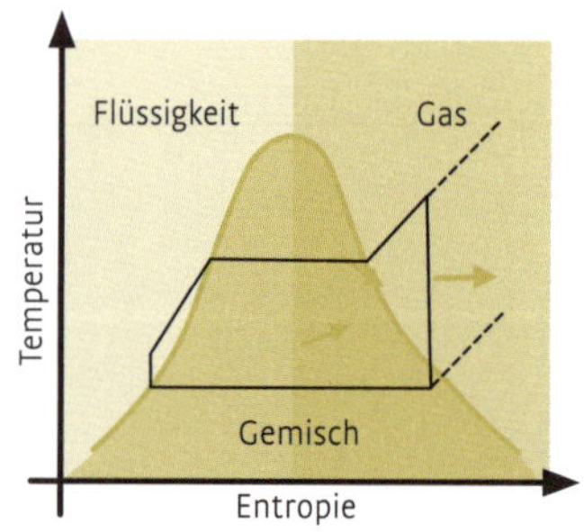

KÜHLUNG

In einem Kühlschrank bleiben die Lebensmittel kalt, da die **Hitze ständig aus dem Inneren entfernt wird. In diesem System ist ein Fluid die meiste Zeit gasförmig**.

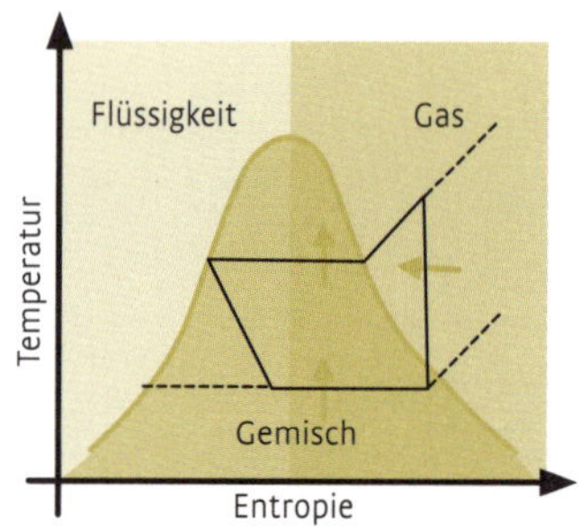

MOHAMMED BAH ABBA (1964–2010)

Der **nigerianische Lehrer** verbreitete das alte **Topf-in-Topf-Kühlsystem**. Es hält **Lebensmittel selbst in heißem Klima kühl – ohne Strom. Bei der Verdunstung des Wassers aus dem feuchtem Sand** wird dem Inhalt **Wärme entzogen**.

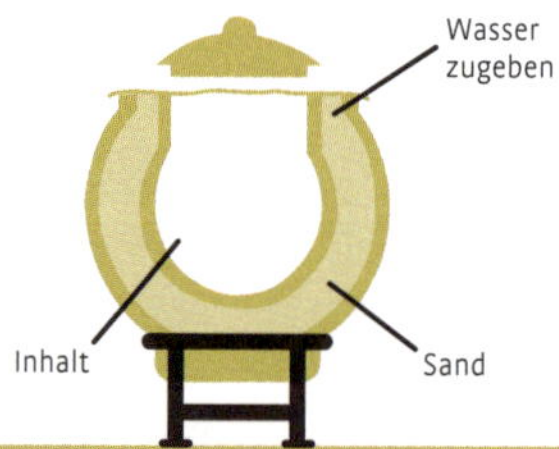

ENERGIE DER ZUKUNFT

Der Großteil des **Stroms** wird aus **fossilen Brennstoffen** erzeugt. Durch die **Hitze entsteht Dampf**, der **Turbinen antreibt**. Ein Umstieg auf **alternative Energien** wäre empfehlenswert.

BATTERIEN

Eine Batterie speichert elektrisches Potenzial. Die Differenz der Elektronegativität lässt Elektronen von einer negativ geladenen Anode zu einer positiv geladenen Kathode fließen.

Batterien sind elektrochemische Zellen. Sie bestehen aus:

- einer **Kathode**: eine **positive Elektrode**, die **Elektronen annimmt**.
- einer **Anode**: eine **negative Elektrode**, die **Elektronen abgibt**.
- ein **Elektrolyt**: ein **Medium, durch das Ionen fließen**, sodass ein **elektrischer Strom** entsteht.

ZITRONENBATTERIE

- Kupferdraht = Kathode
- Nagel aus Zink = Anode
- Zitrone = Elektrolyt

BAGDAD-BATTERIE

In **Bagdad** wurde eine **2000 Jahre alte Batterie** entdeckt. Sie bestand aus einem **Tongefäß** und einem **Eisenstab, der in einem Kupferzylinder steckte**.

VOLTASCHE SÄULE

Der italiensche Chemiker **Alessandro Volta** (1745–1827) stapelte Zink- und Kupferscheiben übereinander. Dazwischen legte er mit **Salzwasser** getränktes Papier. Die **Scheiben dienten als Elektroden**. Es funktionierte, aber das **Salz zersetzte mit der Zeit das Metall**.

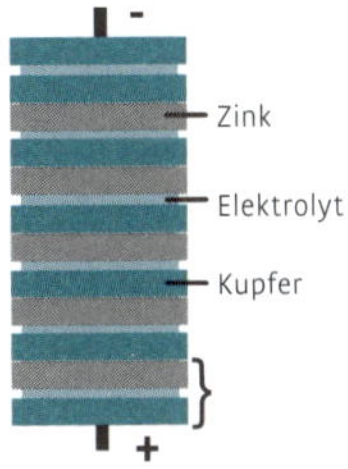

CHEMISCHE ZELLEN

Die **Oxidations- und Reduktionsreaktionen** in einer Batterie **erzeugen einen Ionenfluss**. Der französische Chemiker **Georges Leclanché erfand die Zink-Kohle-Batterie**.

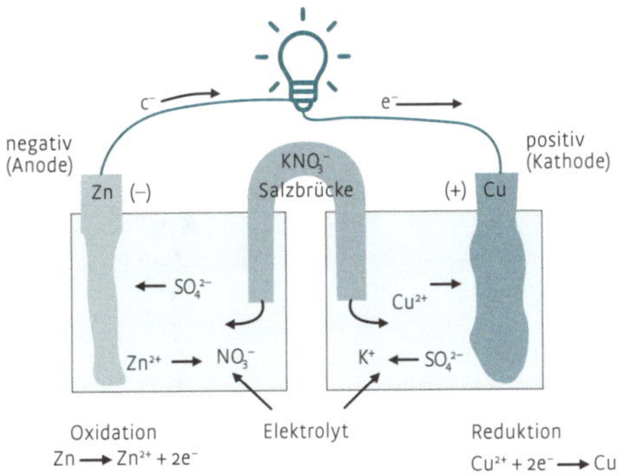

TROCKENBATTERIE

Der deutsche Wissenschaftler **Carl Gassner** verbesserte 1886 die **Trockenbatterie**: **Statt einer Flüssigkeit** verwendete er **eine Paste**. Der **Japaner Yai Sakizo** entwickelte 1887 die **moderne Batterie**.

WIEDERAUFLADBAR

Alkali-Batterien können **nur einmal verwendet** werden. Die Entwicklung **umkehrbarer** chemischer Reaktionen ermöglichte die Herstellung von wiederaufladbaren Batterien. **Gaston Planté erfand** 1859 den **ersten Bleiakkumulator**. Heute werden **Lithium-Ionen-Batterien** in **Laptops** und **Handys** verwendet.

SONDERMÜLL

Batterien sind **umweltschädlich**.

- **Wiederaufladbare Batterien** sind besser als Wegwerfbatterien, enthalten aber dennoch **giftige Rohstoffe**, die **unter gefährlichen Bedingungen** abgebaut werden.
- Geräte halten nicht lange und erzeugen Elektroschrott.

GRÜNE ENERGIE

Strom kann auch aus **Wind**, **Sonne** und den **Gezeitenkräften** erzeugt werden. **Die Speicherung solcher Energien ist jedoch noch schwierig**.

DER COMPUTER

Computer führen Berechnungen oder logische Befehle aus. Programmiersprachen sagen dem Computer, was er machen soll.

AUFBAU EINES COMPUTERS

- **Hardware**: kann man sehen und anfassen, z. B. **Tastatur**, **Monitor** und **Maus**.
- **Software**: gibt dem Computer **Befehle**, wie er **arbeiten** soll.
- **Input**: vom Benutzer **eingegebene Daten**, z. B. Wörter, Zahlen, Töne oder Bilder.
- **System/Prozessor**: Die Berechnungen des Computers interagieren mit Speichergeräten und Kommunikationsnetzen.
- **Output**: Ausgabe der Ergebnisse durch Hardware oder als optische oder akustische Informationen.

EINFACHE COMPUTERARCHITEKTUR

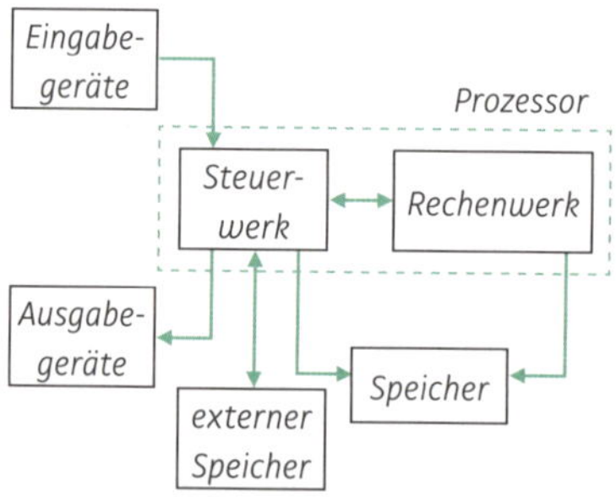

DER JACQUARDWEBSTUHL

Er wurde 1804 von **Joseph Marie Jacquard** entwickelt und gilt als **Vorläufer des Computers**. Er war eine **Maschine zum Weben kunstvoller Stoffmuster**.

ANALYTISCHE MASCHINE

Der englische Mathematiker und Erfinder **Charles Babbage** (1791–1871) entwickelte den Entwurf für eine Allzweck-Rechenmaschine, die **anspruchsvolle mathematische Kalkulationen** durchführen sollte.

DIE ZAUBERIN DER ZAHLEN

Die englische Mathematikerin **Ada Lovelace** (1815–1852) **entwickelte für Babbages Computer eine Methode**, die **Zahlen**, **Buchstaben** und **Symbole** darstellen konnte, und eine Möglichkeit für die Maschine, **Befehle in Schleifen auszuführen**. Ihre Arbeit wurde erst in den 1950er-Jahren wiederentdeckt, aber noch heute **enthalten Computerprogramme Schleifen**.

KURZE GESCHICHTE DES COMPUTERS

Erste Generation:

→ **kein Betriebssystem**
→ **Schalter** zum Einstellen von **Binärcodes**

- **1937** erster elektronischer Digitalrechner
- **1943** der Computer Colossus wird im Zweiten Weltkrieg vom Militär eingesetzt
- **1946** der Electronic Numerical Integrator and Computer (ENIAC) führte mathematische Aufgaben aus

Zweite Generation:

→ **statt Vakuumröhren** wurden **Transistoren verwendet**
→ Entwicklung von **Programmiersprachen**
→ **Computerspeicher** und **Betriebssysteme**
→ **externe Speicher**, z. B. Kassetten, Lochkarten und Disketten

- **1951** Universal Automatic Computer (UNIVAC 1)
- **1953** International Business Machine (IBM)

Dritte Generation: 1963–heute

→ **integrierte Schaltkreise**
→ Computer wurden **kleiner**, **leistungsstärker und zuverlässig**
→ konnten **mehrere Programme** gleichzeitig ausführen

- **1980** Microsoft Disk Operating System (MS-DOS)
- **1981** IBM stellt den ersten Personal Computer (PC) vor
- **1984** Apple präsentiert den Macintosh-Computer mit grafischer Benutzeroberfläche
- **1990er** Windows-Betriebssystem
- **1992** erstes Smartphone
- **2007** Smartphones erobern den Handymarkt

ELEKTRONIK

Die Elektronik beschäftigt sich mit der Physik des Elektronenflusses. Elektronen sind subatomare, negativ geladene Teilchen, die in unzähligen Technologien genutzt werden.

1. KIRCHHOFFSCHES GESETZ

Die Summe der zufließenden Ströme entspricht jener der abfließenden Ströme (**Ladungserhaltung**).

2. KIRCHHOFFSCHE GESETZ

Die Summe aller Spannungen in einem geschlossenen Stromkreis ist null (**Energieerhaltung**).

PIEZOELEKTRIZITÄT

Ein piezoelektrisches Material (z. B. Quarz) **gibt unter Druck Strom ab**. Eine **Quarzuhr** enthält piezoelektrische Komponenten, deren **elektrische Schwingungen eine präzise Zeitmessung ermöglichen**.

SCHALTZEICHEN

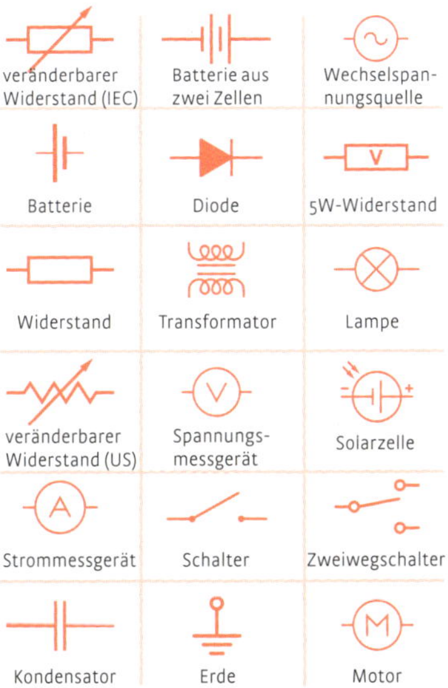

GESAMTWIDERSTAND

(A) WIDERSTÄNDE IN REIHENSCHALTUNG:

Gesamtwiderstand = Summe der einzelnen geschalteten Widerstände.

$R_{ges} = R_1 + R_2 + R_3$

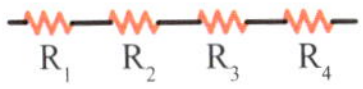

Widerstände in Reihenschaltung

(B) WIDERSTÄNDE IN PARALLELSCHALTUNG:

Gesamtwiderstand = Summe der Kehrwerte (1/R) aller Widerstände.

$\frac{1}{R_{ges}} = \frac{1}{R_1} + \frac{1}{R_2} + \frac{1}{R_3} \ldots\ldots \frac{1}{R_n}$ usw.

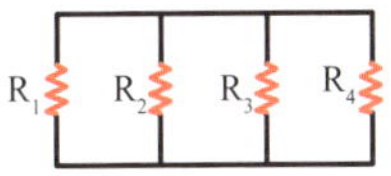

Widerstände in Parallelschaltung

WIDERSTÄNDE ERKENNEN

Widerstände sind mit **farbigen Ringen** versehen, die den Widerstand in **Ohm** (Ω) angeben. Zwei oder drei Ringe auf der linken Seite stehen für Ziffern von 0–9, der nächste Ring ist ein **Multiplikator**. Nach einem Abstand folgt ein weiterer Ring, der die **Toleranz in Prozent** angibt.

Ein Beispiel für einen **Widerstandsfarbcode**:

gelb violett rot ... silber

= 4 7 x 100 10 %

= 4700 Ohm mit einer Toleranz von ± 10 Prozent.

OHMSCHE UND NICHT-OHMSCHE WIDERSTÄNDE

Ohmsche: **Widerstand** ist **konstant**, sein **Strom** ist **proportional** zur Spannungsdifferenz und es gilt das **Ohmsche Gesetz**. Das Verhältnis zwischen V und I ist **linear**: V = IR.

Nichtohmsche: Das Verhältnis zwischen V und I ist **nicht linear**.

- **Glühlampe**: Je heißer der Glühfaden, desto größer der Widerstand.
- **Heißleiter**: Widerstand fällt mit zunehmender Temperatur.
- **Halbleiterdiode**: Widerstand geht in einer Richtung gegen 0; nimmt in die andere Richtung zu.
- **Leuchtdiode (LED)**: Lässt Strom in eine Richtung durch (und leuchtet), aber nicht in die andere.
- **Fotowiderstand (LDR)**: Der Widerstand verändert sich mit der Lichtintensität.

WIDERSTANDSFARBCODE-TABELLE

Farbe	Ziffer	Multiplikator	Toleranz
schwarz	0	1	
braun	1	10	± 1 Prozent
rot	2	100	± 2 Prozent
orange	3	1.000	
gelb	4	10.000	
grün	5	100.000	± 0,5 Prozent
blau	6	1.000.000	± 0,25 Prozent
violett	7	10.000.000	± 0,1 Prozent
grau	8		± 0,05 Prozent
weiß	9		
gold		0,1	± 5 Prozent
silber		0,01	± 10 Prozent
keine			± 20 Prozent

ALAN TURING

Alan Turing (1912–1954) war ein englischer Informatiker, Kryptoanalytiker, Philosoph, Biologe und Mathematiker. Er entwickelte den modernen Computer und die künstliche Intelligenz. Während des Zweiten Weltkriegs entschlüsselte er die deutschen „Enigma"-Codes – und half dadurch, die Nazis zu besiegen.

ENIGMA

Die Enigma-Maschinen **verschlüsselten Funksprüche** nach einem **„Zufallsprinzip"** mithilfe von **Walzen** und **Elektronik**, aber Maschinen haben **eine begrenzte Anzahl von Möglichkeiten**. **Turing knackte ihren Mechanismus**.

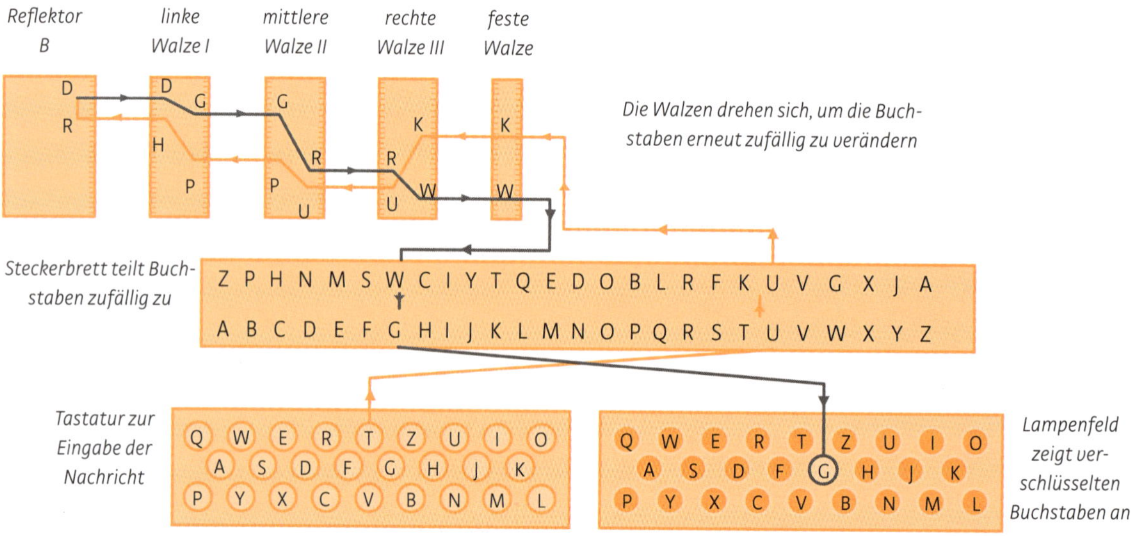

TURINGS LEBEN

In den 1930er-Jahren arbeitete Turing in **Cambridge** an den **mathematischen Problemen** rund um **Rechenmaschinen**. Ein einflussreiches Konzept war seine **hypothetische „Turing-Maschine"**, die einfach nur Zahlen nach bestimmten Regeln verarbeiten sollte und dennoch jedes Problem, das man als Algorithmus formulieren konnte, zu lösen imstande war.

Im Jahr 1938 wurde er **von den Codeknackern des Militärs angeheuert**, um **Schwächen im deutschen Enigma-Code aufzudecken**. Schon bald entwickelte er elektromechanische Maschinen, genannt **„Bombes"**, die mögliche Kombinationen durch pure Rechenleistung herunterrattern konnten (basierend auf einem vermuteten Fragment der verschlüsselten Nachricht, genannt „Crib"). Turings Ideen beeinflussten den Entwurf des ersten Digitalcomputers **Colossus**, der in **Bletchley** entwickelt wurde.

Nach 1945 kamen die Akten aus Bletchley Park aber **unter Verschluss** und die Maschinen wurden zerlegt. Das erschwerte Turing die Arbeit an einem besseren Computer, der einen internen **Speicher** haben sollte. Außerdem galt Turings **Homosexualität** als Sicherheitsrisiko und er wurde **vom Geheimdienst ausgeschlossen**. Nachdem er 1952 aufgrund homophober Gesetze verhaftet worden war, wurde er zur **chemischen Kastration** verurteilt.

Frust und Depressionen trieben ihn 1954 in den Suizid. Erst in den letzten Jahrzehnten wurde sein **wichtiger Beitrag** zur Entwicklung moderner Technologien anerkannt.

FOTOGRAFIE

Die Fotografie verbindet fotochemische Reaktionen, optische Systeme und visuelle Ausdrucksformen. Ihre Erfindung eröffnete Künstlern und Wissenschaftlern ganz neue Möglichkeiten.

DIE LOCHKAMERA

- Muss keine Linse haben.
- Ein kleines Loch dient als Blende.
- Licht, das durch das Loch fällt, erzeugt ein auf dem Kopf stehendes, seitenverkehrtes Bild in der Kamera.

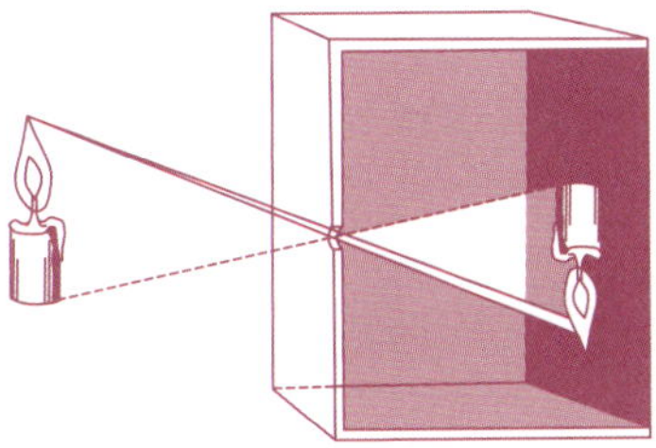

CYANOTYPIE

Ein frühes **fotochemisches Verfahren**, bei dem Papier **mit Chemikalien beschichtet** und teilweise **von einem Objekt bedeckt** wird. **Im Sonnenlicht verfärben sich die freien Bereiche und der Schatten des Objekts bleibt als Bild zurück.**

ANNA ATKINS

Die englische Botanikerin **Anna Atkins** (1799–1871) war **eine der ersten Fotografinnen** und brachte das **erste fotografische Buch** heraus, **das Cyanotypien von Pflanzen** zeigte.

DAGUERREOTYPIE

Louis-Jacques-Mandé Daguerre (1787–1851) erfand das Daguerreotypie-Verfahren, bei dem **Kupferplatten mit Silber beschichtet** wurden.

DIGITALE FOTOGRAFIE

Licht fällt durch das Objektiv ein und **aktiviert einen Bildsensor**, der die **Farben**, die **Helligkeit** und den **Kontrast verschiedener Formen misst**. Diese **analogen Daten** werden dann **in Millionen von Pixeln umgewandelt**.

TECHNIK

LINSEN

Linsen **werfen Bilder auf Leinwände und andere Flächen**. Diesen Effekt machten sich flämische Künstler der Frührenaissance zunutze, um projizierte Objekte abzupausen und realistische Bilder zu malen.

AUFBAU EINER SLR-KAMERA

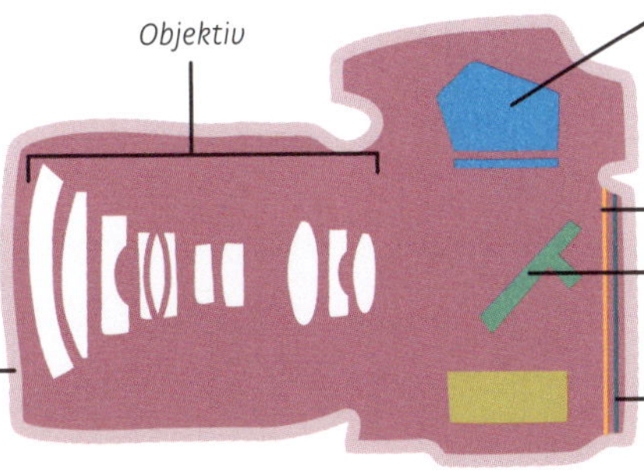

ZELLULOIDFILM

John Carbutt, **Hannibal Goodwin** und **George Eastman** entwickelten **transparenten, biegsamen Film** aus **Nitrozellulose**, **Campher**, **Alkohol** und **Pigmenten**. Die Firma **Eastman Kodak** brachte den **Zelluloidfilm** 1889 **auf den Markt**.

RADAR UND SONAR

Radar und Sonar nutzen das Echo akustischer Signale eines entfernten Objekts, um die Lage des Gegenstands zu ermitteln. Die Zeitabstände zwischen dem Senden und Empfangen eines Signals ermöglichen die Ortung.

RADAR

Auf Basis von **Radiowellen**. Radar wird unter anderem von **Piloten genutzt**, um bei Dunkelheit und Wolken **sicher zu landen**.

SONAR

Ortet **Schallwellen unter Wasser oder im menschlichen Körper**. Moderne **Ultraschallgeräte** erzeugen Frequenzen zwischen 20.000 Hertz (Hz) und 1 Gigahertz (1 Milliarde Hz).

ECHOORTUNG

Wale, **Spitzmäuse**, **Delfine**, **Fledermäuse** und andere Tiere senden per Biosonar **Signale aus** und **empfangen anschließend die Echos** dieser Signale, um **ihre Umgebung wahrzunehmen**, **Gegenstände zu orten** und **Entfernungen zu bestimmen**. Der **Abstand zwischen den Schallempfängern** (z. B. den Ohren) ermöglicht eine **präzise Messung**.

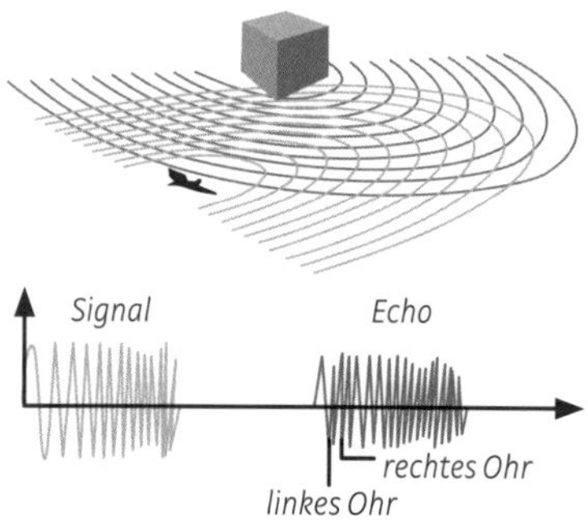

SCHARFES GEHÖR

Fledermäuse stoßen **laute**, **hohe Töne** aus. Das **menschliche Ohr** kann diese **Frequenzen nicht wahrnehmen**, aber die Töne sind **lauter als ein Flugzeugstart**. Mithilfe ihrer hochfrequenten, **kurzwelligen** Rufe können sie **nachts Insekten aufspüren**. Die hohe Frequenz ermöglicht ihnen auch das **Erkennen von Details**, etwa ob eine **Motte** pelzige Flügel oder Fühler hat. Dieses scharfe Gehör **funktioniert jedoch nur auf kurzen Distanzen**. Fledermäuse können ihre Ohren auch **abdämpfen**, damit sie nicht durch ihre eigenen lauten Rufe taub werden.

LAUTE MEERE

Auf unseren Meeren spielen sich **immer mehr und lautere Aktivitäten ab**, was den **Biosonar der Wale stört**. Die **Walgesänge** dienen der **Ortung**, helfen bei der **Jagd** und sind **Kommunikationsmittel**.

Ein Wal stößt Laute aus …

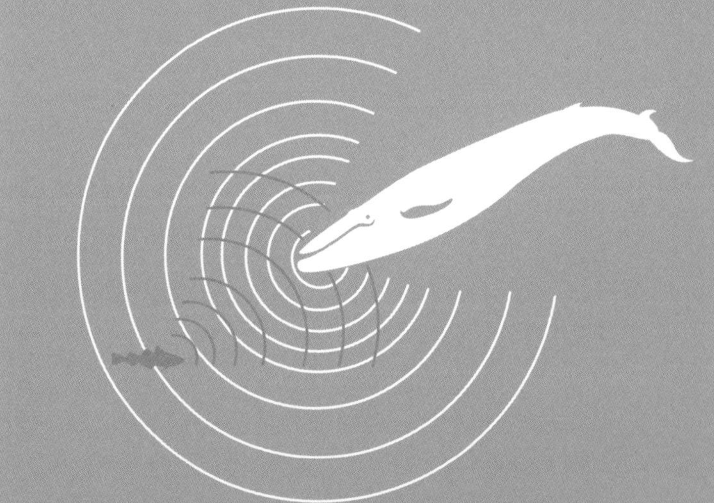

… und die Schallwellen werden von einem Fisch in der Nähe zurückgeworfen …

… der Wal empfängt die reflektierten Wellen und lokalisiert dadurch den Fisch und die Richtung, in die er sich bewegt.

NACHRICHTENTECHNIK

Daten aus einem Sensor müssen digitalisiert werden, damit ein Computer sie verarbeiten kann. Computerdaten werden in Form von elektrischen Spannungen weitergegeben.

ANALOGSIGNAL

Ein **Signal mit einer kontinuierlichen Spannung kann nicht direkt in einem Computer gespeichert oder von ihm verarbeitet werden**. Die Information variiert, je nach **Amplitude** und **Form der Welle**, und muss **digitalisiert** werden, bevor sie ein Computer nutzen kann. **Analogwellen** können viele Formen haben.

DIGITALSIGNAL

Ein digitales Signal besteht aus **zwei Werten (0 oder 1)**, die durch zwei Spannungsbereiche den Signalen zugeordnet werden. Ein Signal, das aus **0 oder 1** besteht, ist ein **Bit**. Acht Bits sind ein Byte, und die **Auflösung** wird von der Anzahl der Bits bestimmt. Digitalsignale sind im Falle von **Störungen leicht wiederherzustellen**, da sie **nicht von Amplitude oder Wellenform abhängen, sondern von der Abfolge der Impulse**. Um ein **Analogsignal zu digitalisieren**, wird eine **Sinuswelle in eine Rechteckwelle oder eine Kombination aus Rechteckwellen umgewandelt**.

BANDBREITE

Die Bandbreite variiert je nach Menge der zu übertragenden Informationen. **Eine höhere Übertragungsrate erfordert eine größere Bandbreite**.

WELLENFORMEN

Elektromagnetische Schwingungen übertragen Informationen, etwa durch **Metalldrähte oder Kabel**. Beim **Radio** werden sie **durch die Atmosphäre** übertragen; in **Lichtleitkabeln** durch **Photonen**.

Abschwächung: die Energie eines Signals nimmt mit zunehmender Distanz ab.

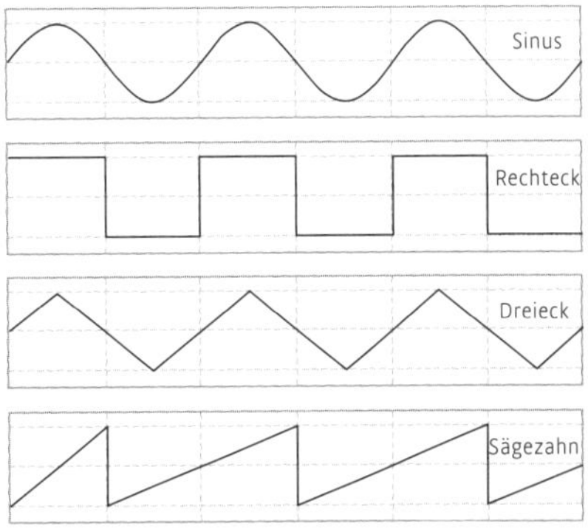

STÖRUNGEN UND SIGNALVERLUST

Sie können durch **Reibungswärme**, durch **reflektive Rückkopplung** in optischen Fasern oder in Form von **atmosphärischen Störungen** von Funkwellen auftreten.

FREQUENZSPEKTRUM

Damit Schall elektromagnetisch übertragen werden kann, müssen die hörbaren Frequenzen mit 40 kHz und einer Auflösung von 16 Bit abgetastet werden. Bei 640 kHz werden pro Sekunde 640.000 Bits übertragen.

Geräte, die elektromagnetische Signale übertragen:

- Radio
- Mobilfunk
- WLAN

TRÄGERFREQUENZ

Durch die **Modulation der Trägerwelle** werden Informationen für die Übertragung codiert. Die Trägerwelle enthält die Energie (ausgedrückt in Form einer Frequenz) zum Transport der Information.

MODULATION

Modulation bedeutet **die Veränderung eines Signals mit der Zeit**. Dazu müssen eine oder mehrere Eigenschaften einer periodischen Wellenform (bzw. des Trägersignals/der Frequenz) so verändert werden, dass sie Informationen übertragen, zum Beispiel durch **Frequenz- (FM) oder Amplitudenmodulation (AM)**.

HÖRBARE TÖNE

Der Mensch kann Frequenzen zwischen 50 Hz und 15 kHz hören.

GPS

Das globale Positionsbestimmungssystem (GPS) ist ein Navigationssystem aus rund 30 Satelliten, die in etwa 20.000 Kilometern die Erde umkreisen. Ihre Funktionsweise basiert auf Trilateration, bei der mindestens drei verschiedene Satelliten Daten zu einer geografischen Position sammeln, um eine präzise Standortbestimmung zu ermöglichen.

Als sich zu Beginn des 20. Jahrhunderts **das Reisen mit dem Zug** und die elektrische Kommunikation per **Telegramm** verbreiteten, mussten **standardisierte Zeitzonen eingeführt werden**, um Zusammenstöße der Züge zu vermeiden. Zeitzonen erleichterten das schnelle Reisen und Kommunizieren. Nachdem die **Dauer einer Sekunde** für die ganzen Welt **vereinheitlicht** wurde, konnten **Aktivitäten synchronisiert** werden.

FUNKTIONSWEISE

GPS **vergleicht Satellitendaten und sendet elektromagnetische Signale aus**:

- GPS schickt ein Signal zum nächsten Satelliten.
- Signale werden zu mindestens drei weiteren Satelliten geschickt.
- Durch die **Zeitverzögerung** wird die Entfernung jedes Satelliten ermittelt und an das GPS-Gerät geleitet.
- **Die Position und die Entfernung von mindestens drei Satelliten werden miteinander abgeglichen**, um die Fehlerrate zu verringern und die **Bewegung der Satelliten miteinzukalkulieren**.
- Aus diesen Daten **berechnet der Empfänger den Standort eines Geräts**.

GLADYS MAE WEST

Die US-amerikanische Mathematikerin **Gladys Mae West** (* 1930) leistete einen großen Beitrag zur Entwicklung der **mathematischen Modelle der Erde**, die für das GPS so wichtig sind. Sie arbeitete an Modellen für die **Satellitengeodäsie**, die in das GPS-System, wie man es heute kennt, integriert wurden. Mithilfe der Computersoftware der 1950er- und 1960er-Jahre **maß sie die Positionen der Satelliten und berechnete ihre Umlaufbahnen**.

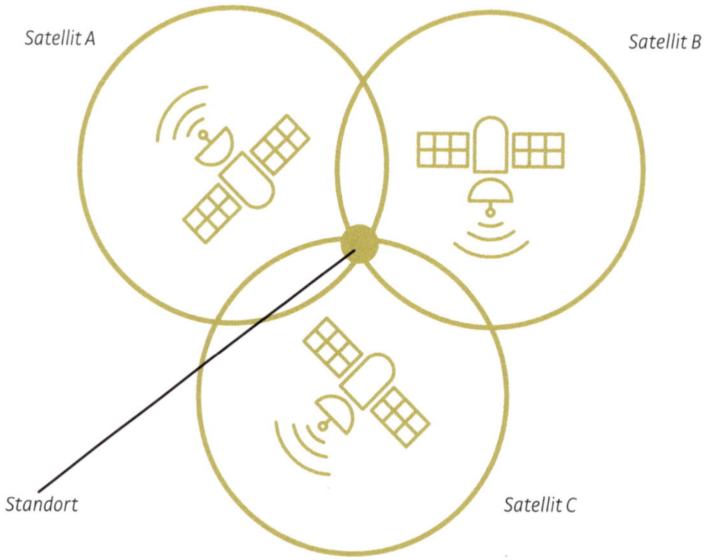

DIE RAUMFAHRT

Über 500 Menschen haben bereits die Stratosphäre durchquert und sich in die Umlaufbahn unserer Erde begeben. Zwölf Menschen waren auf dem Mond, aber fremde Planeten wurden bis jetzt nur von Robotern besucht.

MEILENSTEINE DER RAUMFAHRT

1957 erster Satellit im Erdorbit (Sputnik 1)
erstes Tier im Erdorbit: die Hündin Laika (Sputnik 2)
1958 erster Satellit der USA (Explorer 1)
1961 erster Menschenaffe im All (suborbital): der Schimpanse Ham
erster Mensch im Erdorbit: Juri Gagarin
erster Amerikaner im All (suborbital): Alan Shepard
1962 erster Amerikaner im Erdorbit: John Glenn
1963 erste Frau im Erdorbit: Walentina Tereschkowa
1965 erster Weltraumspaziergang: Alexei Leonow
1968 erster bemannter Flug um den Mond (Apollo 8)
1969 erste Astronauten auf dem Mond: Neil Armstrong und Buzz Aldrin (Apollo 11);
Michael Collins blieb im Mondorbit
1971 erste Raumstation (Saljut 1)
1972 letzte Apollo-Mondmission (Apollo 17)
1981 erster Flug eines Spaceshuttles (Columbia)
1983 erste amerikanische Frau im Erdorbit: Sally Ride
1986 Bau der ersten modularen Raumstation (Mir)
1994 erstes Andocken eines Shuttles (Discovery) an Mir
1998 Bau der internationalen Raumstation (ISS)
2001 erster Weltraumtourist (Dennis Tito) besucht ISS
2004 erster kommerzieller bemannter Raumflug (Spaceship One)
2011 letzter Flug eines Spaceshuttles (Atlantis)
Ende der Konstruktionsarbeiten an der ISS

UNERKANNTE HELDINNEN

Möglich gemacht wurde die Raumfahrt von Menschen und Robotern nur dank der Arbeit tausender Wissenschaftler, Ingenieure und Dienstleister – viele von ihnen unbekannt. Margot Lee Shetterley würdigte 2016 in ihrem Buch *Hidden Figures – Unerkannte Heldinnen* den Beitrag afroamerikanischer Frauen zu den ersten Weltraummissionen der NASA, darunter die Mathematikerinnen Katherine Johnson und Dorothy Vaughan sowie die Ingenieurin Mary Jackson.

FERNE WELTEN

Diese Raumfahrzeuge waren die ersten, die andere Himmelskörper in unserem Sonnensystem besuchten:

Mond	Vorbeiflug: Luna 3 (1958) weiche Landung: Luna 9 (1965)
Merkur	Vorbeiflug: Mariner 10 (1974) Sonde: MESSENGER (2011)
Venus	Vorbeiflug: Mariner 2 (1962) Landung: Venera 8 (1972) Sonde: Venera 9 (1975)
Mars	Vorbeiflug: Mariner 4 (1965) Sonde: Mariner 9 (1971) Landung: Viking 1 (1976) Rover: Mars Pathfinder (1997)
Ceres (größter Asteroid)	Sonde: Dawn (2015)
Jupiter	Vorbeiflug: Pioneer 10 (1973) Sonde: Galileo (1995)
Saturn	Vorbeiflug: Pioneer 11 (1979) Sonde: Cassini (2004)
Uranus	Vorbeiflug: Voyager 2 (1986)
Neptun	Vorbeiflug: Voyager 2 (1989)
Pluto	Vorbeiflug: New Horizons (2015)
Halleyscher Komet	dichter Vorbeiflug: Giotto (1986)

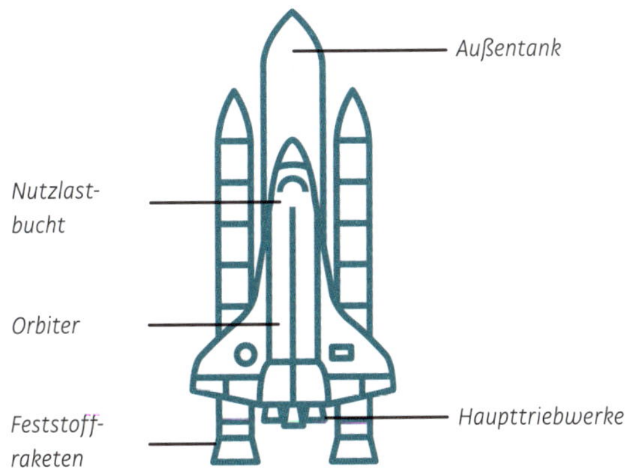

PROGRAMMIERUNG

Die Entwicklung von Programmiersprachen (Codes) machte den Computer vielseitig einsetzbar.

MORSEZEICHEN

Ein **Code** ist das **Austauschen von Zeichen durch andere Zeichen**. Das Morsealphabet ist ein Beispiel für einen Code.

A	·-	J	·---	S	···
B	-···	K	-·-	T	-
C	-·-·	L	·-··	U	··-
D	-··	M	--	V	···-
E	·	N	-·	W	·--
F	··-·	O	---	X	-··-
G	--·	P	·--·	Y	-·--
H	····	Q	--·-	Z	--··
I	··	R	·-·		

KOMPLEX ODER EINFACH

Das **deutsche Alphabet** besteht aus **26 Buchstaben**, die zahlreiche **Laute** darstellen können. Das Morsealphabet besteht nur aus **Punkten und Strichen**. **Beide können die gleichen Informationen vermitteln.**

MASCHINENSPRACHE

Computerhardware verarbeitet nur **binäre Befehle**.

ERSTE SCHRITTE

Anfangs wurden die Befehle **ganz neu in Maschinensprache formuliert**, zuerst **auf Papier** in einer **menschlichen Sprache**, und dann **in Binärsprache übersetzt**.

ASSEMBLERSPRACHE

Sie formuliert die Befehle für den Computerbetrieb und ermöglichte die Entwicklung von **Funktionsverknüpfungen** und das **Abrufen von Daten aus dem Speicher** bis hin zu anderen **Befehlen** und **Schleifen**.

COMPILER

Compiler **wandeln Quellcode in Zielcode um**, etwa in Maschinensprache.

FORTRAN, 1954

„**Formula-Translation**"-Compiler machten das Programmieren leichter, aber bei **Updates musste das ganze System neu programmiert werden**.

COBOL, 1959

Dank COBOL akzeptierten alle Computer nun **den gleichen Quellcode**. Einmal programmieren – überall zum Laufen bringen.

CHRONOLOGIE DER PROGRAMMIERSPRACHEN

1960er ALGO / LISP/ BASIC
1970er PASCAL / C / SMALL TALK
1980er C++ / Objective-C / Pearl
1990er Python / Ruby / JAVA
2000er SWIFT / C# / GO / Ubuntu

ANWEISUNGEN

Die **Syntax** bildet das Regelwerk für **die Struktur der Anweisungen**.

ZUWEISUNGEN

Ein **Programm benötigt eine Reihe von Zuweisungen**. Zuweisungen geben einer Variablen einen **Anfangswert**, z. B.: b = 7.

KONTROLLSTRUKTUREN

Das sind **Bedingungen**. Die **häufigsten** Konstrollstrukturen sind **IF**- und **WHILE**-Anweisungen.

UNTERPROGRAMME

Oft auch als **Funktionen** oder **Methoden** bezeichnet. Am Ende eines Unterprogramms steht „**RETURN**".

KERNEL

Der **Kern eines Betriebssystems**, also das zentrale Element, das die Hardware des Computers steuert.

ASCII

Abkürzung für „American Standard Code for Information Interchange". Der ASCII-Code verwendet eine 7-Bit-Zeichencodierung, um alphanumerische und andere Zeichen darzustellen.

BUCKMINSTER FULLER

Der Architekt, Ingenieur und Designer Richard Buckminster Fuller (1895–1983) verfasste über 30 Bücher und prägte Begriffe wie „Raumschiff Erde", „Dymaxion", „synergetisch" und „Tensegrität".

Fullers Designs folgten dem Prinzip „weniger ist mehr". Sein Ziel war die Lösung **gesellschaftlicher Probleme**, etwa durch **Behausungen** für alle. Er beschäftigte sich mit der **Ressourcenknappheit** der Erde und dem **globalen Klimawandel**.

RAUMSCHIFF ERDE

Dieses Konzept vermittelt, dass die Erde nur über **begrenzte Ressourcen** verfügt, was beim Gestalten von **Gesellschaft**, **Wirtschaft** und **Designs** berücksichtigt werden muss.

DYMAXION-HAUS

Das Dymaxion-Haus war **preiswert** und konnte leicht **in großen Mengen produziert** werden, kam aber nie auf den Markt. Sein Hauptmerkmal war, dass man es einfach zerlegen und wieder aufbauen konnte.

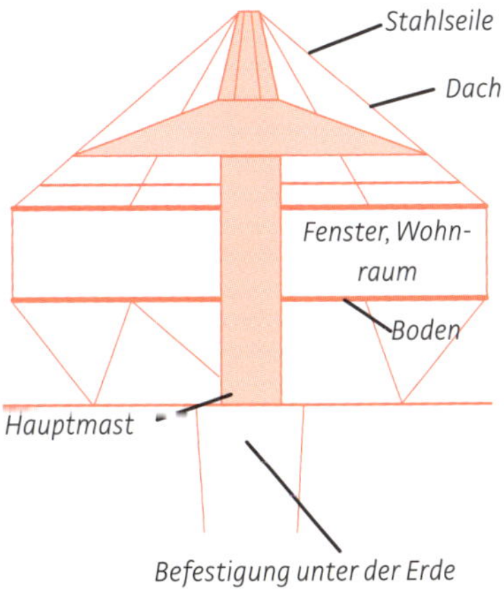

DYMAXION-WELTKARTE

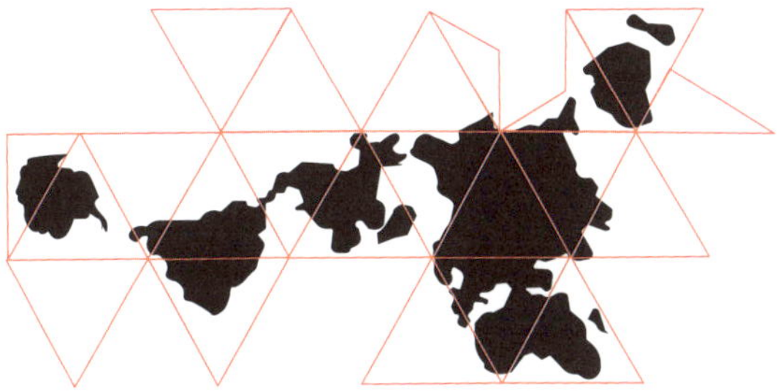

DYMAXION DEPLOYMENT UNITS

Diese militärischen Varianten des Dymaxion-Hauses wurden im Zweiten Weltkrieg als Unterkünfte für Fernmeldetruppen verwendet.

DYMAXION-WELTKARTE

Buckminster Fuller entwarf eine **Weltkarte aus Dreiecken**, die zu einem **regelmäßigen Polygon** zusammengesetzt werden konnte, sodass **kein Kontinent und keine Insel geteilt oder abgeschnitten wurde**.

GEODÄTISCHE KUPPEL

Eine Konstruktion, die einfach zusammenzubauen ist und **ohne störendes Tragwerk im Inneren viel Raum bot**. Durch die **Verteilung der Lasten** auf die Struktur der Kuppel war das Gebäude **äußerst tragfähig**. Diese Bauform wird für **Notunterkünfte** sowie für **Forschungs- und Freizeiteinrichtungen** auf der ganzen Welt verwendet.

NATUR ALS IDEENQUELLE

Die **geometrischen Strukturen der Natur** inspirierten Fullers Arbeit.

SYSTEMTHEORETISCHER ANSATZ

Definiert man **Probleme** im Kontext von Systemen, erkennt man ihre **Wechselwirkungen** und die Möglichkeit, dass **Systeme selbst die Lösung sein können**.

SOZIALES DESIGN

Auch Buckminster Fullers Zeitgenossen, etwa **Victor Papanek**, beschäftigten sich mit der Frage, **wie Design die Gesellschaft verbessern könnte**, statt nur ein ästhetisches, exklusives Produkt für **Wohlhabende** zu sein.

MAGNETRESONANZTOMOGRAFIE

Unser Körper besteht aus unterschiedlichen Stoffen: Proteinen, Fetten, Biomineralen, Neurotransmittern und Wasser. Diese Materialien enthalten Wasserstoffatome, die inter- und intramolekulare Bindungen bilden. Der Atomkern eines Wasserstoffatoms ist ein Proton.

Protonen bilden die Grundlage der **Magnetresonanztomografie** (**MRT**). Sie haben einen **Spin** („Drall"). Alle Protonen in unserem Körper drehen sich in **verschiedene Richtungen**, je nachdem, welche Materie sie umgibt. MRT basiert auf **Wechselwirkungen mit dem Spin**.

GRUNDLAGEN

- Ein starker **Magnet** im MRT-Gerät **richtet den Spin** der Protonen in dieselbe Richtung aus.
- **Radioimpulse** (die weniger Energie als das Sonnenlicht haben) **führen den Protonen Energie zu** und **verändern ihre Ausrichtung im Magnetfeld**, abhängig von ihrer Umgebung, z. B. **Muskel**, **Fett**, **Knochen**.
- Dann **richtet der Magnet** die Protonen **neu aus**, sodass sie **die absorbierte Energie wieder abgeben**.
- Diese Signale werden von einer **Empfangsspule** im Gerät registriert.
- Die Protonen geben unterschiedliche **Frequenzen** ab. Diese **Variation in ihrem Signal** wird von **einem Computer verarbeitet und in ein Bild umgesetzt**.

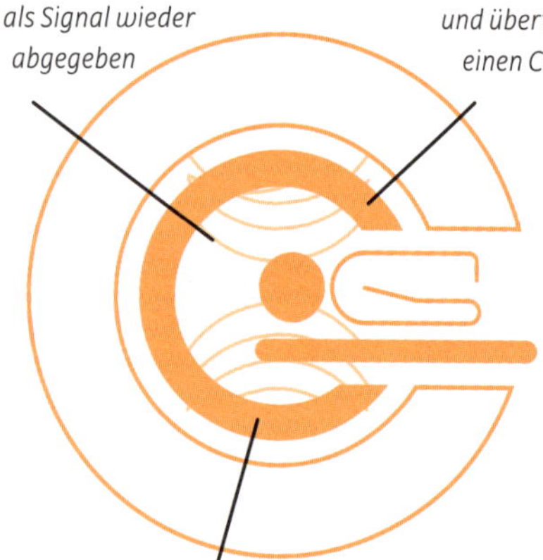

FOURIER-TRANSFORMATION

Ein **mathematisches Verfahren** zur **Analyse von Wellenformen**. Ein **Signal**, etwa der Klang einer Geige, besteht aus **vielen verschiedenen Frequenzen**. Eine Fourier-Transformation **zerlegt ein Signal in seine einzelnen Bestandteile**. **Mithilfe von Fourier-Berechnungen** werden die Frequenzen der Protonen aus dem MRT-Gerät **wieder zu einem Signal zusammengefügt**.

EINFACHE FOURIER-REIHE

Die folgende Fourier-Reihe **zeigt, wie eine periodische Funktion als die Summe vieler einzelner (diskreter) Exponentialfunktionen dargestellt werden kann**.

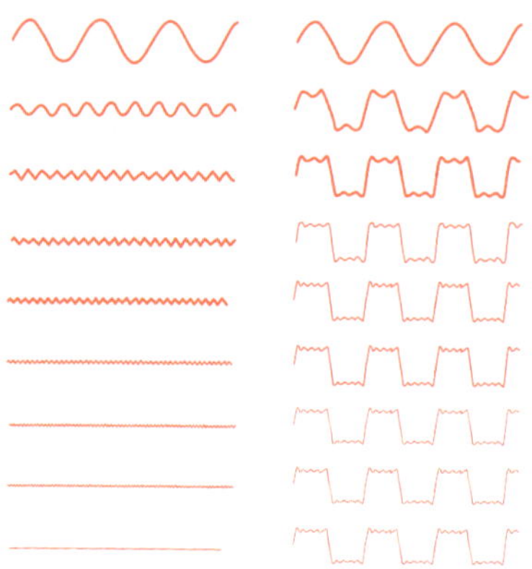

F (Hz)	A (m)
1	1
3	1/3
5	1/5
7	1/7
9	1/9
11	1/11
13	1/13
15	1/15
17	1/17

DIAGNOSE, BEHANDLUNG UND KONTROLLE

MRI-Geräte werden in der **Medizin (von Ärzten und Krankenhäusern)** und in der **Forschung** zu **Diagnose-**, **Behandlungs-** und **Kontrollzwecken** verwendet.

DAS INTERNET

Das Internet verbindet Netzwerke aus Computern. Im Jahr 1989 erfand Tim Berners-Lee Hyperlinks (und damit das World Wide Web), um den Austausch von Informationen am CERN zu erleichtern – eine revolutionäre Erfindung.

HTML

Websites werden in der **Programmiersprache HTML (Hypertext Markup Language)** geschrieben. HTML integriert die folgenden Datentypen in die Seite:

- Den **Inhalt** der Seite;
- **Design und Layout** der Seite (die Formatierung);
- **Links** zu anderen Seiten.

HTML-Text muss als **„.html"-Datei** gespeichert werden.

BEISPIEL:

```
<html>
    <body>
        <h1>Hallo Welt</h1>
        <p>Das ist eine Website</p>
    </body>
</html>
```

Tags bezeichnen das Layout:
<html> gibt an, dass der Text ein HTML-Dokument ist;
<body> markiert den angezeigten Inhalt der Seite;
<h1> bezeichnet eine Überschrift;
<p> beginnt einen Absatz.

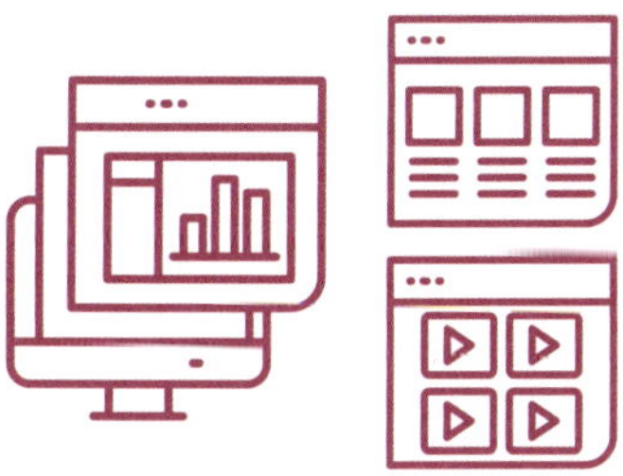

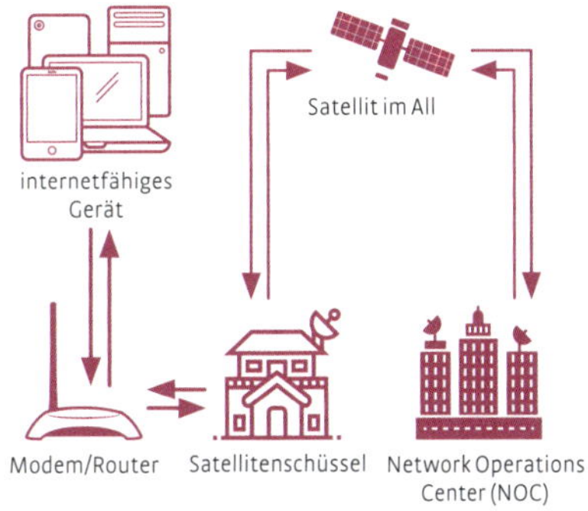

INTERNET DER DINGE

Smartgeräte im Haushalt sind mit dem Internet verbunden. **Schadsoftware** ist eine Bedrohung für sie.

BEGRIFFE

- **Datenpakete**: Informationen über den Ursprung und das Ziel der Daten werden zwischen Computern in kleineren Einheiten („Paketen") übertragen.
- **IP-Adresse**: Internetprotokoll. Eine einzigartige Identifikationsnummer, die einem Computer zugewiesen wird.
- **Switch und Hub**: Dienen der Verbindung von Geräten.
- **Router**: Zur Weiterleitung von Informationen zwischen Netzwerken.
- **DNS**: Domain Name System. Wandelt eine Web-Adresse in eine IP-Adresse um und dient dem Datenaustausch zwischen Computern.

URSPRÜNGE DES INTERNETS

In seiner Anfangszeit war das Internet **eine Methode zur Verbindung von Computern**, finanziert von der **US-Forschungsbehörde ARPA (Advanced Research Projects Agency)** in den späten 1960er-Jahren. Die erste Nachricht zwischen Computern wurde 1969 übermittelt, die erste Datei 1971. In diesem Jahr wurden auch **die ersten einfachen E-Mails verschickt**. Das heutige, demokratisierte „World Wide Web" entstand jedoch erst mit der **Entwicklung von HTML im Jahr 1989**. Die schnelle Kommunikation, die kleineren Computer und die kabellosen Netzwerke haben das Internet zu einem unverzichtbaren Teil unseres Lebens gemacht – mit all seinen Vor- und Nachteilen.

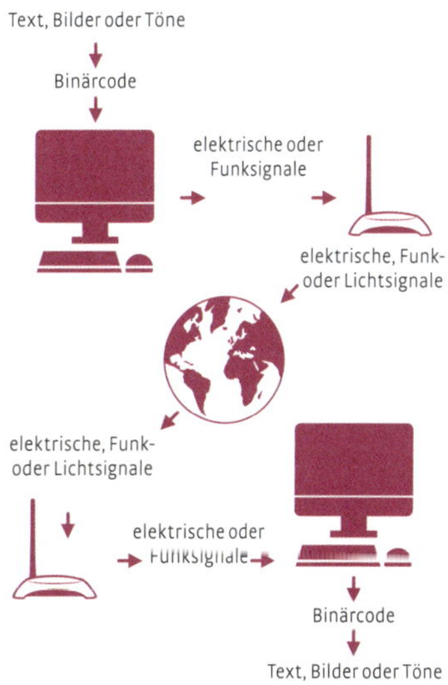

GENTECHNIK

Zur Gentechnik gehören Eingriffe in die DNA von Lebewesen – ein kontroverses Verfahren, das unter ethischen Bedingungen aber auch dabei helfen kann, mehr Nahrungsmittel zu produzieren, Krankheiten zu heilen und neue Materialien zu entwickeln.

DNA

Gentechniker **verändern oder vertauschen DNA-Sequenzen**.

Die **Gene** geben einem Organismus seine **typischen Merkmale**. So haben etwa Löwen, Tiger und Jaguare eine unterschiedliche Fellzeichnung.

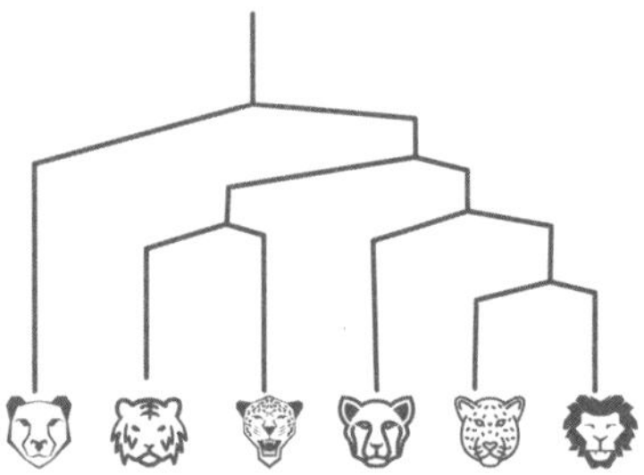

TRANSGENE ORGANISMEN

Organismen mit **verändertem Erbgut**. Ein Beispiel dafür ist der **Goldene Reis**: eine speziell gezüchtete Reissorte, die **Provitamin A** enthält, um **Mangelkrankheiten** zu heilen und vorzubeugen.

KIESELALGEN

Algen mit einer **Zellwand aus Siliziumdioxid**. Die **Gentechnik** macht aus ihnen **Sensoren** oder **Nanokapseln**.

CYTOCHROM P450

Manche **Bakterien** und **Pflanzen** erzeugen **Enzyme**, die **gegen Krebs wirken**, z. B. Cytochrom P450. Durch **genetische Modifikation der Organismen wird ihre Enzymproduktion gesteigert**. Auch **Insulin** zur Behandlung von **Typ-1-Diabetes** wird **gentechnisch hergestellt**.

CRISPR UND BAKTERIEN

Die **CRISPR**-Methode ist ein **Verfahren zur Veränderung von Erbgut** auf der Basis der **Verteidigungsmechanismen von Bakterien**. Bakterien erzeugen das **Protein Cas9**, das sich bei **Virusinfektionen die DNA und RNA der Viren „merkt" und ihr Erbgut zerschneidet**. An CRISPR-basierten Behandlungsmethoden für **Krebs** und **Sichelzellenanämie** wird bereits gearbeitet.

DESIGNERBABYS

Ist es ethisch vertretbar, in das **Erbgut eines Embryos einzugreifen**? Es klingt verlockend, krankmachende Gene aus einem ungeborenen Menschen einfach zu entfernen, aber die **Selektion bestimmter Merkmale**, etwa der Haarfarbe, und das Auslöschen von unerwünschten Eigenschaften und Behinderungen erinnert auf erschreckende Weise an die Eugenik der Vergangenheit.

PFLANZENZÜCHTUNG

Wenn sich Lebewesen **fortpflanzen**, werden einige oder alle ihrer Gene **an die nächste Generation weitergegeben**. Seit Jahrtausenden haben Menschen den Ertrag und die Resistenz von **Nutzpflanzen durch selektive Züchtung** verbessert – eine Art der **genetischen Veränderung**.

KLONIERUNG BAKTERIELLER PLASMIDE

Die DNA bakterieller Plasmiden wird häufig zur Vervielfältigung von Molekülen verwendet. Das geschieht an einem bestimmten Abschnitt der DNA.

3-D-DRUCK

Der 3-D-Druck ist ein Verfahren zur „additiven Fertigung", bei dem ein flüssiger oder fester Werkstoff schichtweise aufgebaut wird, um einen massiven oder hohlen dreidimensionalen Körper herzustellen.

AUS DATEN WIRD MATERIE

Auf der Basis von 3-D-Daten wird ein Objekt hergestellt. Dabei bieten sich kreative Gestaltungsmöglichkeiten, um Daten zu visualisieren und digitale Welten zu verwirklichen. Man kann verschiedene Materialien verwenden: **Lehm**, **Zement**, **Harz**, **Puderzucker** und verschiedene **Kunststoffe**. Mithilfe von 3-D-Software können komplexe Modelle erstellt werden. **Designer**, **Künstler** und **Wissenschaftler** experimentieren mit neuen Werkstoffen.

Dank der Möglichkeit, die **beweglichen 3-D-Modelle** individuell **anzupassen**, können mit diesem Verfahren auch **einzigartige**, **passendere Prothesen** gedruckt werden.

NACHTEILE

Der 3-D-Druck sollte die **Produktion demokratisieren**, aber wie es bei Innovationen oft der Fall ist, sind sie nur **wenigen Menschen zugänglich**. Außerdem ist der 3-D-Druck kein Ersatz für die manuelle Bearbeitung und sinnliche Wahrnehmung von Rohstoffen wie Holz, Ton oder Fasern.

GEDRUCKTE MEDIZIN

Chemiker haben eine Methode entwickelt, um mittels 3-D-Druck **Medikamente individuell herzustellen**.

BIOPRINTING

Damit wird das Drucken **biokompatibler Gewebe** bezeichnet.
Ein **Steak, das aus Stammzellen gedruckt wurde**, ist ein bekanntes Beispiel. Aus Stammzellen haben 3-D-Drucker auch schon **Knorpel** und **Knochen** produziert. In Zukunft sollen auch **Nasen** und **Ohren** für **Verbrennungsopfer** gedruckt werden.

ORGANE

Organtransplantate werden oft vom Körper und vom **Immunsystem abgestoßen**. Mit einem Organ aus dem 3-D-Drucker könnte man dieses Problem umgehen und **pluripotente embryonale Stamzellen** sowie die **adulten Stammzellen** des Patienten verwenden. Dieses Verfahren ist aber schwierig, da **embryonale Stammzellen sehr empfindlich** sind.

ADDITIVE FERTIGUNGSMETHODEN VON 3-D-DRUCKERN

Kartesisch: Nutzt das kartesische Koordinatensystem aus x, y und z.

Delta: Düse und Druckkopf tragen den Werkstoff schichtweise auf.

KARTESISCH

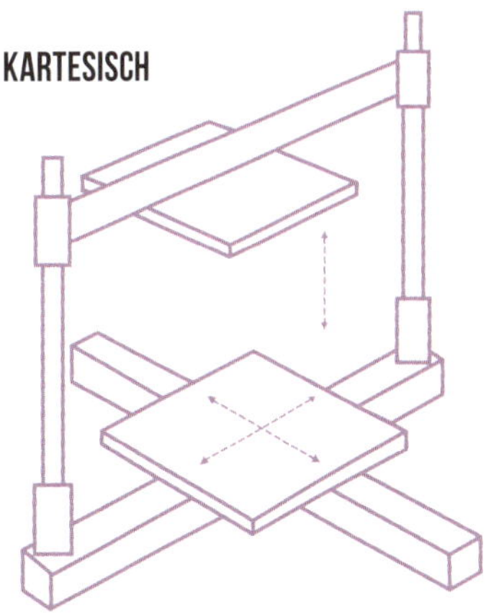

DELTA

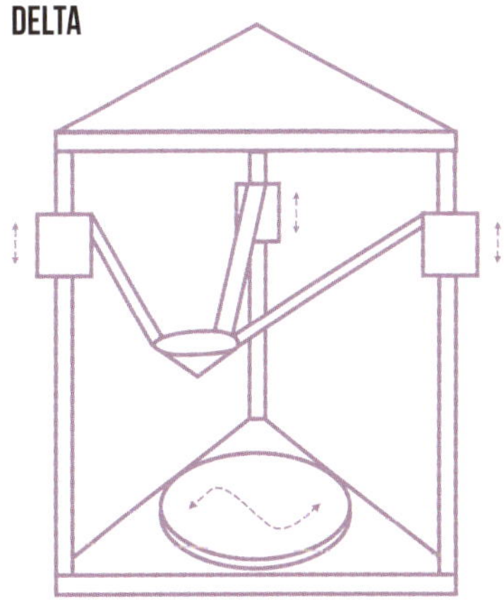

TOUCHSCREENS

Quantenteilchen können Barrieren durchdringen, ohne sich über sie hinwegbewegen zu müssen. Das ist der „Tunneleffekt“, der die Grundlage der modernen Touchscreen-Technik bildet.

Wenn wir einen Ball gegen eine Mauer kicken, prallt er ab. **Teilchen der Quantenmechanik** verhalten sich aber nicht wie Fußbälle – sie können **Wahrscheinlichkeiten zufolge an mehreren Orten auftauchen**. Ein Teilchen erscheint vielleicht plötzlich hinter einer Barriere, **weil die Wahrscheinlichkeit besteht, dass es dort auftauchen kann**. Das ist der **Tunneleffekt**, der **in der Natur und in Laboren** auf der ganzen Welt beobachtet wurde.

SONNENLICHT

Die Sonne scheint, weil **Protonen eine Energiebarriere durchdringen**. Wir wissen, dass sich **gleiche Ladungen abstoßen**, aber da **Protonen quantenmechanische Eigenschaften besitzen und den Tunneleffekt nutzen**, gelangen sie auf die **Oberfläche der Sonne und werden als kosmische Strahlung ausgesendet**.

MAGNETISCHER TUNNELWIDERSTAND

Festplatten und **USB-Sticks** verwenden Technologien mit **magnetischem Tunnelwiderstand**. Ein **Speichergerät** funktioniert durch **elektrische Ladung**, die von **Elektronen beim Durchdringen einer Barriere gelöscht wird**.

QUANTENTUNNEL? = ZAUBEREI?

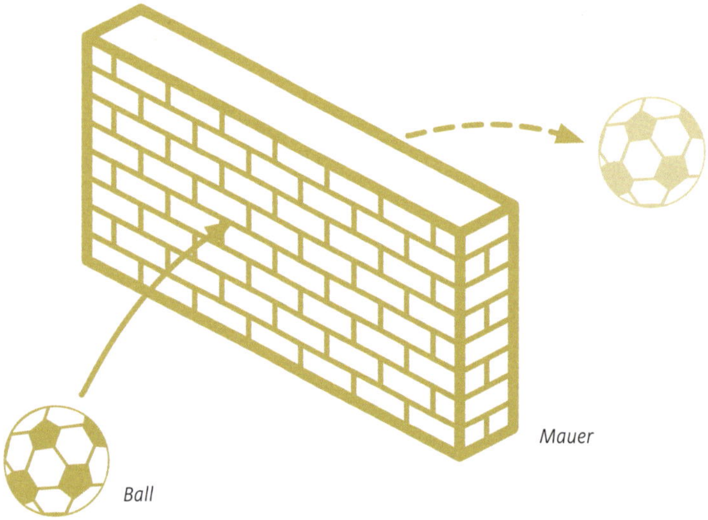

TOUCHSCREENS

Die Touchscreens moderner Smartgeräte bestehen aus **Nanopartikeln in einer Polymerschicht**. Durch eine **Druckveränderung**, etwa wenn man die Schicht mit dem Finger berührt, nimmt die Tunnelrate **durch die Polymerschicht und die Bewegungen zwischen den Nanopartikeln stark zu**. Dieser Tunneleffekt führt zu einer drastischen **Veränderung der Rate des Elektronenflusses**.

ALGORITHMEN UND KI

KIs, also „künstliche Intelligenzen", werden auf der Basis zahlreicher, komplexer Algorithmen entwickelt und finden in der Kunst, Industrie, Diagnostik, Datenanalyse und Wirtschaft Anwendung. Sie sind jedoch noch nicht wirklich intelligent und können menschliche Vorurteile bekräftigen.

MASCHINELLES LERNEN

Maschinelles Lernen erfordert Daten, die Algorithmen mit Informationen speisen, und diese wiederum **optimieren und verbessern** mit der Zeit **die Leistung**. Dieses System bewährte sich bei der **Diagnostik und Klassifikation von Anomalien** auf biomedizinischen Bildern. Der Begriff „Lernen" bezeichnet hier das Einpflegen von Datensätzen (z. B. neue Scans) in ein System, das daraufhin seinen Betrieb automatisch an die neuen Informationen anpasst.

NEURONALES NETZ

Ein **mathematisches Modell**, das **Daten vergleicht und auf Basis der Ergebnisse Entscheidungen trifft**.

VORURTEILE DER MASCHINEN

KIs werden als **intelligente Wesen, die uns Zeit und Geld sparen**, vermarktet. Füttert man Algorithmen mit begrenzten Datensätzen, entwickeln sie jedoch Vorurteile, die sich mit der Zeit verstärken und zu diskriminierenden Entscheidungen führen – z. B. beim **Berechnen von Versicherungsbeiträgen** oder im Kontext von **Dating-Apps, Suchmaschinen und Polizei-Datenbänken**.

Algorithmus: eine von Menschen formulierte **Abfolge von Befehlen**; wird oft in Schleifen ausgeführt.
Sortierverfahren: ordnet und durchsucht **ähnliche Datenfelder** und bringt die Informationen in die erforderliche Reihenfolge.
Mergesort: **teilt** Datenfelder, **sortiert** sie und **fügt sie wieder zusammen**.
Graph-Suche: findet den **schnellsten Weg** zwischen zwei Punkten.
Komplexität: die **Anzahl der benötigten Arbeitsschritte** eines Algorithmus.
Nullzeichen: das **Ende einer Zeichenkette**, gekennzeichnet durch das Wort (null) in Klammern.
Matrix: eine Anordnung von Datenfeldern von **verschiedenen Dimensionen**.
Logisch zusammenhängende Variablen: können sortiert werden, z. B. als **Structs**.
Knoten: **Datenpunkte** in einem **Netzwerk**.
Warteschlange: zuerst hinein, zuerst heraus.
Stapelspeicher: zuletzt hinein, zuerst heraus.
Baum: Der **erste Knoten** ist die **Wurzel**. **Untergeordnete Knoten** heißen **Kinder**, **übergeordnete** sind die **Eltern**. An den **Enden** sind die **Blätter**.

ZAUBERWÜRFEL-ALGORITHMEN

Zur Lösung eines Zauberwürfels genügen wenige Schritte:

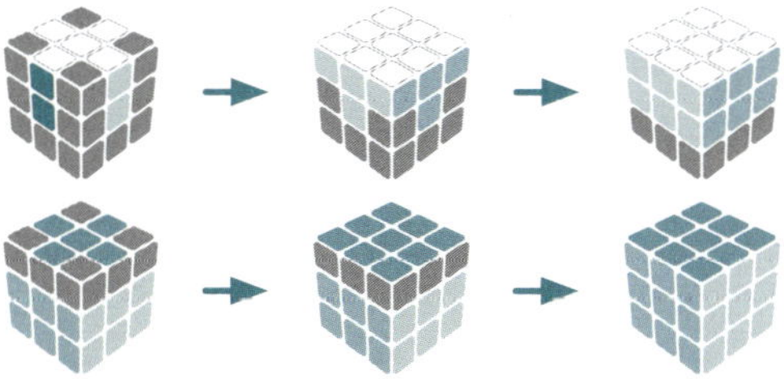

DATENSTRUKTUREN

- Daten müssen sortiert werden, um aufgerufen werden zu können.
- Datenfelder können als Variablen gespeichert werden.
- Datenfelder werden durch Indizes strukturiert.
- Indizes werden in eckigen Klammern angegeben [0, 1, 2, 3].
- Die erste Zahl ist immer der Index 0.

VORREITER DER WISSENSCHAFT

Ali Abdelghany (* 1944), Meeresbiologe
Alice Ball (1892–1916), Chemikerin, erfand Lepra-Mittel
Allan Cox (1926–1987), Geophysiker
Ana María Flores (1952–), Ingenieurin
Annie Easley (1933–2011), Raketenwissenschaftlerin
Antonia Novello (1944–), Ärztin
Bessie Coleman (1892–1921), Pilotin
Betty Harris (1940–), Chemikerin
Bruce Voeller (1934–1994), Biologe, AIDS-Forscher
Burçin Mutlu-Pakdil, Astrophysikerin
Carl Sagan (1934–1996), Astrophysiker
Caroline Herschel (1750–1848), entdeckte Kometen
Carolyn Porco (1953–), Planetenforscherin
Catherine Feuillet (1965–), Molekularbiologin
Claudia Alexander (1959–2015), Planetenforscherin
Clyde Wahrhaftig (1919–1994), Geologe und Umweltschützer
Edith Farkas (1921–1993), führte Ozonmessungen durch
Eileen McCracken (1920–1988), Botanikerin
Eleanor Josephine Macdonald (1906–2007), Krebs-Epidemiologin
Elsa G. Vilmundardóttir (1932–2008), Geologin
Eva Jablonka (1952–), Biologin, Philosophin
Flemmie Pansy Kittrell (1904–1980), Ernährungswissenschaftlerin
Fumiko Yonezawa (1938–), theoretische Physikerin
Gloria Lim (1930–), Mykologin
Grace Oladunni Taylor (1937–), Chemikerin
Har Gobind Khorana (1922–2011), Biochemiker
Haruko Obokata (1983–), Stammzellenforscherin
Heather Couper (1949–), Astronomin, Lehrerin
Helen Rodríguez Trías (1929–2001), Kinderärztin
Idelisa Bonnelly (1931–), Meeresbiologin
Jane Wright (1919–2013), Onkologin
Jeanne Spurlock (1921–1999), Psychiaterin
Jeanne Villepreux-Power (1794–1871), Meeresbiologin
Jeannette Wing (1956–), Informatikerin
Jewel Plummer Cobb (1924–2017), Biologin
John Dalton (1766–1844), relatives Atomgewicht
Kalpana Chawla (1961–2003), Astronaut
Katherine Bouman (1989–), Informatikerin
Kono Yasui (1880–1971), Zytologin
Krista Kostial-Šimonović (1923–2018), Physiologin
Lene Hau (1959–), brachte ein Photon kurzzeitig zum Stillstand
Linda B. Buck (1947–), Riechrezeptoren
Lydia Villa-Komaroff (1947–), Zellbiologin
Mamie Phipps Clark (1917–1983), Sozialpsychologin
Maria Abbracchio (1956–), Pharmakologin, purinerge Rezeptoren
Maria Tereza Jorge Pádua (1943–), Ökologin
Marianne Simmel (1923–2010), Psychologin, Phantomglieder
Marianne V. Moore (Abschluss 1975), Gewässerökologin
Marie M. Daly (1921–2003), Chemikerin
Martha E. Bernal (1931–2001), Psychologin
Maryam Mirzakhani (1977–2017), Mathematikerin, Fields-Medaille
Meghnad Saha (1893–1956), chemische und physikalische Bedingungen auf Sternen
Melissa Franklin (1957), Teilchenphysikerin
Michiyo Tsujimura (1888–1969), Agrarbiochemikerin
Mileva Marić (1875–1948), Physikerin
Mina Bissell (1940–), Onkologin
Neil Divine (1939–1994), Astrophysiker
Niels Bohr (1885–1962), Alphateilchen, Atomstruktur
Nora Volkow (1956–), Psychiaterin
Patricia Suzanne Cowings (1948–), Psychologin
Priyamvada Natarajan (Abschluss 1993), Astrophysikerin
Ragnhild Sundby (1922–2006), Zoologin
Rohini Godbole (1952–), Physikerin
Rosalyn Sussman Yalow (1921–2011), Physikerin, Medizinerin
Rosemary Askin (1949–), Südpolarforscherin
Ruth Winifred Howard (1900–1997), Psychologin
S. Josephine Baker (1873–1945), Kindergesundheit
Sally Ride (1951–2012), Astronautin, Physikerin
Sarah Stewart (1905–1976), Mikrobiologin
Satyendra Nath Bose (1894–1974), Quantentheorie
Sau Lan Wu (Abschluss 1963), Teilchenphysikerin
Seetha Coleman-Kammula (1950–), Chemikerin, Materialdesignerin
Shirley Jackson (1916–1965), Kernphysikerin
Sonia Alconini (1965–), Archäologin, Titicaca-Becken
Sonja Kovalevsky (1850–1891), Mathematikerin
Sophia Getzowa (1872–1946), Pathologin
Stephanie Kwolek (1923–2014), Chemikerin, Kevlar-Erfinderin
Stephen Jay Gould (1941–2002), Paläontologe
Tanya Atwater (1942–), Geophysikerin, Meeresgeologin
Toshiko Yuasa (1909–1980), Kernphysikerin
Una Ryan (1941–), Herzerkrankungen, Biotech-Impfstoffe
Valerie Thomas (1943–), Erfinderin des Illusionssenders
Vandika Ervandovna Avetisyan (1928–), Botanikerin, Mykologin
Velma Scantlebury (1955–), Transplantationschirurgin
Vera Danchakoff (1879–1950), Zellbiologin, Embryologin
Xide Xie (Hsi-teh Hsieh) (1921–2000), Physikerin
Zhenan Bao (1970–), Chemieingenieurin und Materialwissenschaftlerin

TABELLEN UND FORMELN

PRÄFIXE

Präfixe vereinfachen die Darstellung sehr großer oder sehr kleiner Zahlen. Es ist angenehmer, „1 mm" zu schreiben, als „0,001 cm". Zusätzlich erleichtern Präfixe Berechnungen.

Präfix	Zeichen	Potenz	Zahlwert
Yotta-	Y	10^{24}	1.000.000.000.000.000.000.000.000
Zetta-	Z	10^{21}	1.000.000.000.000.000.000.000
Exa-	E	10^{18}	1.000.000.000.000.000.000
Peta-	P	10^{15}	1.000.000.000.000.000
Tera-	T	10^{12}	1.000.000.000.000
Giga-	G	10^{9}	1.000.000.000
Mega-	M	10^{6}	1.000.000
Kilo-	k	10^{3}	1.000
Dezi-	d	10^{-1}	0,1
Zenti-	c	10^{-2}	0,01
Milli-	m	10^{-3}	0,001
Mikro-	µ	10^{-6}	0,000.001
Nano-	n	10^{-9}	0,000.000.001
Pico-	p	10^{-12}	0,000.000.000.001
Femto-	f	10^{-15}	0,000.000.000.000.001
Zepto-	z	10^{-21}	0,000.000.000.000.000.000.001

BASISEINHEITEN DES SI-SYSTEMS

Die Basiseinheiten wurden aus keinen anderen Einheiten abgeleitet.

Einheit	Zeichen	Größe	Größensymbol	Dimensionssymbol
Meter	m	Länge	l, x, r	L
Kilogramm	kg	Masse	m	M
Sekunde	s	Zeit	t	T
Ampere	A	Stromstärke	I	I
Kelvin	K	thermodynamische Temperatur	T	Θ
Candela	cd	Lichtstärke	I_v	J
Mol	mol	Stoffmenge	n	N

ABGELEITETE EINHEITEN UND GRÖSSEN

Die abgeleiteten Einheiten sind Kombinationen der Basiseinheiten. Die SI-Einheit der Kraft ist kg.m/s² und gleichzeitig auch ein Newton. Abgeleitete Einheiten wie das Newton bestehen also aus anderen Größen.

Größe	Einheit / abgeleitete Einheit	in SI-Einheiten ausgedrückt
Fläche	Quadratmeter	m^2
Volumen	Kubikmeter	m^3
Geschwindigkeit	Meter pro Sekunde	m/s (entspricht ms^{-1})
Beschleunigung	Meter pro Sekunde zum Quadrat	m/s^2 oder ms^{-2}
Wellenzahl	reziproker Meter	1/m oder m^{-1}
Dichte	Kilogramm pro Kubikmeter	kg/m^3 oder kgm^{-3}
Oberflächenspannung	Newton pro Meter N/m oder Joule pro Quadratmeter J/m^2	$kg \cdot s^{-2}$
spezifisches Volumen	Kubikmeter pro Kilogramm	m^3/kg oder $m^3\,kg^{-1}$
elektrische Stromdichte	Ampere pro Quadratmeter	A/m^2 oder Am^{-2}
magnetische Feldstärke	Ampere pro Meter	A/m oder Am^{-1}
Stoffmengenkonzentration	Mol pro Kubikmeter	mol/m^3 oder $mol\,m^{-3}$
Leuchtdichte	Candela pro Quadratmeter	cd/m^2 oder $cd\,m^{-2}$
Wirkung	Joulesekunde	$m^2 \cdot kg \cdot s^{-1}$
spezifische Energie	Joule pro Kilogramm	$m^2 \cdot s^{-2}$
Druck	Joule pro Kubikmeter	$m^{-1} \cdot kg \cdot s^{-2}$

QUADRATISCHE GLEICHUNGEN

Quadratische Gleichung in allgemeiner Form: $ax^2 + bx + c = 0$

Quadratische Lösungsformel: $x = \left(-b \pm \sqrt{(b^2 - 4ac)}\right) / 2a$

GEOMETRISCHE FORMELN

Bogenlänge = $r\theta$

Kreisumfang = $2\pi r$

Kreisfläche = πr^2

Mantelfläche eines Zylinders = $2\pi rh$

Kugelvolumen = $4\pi r^3/3$

Kugelfläche = $4\pi r^2$

Satz des Pythagoras: $a^2 = b^2 + c^2$

KREISBEWEGUNG

Winkelgeschwindigkeit: $\omega = v / r$

Zentripetalbeschleunigung: $a = v^2 / r = \omega^2 r$

Zentripetalkraft: $F = mv^2 / r = m\omega^2 r$

WELLEN UND EINFACHE HARMONISCHE BEWEGUNG

Wellengeschwindigkeit: $c = f\lambda$

Periode (Frequenz): $f = 1 / T$

optisches Gitter: $d \sin \theta = n\lambda$

Beschleunigung: $a = -\omega^2 x$

Auslenkung: $x = A \cos (\omega t)$

Geschwindigkeit: $v = \pm \omega \sqrt{(A^2 - x^2)}$

Höchstgeschwindigkeit: $v\,max = \omega A$

Maximalbeschleunigung: $a\,max = \omega^2 A$

ASTRONOMISCHE DATEN

Masse der Sonne in kg: $1{,}99 \times 10^{30}$

Radius der Sonne in m: $6{,}96 \times 10^8$

Masse der Erde in kg: $5{,}97 \times 10^{24}$

Radius der Erde in m: $6{,}37 \times 10^6$

Astronomische Einheit = Abstand Erde–Sonne = $1{,}50 \times 10^{11}$ m

Lichtjahr = Strecke, die das Licht in einem Jahr zurücklegt
= 9.460.000.000.000 Kilometer
= $9{,}46 \times 10^{15}$ m

NATURKONSTANTEN

Größe	Zeichen	Wert	Einheiten
Lichtgeschwindigkeit im Vakuum	c	$3{,}00 \times 10^{8}$	$m\ s^{-1}$
Planck-Konstante	h	$6{,}63 \times 10^{-34}$	J s
reduzierte Planck-Konstante (Dirac-Konstante)	ħ (h-quer)	$1{,}05457182 \times 10^{-34}$	J s
Avogadro-Konstante	NA	$6{,}02 \times 10^{23}$	mol^{-1}
magnetische Feldkonstante	μ_o	$4\pi \times 10^{-7}$	$H\ m^{-1}$
elektrische Feldkonstante	ε_o	$8{,}85 \times 10^{-12}$	$F\ m^{-1}$
Elementarladung	e	$1{,}60 \times 10^{-19}$	C
Gravitationskonstante	G	$6{,}67 \times 10^{-11}$	$N\ m^2\ kg^{-2}$
Gaskonstante	R	8,31	$J\ K^{-1}\ mol^{-1}$
Boltzmann-Konstante	k	$1{,}38 \times 10^{-23}$	$J\ K^{-1}$
Stefan-Boltzmann-Konstante	σ	$5{,}67 \times 10^{-8}$	$W\ m^{-2}\ K^{-4}$
Wien-Konstante	α	$2{,}90 \times 10^{-3}$	m K
Elektronenmasse (entspricht 5,5 x 10–4 u)	m_e	$9{,}11 \times 10^{-31}$	kg
spezifische Ladung des Elektrons	e/m_e	$1{,}76 \times 10^{11}$	$C\ kg^{-1}$
Protonenmasse (entspricht 1,00728 u)	m_p	$1{,}673 \times 10^{-27}$	kg
spezifische Ladung des Protons	e/m_p	$9{,}58 \times 10^{7}$	$C\ kg^{-1}$
Neutronenmasse (entspricht 1,00867 u)	m_n	$1{,}675 \times 10^{-27}$	kg
Alphateilchenmasse	$m\alpha$	$6{,}646 \times 10^{-27}$	kg
Gravitationsfeldstärke	g	9,81	$N\ kg^{-1}$
Gravitationsbeschleunigung	g	9,81	$m\ s^{-2}$
atomare Masseneinheit (1u entspricht 931,5 MeV)	u	$1{,}661 \times 10^{-27}$	kg

GRAVITATIONSFELD

Kraft zwischen zwei Massen: $F = Gm^1m^2 / r^2$

Gravitationsfeldstärke: $g = F / m$

Gravitationsfeldstärke in einem Radialfeld: $g = GM / r^2$

ELEKTRISCHES FELD

Kraft zwischen zwei Punktladungen:

$F = (1 / 4\pi\varepsilon o) \times (Q1Q2 / r^2)$

Feldkraft auf einer Ladung: $F = EQ$

Feldstärke eines homogenen Felds: $E = V / d$

THERMODYNAMIK

Energie, um Temperatur zu ändern: $Q = mc\Delta\theta$

Energie, um Zustand zu ändern: $Q = ml$

allgemeine Gasgleichung: $pV = nRT$

$pV = NkT$

kinetische Gastheorie: $pV = 1/3\ Nm\ (crms)^2$

GLOSSAR

Abiogenese: die Entstehung von Lebensformen aus unbelebter Materie

Aktivierungsenergie: die zur Entstehung einer chemischen Reaktion erforderliche Energie

Anomalie: eine Abweichung von einem erwarteten Wert

Auftrieb: der windgetriebene Aufstieg von dichtem, kühlem, nährstoffreichem Wasser im Meer

Basalt: dunkles, feinporiges magmatisches Gestein, das aus eisen- und magnesiumreicher Lava entstand; Hauptbestandteil des Meeres- und Mondbodens

Bestätigungsfehler: wenn Informationen/Ergebnisse so gedeutet werden, dass sie die eigenen Erwartungen bestätigen, während Informationen/Deutungen, die diese Überzeugungen widerlegen, ignoriert werden

Beweis: Beleg für eine Meinung oder Hypothese

Bindungslänge: Abstand und stabilste Lage zweier Atome innerhalb einer Bindung

Blauverschiebung: wenn sich ein Himmelskörper auf den Beobachter zubewegt

Boyle-Mariotte-Gesetz: das Volumen eines Gases ist bei konstanter Temperatur umgekehrt proportional zu seinem Druck

Chromatin: schützt die DNA im Zellkern; kommt nur bei Eukaryoten vor

Coulomb: die metrische Einheit der elektrischen Ladung = $6{,}24 \times 10^{18}$ Elektronen

Cytosol: das flüssige Cytoplasma, in dem der Metabolismus stattfindet; besteht aus Wasser und Proteinen

De-Broglie-Wellenlänge: $\lambda = h/\rho$, wobei die Wellenlänge (λ) eines Elementarteilchens in Relation zum Impuls (ρ) und der Planck-Konstante (h) steht

Deuterium: ein stabiles Isotop des Wasserstoffs, dessen Atomkern ein Neutron enthält

Doppelstern: zwei Sterne kreisen um einen Schwerpunkt

Einflussgröße: eine beeinflussende Variable bei einem Experiment

Eisbohrkern: ein zylindrischer Körper aus Eis und verdichtetem Schnee, der innerhalb eines langen Zeitraums entstanden ist

ENIAC: Electronic Numerical Integrator and Computer; erster elektronischer Universalcomputer

exotherm: bei einer Reaktion Wärme abgebend

Flechten: Pilze, die in einer Symbiose mit photosynthetischen Algen oder Bakterien leben

Fluoreszenz: Emission von Licht nach der Aufnahme von Licht oder Energie einer Substanz; steht im Zusammenhang mit den Linienspektren von Atomen

Fossil: die konservierten, mineralisierten Abdrücke oder Überreste eines toten Organismus

Gelbfieber: eine akute Viruserkrankung, die durch die Mückenart *Aedes aegypti* übertragen wird

Genauigkeit: wie stark sich das Ergebnis einer Messung dem richtigen Wert einer Messung annähert

Gendrift: zufällige Veränderungen der Allelfrequenz

Grundzustand: niedrigster Energiezustand; Elektronen besetzen die energetisch niedrigen Atomorbitale zuerst

Hardy-Weinberg-Gesetz: ohne dem Einfluss von Evolutionsfaktoren bleibt die Frequenz (die Auftrittshäufigkeit) von Allelen und Genotypen von Generation zu Generation konstant

ideales Gas: ein hypothetisches Gas ohne Volumen oder intermolekulare Anziehungs- oder Abstoßungskräfte; die ideale Gasgleichung verwendet die Gaskonstante r

Intergovernmental Panel on Climate Change (IPCC): eine internationale wissenschaftliche Organisation, gegründet 1988, die sich mit den möglichen Auswirkungen des Klimawandels beschäftigt

kalibrieren: ein Messgerät auf Genauigkeit überprüfen und ausrichten

kartesisches System: ein rechtwinkliges Koordinatensystem aus zwei Achsen (x, y); x bezeichnet die horizontale Koordinate, y die vertikale

kinetische Gastheorie: eine theoretische Beschreibung von Molekülen und ihrer kinetischen Energie; Bewegungsenergie = Temperatur

Kohäsion: die Wechselwirkung zwischen den Molekülen innerhalb eines Stoffes

Konstante: eine Größe mit einem beständigen Wert

LANL: (Akronym) Los Alamos National Laboratory

Lebensfähigkeit: die Wahrscheinlichkeit eines Organismus, seinen Lebenszyklus zu komplettieren

limitierender Faktor: die Knappheit einer für einen

Organismus überlebenswichtigen Ressource innerhalb seines Lebensraums

Linienspektrum: Emissionsspektrum mit klar definierten Linien; die Linien entsprechen der Wellenlänge des Lichts, das von einem Elektron bei seinem Übergang von einem angeregten in den Grundzustand abgegeben wird

Mare Tranquillitatis: ein Mondmeer; Landeplatz der Apollo-11-Mission am 20. Juli 1969

Mondfinsternis: wenn sich die Erde auf ihrer Umlaufbahn genau zwischen Sonne und Mond befindet

Ölsand: sandige Ablagerungen, die Bitumen mit einem hohen Schwefelanteil enthalten

Puffer: Stoffgemisch, das die Konzentration von Wasserstoffionen (H^+) ausgleicht und einen fast konstanten pH-Wert behält

qualitativ: verbale Beschreibung von Beobachtungen oder Daten (nicht-numerische Messung)

quantitativ: numerisch ausgedrückte Messungen und Beobachtungen

Radiant: SI-Einheit eines Winkelmaßes; der Vollwinkel eines Kreises beträgt 2ϖ rad

Radikale: Atome oder Moleküle mit ungepaarten Elektronen

Radiokarbondatierung: Methode zur Bestimmung des Alters von kohlenstoffhaltigen Materialien mithilfe des natürlichen Kohlenstoff-Isotops C-14

Sekundärschadstoff: Schadstoff, der bei der Reaktion von Primärschadstoffen entsteht, z. B. saurer Regen: Schwefeldioxid oder Stickoxid reagiert mit Regenwasser

Steinkorallen: riffbauende Korallen

Strahl: von einer Strahlungsquelle ausgesendetes Licht

Strahlungsgürtel: Bereiche geladener Teilchen in einer Magnetosphäre

Tunnelerosion: unterirdische Bildung von Gängen durch Ausschwemmung von Gestein

Ubiquitin: ein Protein im Cytoplasma

ultraleuchtkräftige Galaxie: Galaxie mit starker Leuchtkraft im Infrarotspektrum

Umbra: der dunkelste Schatten eines Sonnenflecks

Vakuum: ein Raum, in dem es keine Materie gibt

Vektor: besitzt Länge, Richtung und Orientierung

Vermikompost: durch Würmer erzeugter Kompost, eine Form der biologischen Abfallverwertung

X-Band: Radiofrequenz im Bereich zwischen 5200 und 10.900 MHz

Zielgröße: eine beeinflussbare Variable bei einem Experiment oder einer Beobachtung

Zodiak: die zwölf Tierkreiszeichen, die die Ekliptik in ungefähr gleich große Bereiche unterteilen

Zooplankton: Mikroorganismen, die im Wasser leben

Zooxanthellen: einzellige gelbbraune Algen (Dinoflagellaten), die in Symbiose mit Korallen leben

Zygote: eine befruchtete Eizelle mit zwei Chromosomensätzen

WEITERFÜHRENDE LITERATUR

Roma Agrawal, *Die geheime Welt der Bauwerke*

George Basalla, *The Evolution of Technology*

Gurminder K. Bhambra, Dalia Gebrial et al., *Decolonising the University*

Rachel Carson, *Der stumme Frühling*

T. J. Demos, Basia Irland et al., *Elemental: 1: An Arts and Ecology Reader*

Richard Feynman, *Physikalische Fingerübungen für Fortgeschrittene*

Sam Kean, *Treffen sich zwei Elemente ...: Verblüffende Geschichten aus der Welt der Chemie*

Mark Miodownik, *Wunderstoffe: Zehn Materialien, die unsere Zivilisation ausmachen*

Safiya Noble, *Algorithms of Oppression*

Cathy O'Neil, *Angriff der Algorithmen: Wie sie Wahlen manipulieren, Berufschancen zerstören und unsere Gesundheit gefährden*

Roger Penrose, *Zyklen der Zeit: Eine neue ungewöhnliche Sicht des Universums*

Gina Rippon, *The Gendered Brain: The New Neuroscience That Shatters the Myth of the Female Brain*

Angela Saini, *Inferior*

Angela Saini, *Superior*

Anna Tsing, *Der Pilz am Ende der Welt: Über das Leben in den Ruinen des Kapitalismus*

Anna Tsing, Heather Anne Swanson, Elaine Gan und Nils Bubandt (Hrsg.), *Arts of Living on a Damaged Planet: Ghosts and Monsters of the Anthropocene*